JIANZHU XIAOFANG GONGCHENGXUE

建筑消防工程学

中国消防协会科普教育工作委员会　组织编写
杨 政　主编　　　姜迪宁　杨佳庆　等副主编

化学工业出版社
·北京·

《建筑消防工程学》紧密结合消防工程实践，全面介绍了建筑消防设施设置等相关基础知识，具有较强的针对性和实用性。主要内容包括：消防工程基础、建筑防火分区与分隔设施、建筑防烟分区与防烟排烟设施、安全疏散及辅助疏散设施、火灾扑救条件及灭火救援设施、消防给水及消火栓灭火系统、自动喷水灭火系统、气体灭火系统、火灾自动报警与联动控制系统、灭火器配置与维护、建筑消防设施维护管理等。每章结束附有本章小结和思考题，以便读者复习本章知识。

《建筑消防工程学》可以作为高等院校安全工程、消防工程专业的教学用书，也可作为建筑学、消防工程、自动化、土木工程等专业的参考教材以及工程设计、施工、监理、消防行业人员的参考用书，还可以作为国家注册消防工程师、注册安全工程师考试培训类教材，本书还可供安全科学与工程、消防、危机管理等领域科学研究及教学使用。

图书在版编目（CIP）数据

建筑消防工程学/中国消防协会科普教育工作委员会组织编写；杨政主编. —北京：化学工业出版社，2017.10（2023.4重印）
ISBN 978-7-122-30532-9

Ⅰ.①建… Ⅱ.①中… ②杨… Ⅲ.①建筑物-消防 Ⅳ.①TU998.1

中国版本图书馆CIP数据核字（2017）第211820号

责任编辑：高　震　杜进祥　　装帧设计：韩　飞
责任校对：宋　玮

出版发行：化学工业出版社（北京市东城区青年湖南街13号　邮政编码100011）

印　　装：北京虎彩文化传播有限公司

787mm×1092mm　1/16　印张15½　字数372千字　2023年4月北京第1版第8次印刷

购书咨询：010-64518888　　售后服务：010-64518899
网　　址：http://www.cip.com.cn
凡购买本书，如有缺损质量问题，本社销售中心负责调换。

定　价：78.00元

《建筑消防工程学》编写人员

主　　编：杨　政

副 主 编：姜迪宁　杨佳庆　李建林　王永生

编写人员（按姓氏笔画排序）：

马振明　王永生　王军达　王　明

王宗超　王　晖　王　磊　付　强

丛　芳　戎　军　朱　艳　任宗飞

安春晖　许国龙　杜晓燕　李建林

李　璞　杨小时　杨叶舟　杨佳庆

杨　建　杨　政　吴　贇　张海军

陈　剑　陈　黎　季淮君　赵声辉

胡　波　皇甫芳强　施　樑　姜迪宁

洪赢政　袁焱华　徐仕伟　徐俊高

黄杏冰　常保卫　葛倩倩　傅建桥

楼　晔　楼锦江

前言

随着我国经济建设的快速发展，在生产和生活中，引发火灾的危险因素不断增多，发生火灾的危险性也相应增加，致使火灾发生频次、财产损失以及人员伤亡数量呈上升趋势。近年来，从火灾情况来看，火灾形势不容乐观，存在不稳定因素，尤其是建筑火灾，建筑作为人们居住、办公、社交、活动等室内空间其消防安全至关重要，特别是设有自防自救建筑消防设施的建筑火灾时有发生。为此，为有效防止建筑火灾，作为与建筑工程密切相关的专门研究建筑消防工程学科孕育而生。

从消防学科总体上来讲，一是研究防火防爆工程学，不使火灾发生,是事前控制；另一个是研究建筑消防工程学，不使火灾扩大,是事后控制。二者相辅相成，并在消防实践中彰显其重要的指导和应用作用。

《建筑消防工程学》侧重事后火灾控制，本书编写内容主要包括:建筑消防工程基础、建筑防火分区与防火分隔设施、建筑防烟分区与防烟排烟设施、建筑安全疏散与辅助疏散设施、建筑火灾扑救条件及灭火救援设施、建筑给水及消火栓灭火系统、建筑自动喷水灭火系统、建筑气体灭火系统、建筑火灾自动报警与联动控制系统、建筑灭火器配置与维护、建筑消防设施维护管理等。

本书是在一些高校多年教学实践基础上，同时，参照注册消防工程师考试大纲编写。为了便于学习与查阅，本书设有学习要求、学习内容、典型案例、思考题、消防术语、消防标志等，便于读者更好地学习和掌握，并更好地突出重点、难点、知识点、应用点。本书可以作为高等院校安全工程、消防工程专业的教学用书，也可作为建筑学、消防工程、自动化、土木工程等专业的参考教材以及工程设计、施工、监理、消防行业人员的参考用书，还可以作为国家注册消防工程师、注册安全工程师考试培训类教材。

编写成员主要是公安部上海消防研究所，江苏、上海、浙江、福建、宁夏、河南公安消防总队和中国地质大学（北京）等建筑消防工程的专家学者，他们是一批消防科普的热衷传播和建筑消防工程的实践者。该书曾作为讲义在北京人民警察学院、中国人民公安大学、中国地质大学（北京）等高校作为消防、安全等专业教学中使用，许多内容经过实践依据该讲义先后建立了相应的建筑消防安全实验室、课程设计及配套习题等，为本书的正式出版奠定了一定的基础。

本书编写得到中国地质大学（北京）程五一教授的诸多指导，付以诺对本书部分章节提供实物摄影图片、姜然对本书部分章节绘制插图等给予的各种帮助，在此表示由衷地感谢！

本书编写还得到了中国消防协会副会长朱力平博士、中国科普作家协会第五届副秘书长方路教授，国家安全生产监督管理总局研究中心汪卫国处长、全国商业消防与安全协会刘有千会长、潘智勇秘书长等给予的支持与帮助，在此表示感谢！同时，对参加本书编写和关心关注中国消防科普事业的作者所付出的辛劳表示衷心感谢！

由于编者水平有限，虽经反复推敲，仍有不足之处，恳请广大读者批评指正，提出宝贵意见。

中国消防协会科普教育工作委员会

2017 年 12 月

目录

第1章 绪 论

【学习要求】

通过本章学习，初步了解火与火灾基本概念、熟悉火灾基本特性、火灾基本规律、火灾统计分析、掌握消防学科发展、消防科学研究，熟悉消防技术法规应用等。

【学习内容】

主要包括：火与火灾、火灾分类、火灾特性规律、火灾统计分析、防火与灭火、消防学科发展、消防科学研究、建筑消防技术法规应用。

1.1 火与火灾

在人类文明发展史上，火的利用使人类最终摆脱了“茹毛饮血”的时代。从“钻木燧石取火”到太极阴阳五行学说，推动了人类文明的发展。而火一旦失去控制，就会带来毁灭性灾难。

(1) 火的概念 火（又称燃烧）是一种放热、发光的化学反应。按火三角原理，燃烧必须具备可燃物、助燃物、引火源三个条件；按火四面体原理，燃烧除三个条件外，由于生成的游离基（或自由基）作用，才能使燃烧持续发生，即燃烧是一种复杂的物理化学反应，其发展可分为：链引发、链传递、链终止三个阶段，链引发是借助于光照、加热等方法使反应物分子断裂产生自由基的过程；链传递是自由基与反应物分子发生反应的步骤，在链传递过程中，旧的自由基消失的同时产生新的自由基，从而使化学反应能继续下去；链终止是指自由基与器壁碰撞或者两个自由基复合或者与第三个惰性分子相撞后失去能量而成为稳定分子，而使自由基减少或消失的过程。可燃物、助燃物、引火源是燃烧所具备基本条件，而光和热是燃烧过程中发生的物理现象，同时也是链引发激发条件，游离基的连锁反应说明了燃烧（爆炸则是瞬间燃烧）反应的化学本质。如图1-1所示。

(2) 火灾定义 根据《消防词汇 第1部分 通用术语》(GB/T 5907.1—2014)：火灾(Fire)是指在时间或空间上失去控制的燃烧。

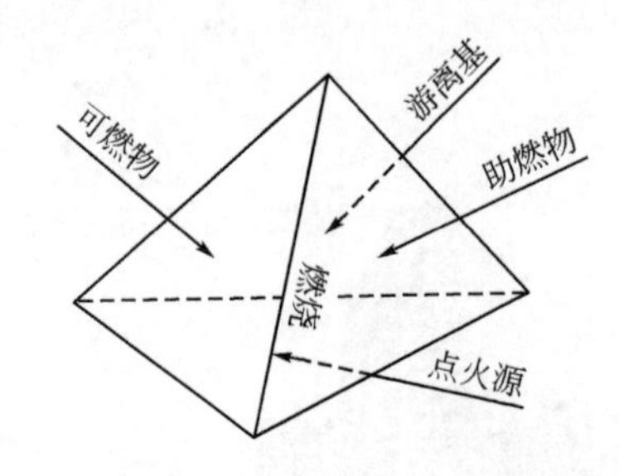

图 1-1 火的发生条件

也就是说，因人为或者非人为的作为或者不作为，导致起火，造成财物损毁、人员伤亡的行为，只要是失去控制的燃烧（或化学性爆炸）都可称为火灾。

1.2 火灾分类

(1) 火灾分类 根据《火灾分类》(GB/T 4968—2008)，火灾按可燃物的类型和燃烧特性，分为 A、B、C、D、E、F、K 七类。

① A 类火灾 指固体物质火灾。这种物质通常具有有机物质性质，一般在燃烧时能产生灼热的余烬。如木材、煤、棉、毛、麻、纸张等火灾。

② B 类火灾 指液体或可熔化的固体物质火灾。如煤油、柴油、原油，甲醇、乙醇、沥青、石蜡等火灾。

③ C 类火灾 指气体火灾。如煤气、天然气、甲烷、乙烷、丙烷、氢气等火灾。

④ D 类火灾 指金属火灾。如钾、钠、镁、铝镁合金等火灾。

⑤ E 类火灾 带电火灾。物体带电燃烧的火灾。

⑥ F 类火灾：烹饪器具内的烹饪物（如动植物油脂）火灾。

⑦ K 类火灾：食用油类火灾。通常食用油的平均燃烧速率大于烃类油，与其他类型的液体火相比，食用油火很难被扑灭，由于有很多不同于烃类油火灾的行为，所以被单独划分为一类火灾。

(2) 火灾等级划分 根据国务院《生产安全事故报告和调查处理条例》（国务院令 493 号，自 2007 年 6 月 1 日起施行，以下简称《条例》）公安部办公厅印发了《关于调整火灾等级标准的通知》（公消［2007］234 号），要求按《条例》做好有关火灾事故的统计和报告工作，并对火灾等级标准调整如下：一是火灾等级增加为四个等级，分别为特别重大火灾、重大火灾、较大火灾和一般火灾；二是根据《条例》规定的生产安全事故等级标准，特别重大、重大、较大和一般火灾的等级标准分别为：特别重大火灾、重大火灾、较大火灾和一般火灾四个等级。

① 特别重大火灾 是指造成 30 人以上死亡，或者 100 人以上重伤，或者 1 亿元以上直接财产损失的火灾。

② 重大火灾 是指造成 10 人以上 30 人以下死亡，或者 50 人以上 100 人以下重伤，或者 5000 万元以上 1 亿元以下直接财产损失的火灾。

③ 较大火灾 是指造成 3 人以上 10 人以下死亡，或者 10 人以上 50 人以下重伤，或者 1000 万元以上 5000 万元以下直接财产损失的火灾。

④ 一般火灾　是指造成3人以下死亡，或者10人以下重伤，或者1000万元以下直接财产损失的火灾。

注："以上"包括本数，"以下"不包括本数。火灾发生后和扑救过程中因烧、摔、砸、炸、窒息、中毒、触电、高温辐射等原因所造成的人员伤亡都列入火灾范围。

1.3　火灾特性规律

1.3.1　火灾基本特性

火灾基本特性是火灾区别于其他事故或灾害不同之处，主要表现在十个方面：后果的严重性、原因的复杂性、起火的突发性、不可挽回性、难以扑救性、疏散困难性、次生灾害性、环境破坏性、消防发展滞后性和经济发展的相关性。

(1) 后果的严重性　火灾发生后会造成大量的人员伤亡和严重的物质损失。就社会对人员伤亡的反应而言，在10年里，一万起火灾中每起死亡一人，与9901起火灾中发生一起死亡100人，9900起为每起死亡一人的情况，尽管同样是10年里死亡一万人，但社会反应就显著的不同，当一起火灾中死亡多达100人时，就会对社会造成惊恐气氛，引起混乱不安，并成为全世界引人注目的事件。

例如：1977年2月18日（农历正月初八），新疆伊犁地区农垦61团俱乐部，发生一起火灾，死亡694人，烧伤161人，是新中国成立以来，历史上死亡人数最多一次。又如：1987年5月6日，大兴安岭森林火灾，由于林区1名工作人员不慎失火，大火整整历时一个月才被扑灭，过火面积101万公顷，大火烧毁了3个林业局址、9处林场、4个半贮木场，烧毁存材95.5万立方米、设备2488台、粮食650万公斤、桥涵67座、铁路9.2km、通讯线路483km、房屋61.4万平方米，5万多人无家可归，大兴安岭森林资源的1/19从地球上永远消失。这场大火彻底改变了大兴安岭森林面积居中国之首的历史地位，成为建国以来毁林面积最大、伤亡最多、损失最为惨重的一场特大灾难。火灾直接经济损失5.26亿元，受灾群众10807户，56092人，死亡210人，受伤226人。

(2) 原因的复杂性　火灾的发生都具有极其复杂的原因，有直接原因，也有间接原因；有人为因素，也有自然因素。例如：与人的不安全行为有关的心理、生理等因素，导致人的精神松懈、侥幸心理、麻痹大意，出现误操作，从而引起火灾事故的发生。与各种火源因素有关的，涉及机械、电气、化学、热学、光学等多种学科领域的专业知识。与各种危险物品的有关因素，例如：无机的、有机的、气态的、液态的、固态的等。

随着科学技术的发展，新技术、新材料、新工艺、新产品的出现，更增加了火灾危险因素，有许多潜在的危险因素尚未被人们认识到。

与社会习俗、社会治安、气候环境等有关因素，也会导致火灾的发生，从某种意义上讲，随着社会的发展，经济的发展，科技的发展，火灾的预防与扑救，将成为愈来愈突出的问题。

(3) 起火的突发性　无论是爆炸起火，还是起火爆炸，其突发性、瞬时性，都是人们所料不及的，甚至是猝不及防的。这是由于燃烧或爆炸是一种瞬间完成的连锁反应。有些危险物的最小点火能量只有零点零几毫焦耳，爆炸下限只有百分之几，闪点低到只有负几十度等，这些都是人们感官所未能及的“禁区”。例如，1987年3月15日2时39分许，位于哈尔滨亚麻厂爆炸事故，在白天工作时间，整个车间厂房突然发生爆炸，造成58人死亡、177人受伤。这起事故，使1.3万平方米的厂房遭受不同程度的破坏，2个换气室、1个除尘室全部被炸毁，整个除尘系统遭受严重破坏；厂房有的墙倒屋塌，地沟盖板和原麻地下库被炸开，车间内的189台（套）机器和电气等设备被掀翻、砸坏和烧毁。据查爆炸原因是亚麻粉尘达到爆炸极限，遇引火源（疑似中央换气室布袋除尘器静电火花或摇纱换气室手提行灯等）引发周围亚麻爆炸所致。

(4) 不可挽回性　有些事故或灾害发生后，经过修复还可以挽回，唯有火灾发生后是不能挽回的。这是由于火灾（燃烧）是一种不可逆的化学反应过程。例如，建筑物遭受火灾，混凝土会变质松软；钢筋结构会失去强度，退火变形；木质材料会变成木炭；仪器设备既便不被火烧，受到高温或烟熏，也会降低精度，甚至无法修复，直至报废。例如，当年北京故宫从明朝永乐皇帝兴建到清王朝覆灭400多年中发生大火50余次，故宫的三大殿（即太和殿、中和殿、保和殿）都曾多次遭火灾，并经过多次重建和修复才保存至今。

(5) 难以扑救性　就北京而言，现已面临消防六大难题，一是石油化工火灾；二是高层建筑火灾；三是地下工程（地铁、交通隧道）火灾；四是古建筑火灾；五是密集大面积建筑群火灾；六是大型商业综合体火灾。一旦发生火灾，扑救和疏散都将是极其困难的。例如，北京地铁、北京万寿寺（文物）、北京玉泉营家具城、北京居然之家、北京东方化工厂、中央电视台北配楼（高度159m）等先后发生火灾。新疆乌鲁木齐德汇国际广场（10万平方米）、云南大理古城楼（600年历史）、云南省迪庆藏族自治州香格里拉县独克宗古城（1300年历史）、上海静安区高层住宅公寓（28层）等，都相继发生过特别重大火灾。

(6) 疏散困难性　消防安全疏散的成败，减少并降低人员伤亡是关键。它与建筑物的耐火等级高低、建筑物的高度、人员的密集程度、存放可燃物的多少、疏散出口的数量、消防设施的自动化程度等都有着直接的关系。尤其是高层建筑，人员不易疏散，消防力量难以救助，加上建筑本身所形成的“烟囱效应”使人员根本无法疏散而造成巨大伤亡。

(7) 次生灾害性　所谓次生灾害，就是一种链锁灾害，这种链锁灾害中，最严重的链环就是火灾爆炸造成的灾害。人类难以防范的地震灾害发生后，带来的次生灾害就是火灾，远比地震本身所造成的损失要严重得多。例如，1906年美国旧金山发生的8.3级大地震，而火灾所造成的损失比地震直接破坏的损失高出3倍。1923年日本东京和横滨之间发生的8.2级大地震，震后两市分别有200多处起火，横滨的房屋几乎全部被烧光，东京也被烧掉三分之二，在这次灾害中死伤的20多万人，大部分是火灾造成的。

(8) 环境破坏性　众所周知的世界面临的三大难题，一是能源问题，二是人口问题，三是环境污染问题。火灾能直接造成严重的环境污染。这是由于火灾产生大量的有毒有害物质，主要有一氧化碳、二氧化碳、氰化氢、丙烯醛、甲醛等，这些有毒有害物质，不仅能污染环境，还会造成人体伤害。例如，1989年8月22日山东青岛市黄岛油库爆炸火灾，导致630t原油流入海中，使70%的胶州湾水域被油膜覆盖，市区风景游览点受到不同程度的污染，污染的海岸长达80km，海水含油量超过二类海水的10倍，使附近海域的海养殖损失80%，对自然界生态平衡难以估量。又如，2005年11月13日，吉林石化公司双苯厂及苯胺二车间由于违规操作不当发生爆炸（相继多次爆炸）。造成8人死亡、60人受伤，直接经济损失6908万元。爆炸发生后，约有80t苯系物流入松花江，造成松花江水体严重污染，沿岸数百万居民的生活受到水污染带来的严重影响。

(9) 消防发展滞后性　据统计，全国地级以上城市消防站、消防供水、消防车通道、消防通信和消防装备等基础设施的总体欠账为80%，造成了严重滞后。从消防发展趋势来看，随着城市的不断发展，需要建立立体化的城市综合防灾系统。即不仅仅局限于一般意义上的火灾的预防和扑救，而是包括了震后火灾消防、战争火灾消防、平息动乱火灾消防、核化救援消防、高层救险消防、海难空难救灾消防，处置化工泄漏消防、危险品爆炸毒害扩散消防等突发性事件。需要建立消防特勤、抢险救援、防化洗消、处置化学毒气泄漏、建筑物倒塌等防治特种灾害事故的消防力量。目前，我国消防形势仍十分严峻。主要表现为，公安消防经费严重短缺，社会消防力量的薄弱；城市公共消防基础设施投入的不足，欠账多（市政消防设施和公安消防站数量不足）；有些地方和单位签责任状流于形式，防火措施难以落实，公众消防安全意识还很淡薄；消防法制还不够完备，具体的措施不够有力。由于消防的严重滞后所带来的不适应性，是直接影响我国国民经济发展以及保障人民生命财产安全的亟待解决的大问题。

(10) 经济发展相关性　火灾的增长是随着经济发展成比率的，经济越发展火灾越严重。这是由于经济发展出现了四个集中，即生产集中、人口集中、建筑集中和财富集中。一旦发生火灾就会造成严重的经济损失。经济社会的快速发展给人们的生产和生活方式带来了显著变化，人员聚集场所、易燃易爆场所和超大规模与复杂建筑增多，大量新技术、新材料、新工艺和新能源的采用，增加了致灾因素与火灾风险。

20世纪80年代前5年，火灾起数和损失相对平稳，每年火灾直接损失介于1.6亿元至2.4亿元；1985年到1996年间，虽然火灾起数增加不多，但火灾直接损失呈现总体上升趋势；1993年到1996年的火灾损失都在10亿元以上；1997年，由于中国火灾统计方法的改变，当年火灾总起数有较大幅度的增加；1997年以后，火灾起数持续攀高，每年火灾直接损失在14亿元至17亿元之间。2003年，全国火灾开始上升，共发生火灾25万起，造成2482人死亡、3087人受伤，直接财产顺手15.9亿元。

国际经验表明，人均GDP在1000～3000美元之间，通常是一个国家的社会结构变动剧烈，各种矛盾突出的时期。例如，从2003年开始，中国人均GDP已经超过1000美元，正处于这样一个特殊的历史时期，也是安全事故易发期和群死群伤事故高发期。2015年全国接报火灾33.8万起，造成1742人死亡、1112人受伤，直接财产损失39.5亿元。2016年，全国共接报火灾31.2万起，死亡1582人，受伤1065人，直接财产损失37.2亿元。由此不难看出，近两年来，全国火灾起数已超过30万起，直接财产损失接近40亿元。目前，仍列为世界十大火灾多发国家之一。

1.3.2　火灾基本规律

火灾基本规律主要包括：火灾社会性规律、火灾季节性规律、火灾时间性规律、火灾气象性规律、火灾行业性规律和火灾成因性规律。

(1) 火灾社会性规律

① 经济上，越发展，财富越集中，火灾损失越大。

② 政治上，国家政治制度越稳定，火灾越少，反之则越大。

③ 技术上，越先进，控火能力越强，火灾及损失就有可能减少；但是随着新技术、新工艺、新材料的使用，又增加了尚未认识的起火因素，由于消防技术的滞后，火灾及损失仍

会增大。

④ 文化上，文化素质越高，安全意识越强，安全防范越好，火灾发生的可能性越小，反之则越大。

⑤ 管理上，消防组织、消防法规、规章及制度越健全，管理手段越先进，火灾发生的可能性就越小，反之则越大。

(2) 火灾季节性规律　春季，物燥，火灾多；夏季，潮湿，火灾少；秋季，风大，火灾多；冬季，用火多，火灾多。如图 1-2 所示。

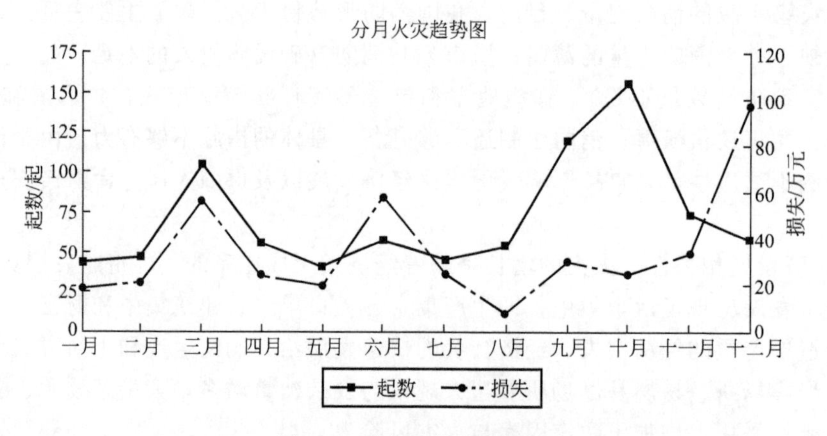

图 1-2　火灾季节分布情况

(3) 火灾时间性规律　白天，火灾多、大火少；晚上，火灾少，大火多。如图 1-3 所示。

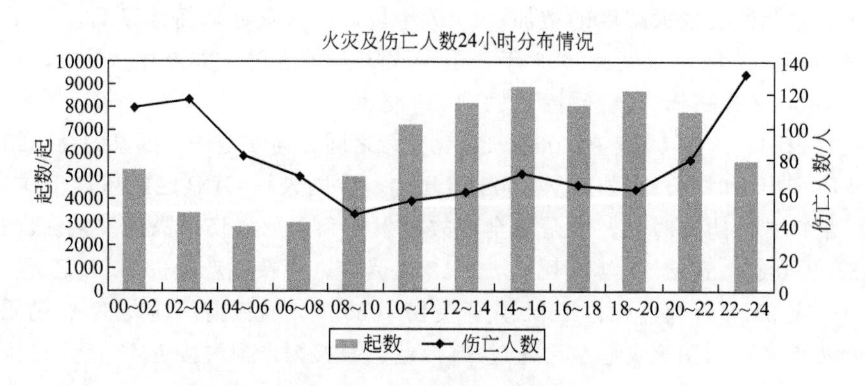

图 1-3　火灾时间分布情况

(4) 火灾气象性规律

① 大风。风助火势的影响、造成电线短路的影响等。

② 雷电。直击雷的影响、感应雷的影响、球雷的影响等。

③ 大雨。易造成化学遇水燃烧物质燃烧等。

④ 高温。易造成化学低燃点的物质燃烧、易造成石油液化气挥发和扩散燃爆等。

⑤ 冰冻。使用水灭火系统易冻结对火灾扑救造成一定的影响等。

(5) 火灾行业性规律

① 私营和三资企业火灾增多。

② 交通运输业火灾增多。

③ 仓储业火灾损失严重。

④ 公众聚集场所服务业火灾增多。

⑤ 餐饮娱乐业火灾增多。

⑥ 居民社区火灾增多。

(6) 火灾成因性规律 21世纪初，电气火灾从火灾统计的第二位，一跃成为第一位，各地消防部门为控制电气火灾，设立电气防火检测机构，并要求对重点单位实施每年定期检测，其结果是收效甚微。尤其是电气火灾仍持续不下。据《中国火灾统计年鉴》统计数据显示，2016年因违反电气安装使用规定等引发的火灾占总量的30.4%，因用火不慎引发的占17.5%，吸烟引发的占5.2%，自燃引发的占3.2%，玩火引发的占2.9%，生产作业引发的占2.8%，放火引发的占1.5%，起火原因不明确的占5.6%，其他原因引发占28.5%，原因在查占2.3%。如图1-4所示。

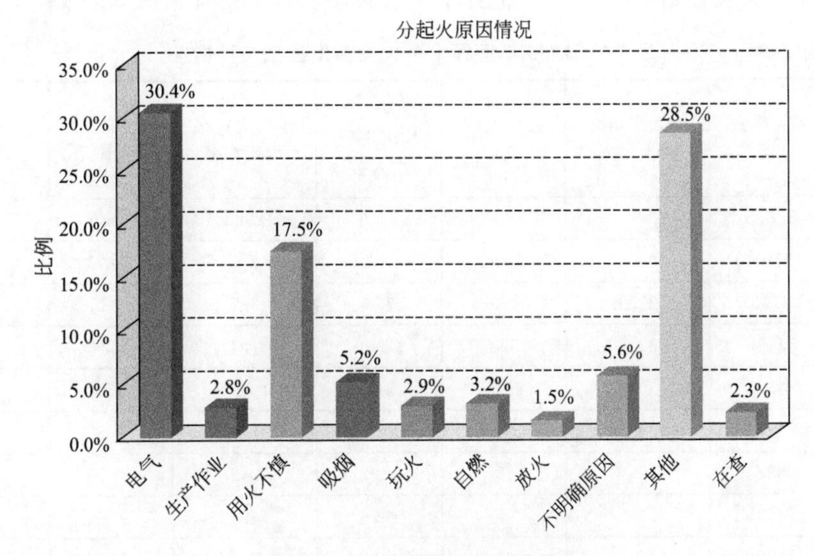

图1-4 火灾统计原因分布情况

1.4 火灾统计分析

(1) 国内火灾统计情况 《中国火灾统计年鉴》2005年至2016年的10余年火灾统计数据表明，我国火灾统计四项绝对指标中，死伤人数虽有所降低，但火灾起数和损失仍处于持续升高趋势。如表1-1所示。

表1-1 2005～2016年全国火灾统计情况

年份/年	火灾起数/起	火灾损失/亿元	死亡/人	受伤/人
2005	23.5941	13.7	2500	2508
2006	22.2702	7.8	1517	1418
2007	16.3521	11.25	1617	968
2008	13.6835	18.22	1521	743

续表

年份/年	火灾起数/起	火灾损失/亿元	死亡/人	受伤/人
2009	12.9318	16.24	1236	657
2010	13.2497	19.59	1205	624
2011	12.5417	20.57	1108	571
2012	15.2157	21.77	1028	575
2013	38.8	48.5	2113	1637
2014	39.5	43.9	1817	1493
2015	33.8	39.5	1742	1112
2016	31.2	37.2	1582	1065

注：以上不含森林、草原、军队、矿井地下部分火灾。

（2）国际火灾统计指标　1985年世界十个火灾多发国家统计情况如表1-2所示。

表1-2　1985年世界十个火灾多发国家统计情况

国名	火灾次数/起	万人平均火灾发生率	死亡人数/人	百万人平均火灾死亡人数	千次火灾平均死亡率	损失额/亿日元	每次火灾平均损失额/千日元
日本	59865	5	1747	14.6	29.2	1549	2587
美国	2371000	99.6	6306	26.5	2.7	17471	737
西德	131331	21.5	476	7.8	3.6	2835	2158
加拿大	81145	32.4	598	23.9	7.4	1624	2001
中国	34995	0.3	2241	2.2	64	230	657
澳大利亚	21555	28.5	55	7.3	2.6	238	1104
新西兰	20385	60	45	13.2	2.2		
丹麦	18635	34.5	95	18.6	5.1		
挪威	11000	27.5	74	18.5	6.7	527	4795
韩国	8137	2	260	6.4	32	42	516

通过以上数据可以看出，上述火灾多发国家都是发达国家，尽管我国还是发展中国家，也被列入火灾多发国家。这是由于我国火灾统计绝对指标过大，而相对指标很小。实际上，从火灾统计中的绝对指标和相对指标来看，相对指标比绝对指标更具有实际指导意义。

1.5 消防学科发展

1.5.1 消防有关概念

消防是火灾预防与扑救的总称。

“消防”一词是舶来语，日语“消防”一词泛指“消灭和预防火灾、水灾”等灾害。

狭义的消防是指专门研究各种火灾预防（建筑火灾、电气火灾、易燃易爆危险物品火灾

等）与扑救的学科。

广义的消防（fire）是指专门研究火灾发生与发展的规律以及火灾预防与扑救理论和技术的应用性、综合性、交叉性、边缘性的科学。

1.5.2 消防学科的演化历程

1.5.2.1 消防学科发展阶段

消防学科的发展，大体可分为：火灾防护阶段（侧重于火灾防护技术研究）；消防科学阶段（侧重于用消防工程技术手段的研究）；火灾科学与消防工程阶段（侧重于火灾基础理论与消防工程应用的研究）；火灾生命安全科学阶段（侧重于生命价值的研究，并与安全工程学科相互融合）。如图1-5所示。

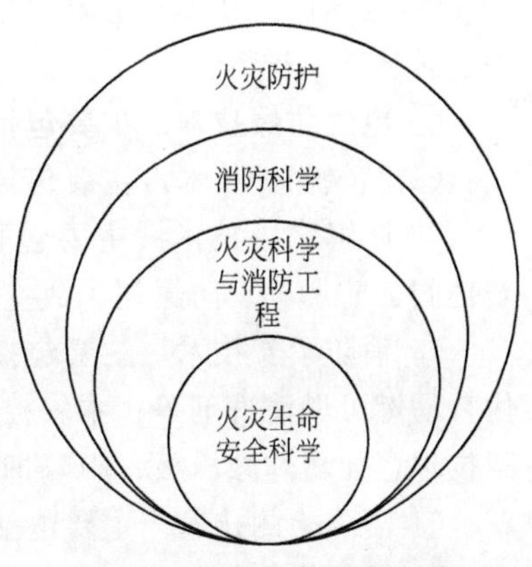

图1-5 消防学科发展阶段

消防学科最初是建立在火灾经验教训的基础上，是用无数生命和财产损失得出的一门学科，称之为火灾经验科学不无道理。按照消防科学形成可划分为：火灾基础理论、火灾防护技术和消防工程技术三个不同层次。从消防科学未来发展趋势预测（人才）、火灾防护技术应用与发展（技术）、消防产业的兴起与发展（产业）等方面，可以看出消防学科的形成和发展的过程。

（1）消防科学未来发展趋势预测　据1987年9月出版的日文版美国《奥姆尼》科学杂志，通过对未来学者、经济学家、大学就业咨询委员科技人员等的访问，综合分析出未来十大热门行业是：

① 消防技师；

② 资料库管理人员；

③ 鱼类海藻类养殖业人员；

④ 激光科技人员；

⑤ 太空科技人员；

⑥ 人类科学家；

⑦ 数位科技人员；

⑧ 教师；

⑨ 老人福利专家；

⑩ 人工智能专家。

之所以把消防技师作为十大热门行业榜首，据美国瓦贝特大学火灾安全研究中心主任拉克特指出，在某些特定地点发生火灾、爆炸事件时，如何预测可能产生的后果以及如何在发展的新科技中，可明显地看出，火灾防护科学已受到多方瞩目，而其中的灵魂人物消防技师也更为重要。据统计，目前合格的火灾防护专人尚不足实际所需的10%。

（2）火灾防护技术的应用与发展

① 建筑防火技术。主要包括：耐火构件耐火、建筑材料防火（阻燃）、防火间距、防火墙、防火门、防火卷帘、防火阀等。

② 灭火救援技术。主要包括：消防车道与回车场、火灾扑救面、灭火救援场地、水泵接合器、消防码头、消防鹤管、消防前室、消防电梯、消防停机坪等。

③ 固定灭火技术。主要包括：消火栓灭火、自动喷水灭火、泡沫灭火、卤代烷灭火、干粉灭火、二氧化碳灭火、气溶胶灭火等。

④ 火灾报警技术。主要包括：火灾自动报警、消防联动控制（断电切非、电梯归首、防火分隔设施启停、防排烟设施启停、消防泵启停、喷淋泵启停、气体灭火启停等）、消防电话、消防广播、声光警报器等。

⑤ 安全疏散技术。主要包括：疏散楼梯、疏散走道、疏散出口、消防应急照明、灯光疏散指示标志、消防避难间等。

⑥ 防烟排烟技术。主要包括：挡烟垂壁、防烟阀、正压送风、防烟风机等。

⑦ 耐火阻燃技术。主要包括：钢结构防火涂料处理、木结构防火涂料处理、织物阻燃处理等。

⑧ 电气保护技术。主要包括：短路保护、过载保护、漏电保护、接地保护、防雷电保护、防静电保护等。

⑨ 电气防爆技术。主要包括：防爆电灯、防爆开关、防爆电机、防爆变电设备等。

⑩ 燃气保护技术。主要包括：气体报警、防爆排风、自动断气、自动灭火等。

⑪ 防爆泄压技术。主要包括：阻火器、安全液封、单向阀、阻火闸门、火星熄灭器、安全阀、防爆膜、防爆门、放空管、防爆减压板、阻隔抑爆技术等。

⑫ 消防本安技术。主要包括：本安替代技术，如难燃材料代替可燃材料、非燃清洗剂代替易燃可燃清洗剂等；本安控制技术，如过温自控电熨斗、熄火自动断气灶眼等；本安抑制技术，如爆炸减压板、阻隔抑爆技术等。

⑬ 消防检测技术。主要包括：建筑消防设施检测、电气防火检测等。

⑭ 消防维保技术。主要包括：火灾报警系统维保、消火栓系统维保、喷水灭火系统维保、防排烟系统维保、辅助疏散设施维保等。

（3）消防产业的兴起与发展　经济建设发展的方向，决定了消防产业的发展方向，消防产业概念的界定为消防产业的发展方向明确了目标。据不完全统计，现已超过 3000 多家企业，从业人数超过 100 万人，年均产值超过 200 亿元。按照火灾总损失观点，火灾投资本身也是一种损失，加上火灾实际损失，全国火灾总损失达到 250 亿元，这也正是我们为何要关注消防产业的原因之一。消防产业的发展必将推进消防科学技术的发展，保证社会的安定。主要体现在以下几个方面：

① 制订现代化的消防规划，加强城市消防基础建设；

② 消防管理的社会化和法制化将要进一步发展；

③ 消防经费专款专用，增加投资，提高消防技术、设备、产品的开发、创新能力；

④ 加强消防工程技术施工及建筑防火设计审核验收工作；

⑤ 消防产业人员素质的培养和队伍的建设；

⑥ 建立、完善消防中介技术咨询服务的管理机制。

1.5.2.2　消防工程学科建立

工程学是一门应用学科，主要研究自然科学应用在各行业中的应用方式、方法的一门学科，是用数学和其他自然科学的原理来研究工程进行的一般规律，通过设计、控制、实验、实施等手段实现所研究工程门类的工学学科。目前，工科专业学科划分为 21 个类别（以新类别为准），其中，消防学科属于 08 工科类，0821：一级学科：公安技术，下设二级学科，其中与消防有关学科有：消防工程；082103W：核生化消防专业；082108S：抢险救援指挥与技术。

1.5.2.3 火灾科学与消防工程学科提出

1985年，第一次国际火灾安全科学学术讨论会（The First Symposium of Fire Safety Science）在美国召开，并成立了国际火灾安全科学学会（International Association for Fire Safety Science，IAFSS）。在这次会议上正式提出了火灾学（Fire Safety Science）和火灾安全工程学（Fire Safety Engineering）的概念。与会的许多科学家对于火灾研究的一些重要的概念取得了一致意见。目前人们一般认为，这次会议标志着火灾学和火灾安全工程学的诞生。有学者认为：火灾安全科学是建立在火灾经验教训的基础上，是用无数生命和财富损失换取的科学，称之为经验科学（或生命科学）不无道理。

火灾学侧重研究火灾发生与发展的基本规律。虽然火灾现象是复杂的，但不论哪种火灾都包括起火、火灾增大、烟气蔓延、熄灭等过程。从机理上说，这些过程有着相同的特点。火灾动力学的研究可以大大深化人们对火灾现象的认识，为科学防治火灾提供有效的理论指导。

火灾安全工程学是在火灾学、消防工程和安全系统工程密切结合的基础上形成的一门应用性很强的交叉分支学科。它运用工程学的原理和方法，对火灾的形成与发展过程及其影响进行科学的决策分析，火灾安全工程学强调从系统安全的高度出发，综合考虑各种因素的影响，研究如何实现建筑物（及构筑物）的总体安全，也是建筑物性能化防火设计的基本依据。

火灾安全工程学的主要目标是：在进行建筑物的设计、使用和管理时，应优先保证人员在火灾中的安全，同时考虑如何减少火灾的发生和火灾造成的损失，防止火灾大面积蔓延，并最大限度地降低火灾对财产、环境和文化遗产的破坏等。从一定意义上说，火灾安全工程学重在研究如何运用火灾安全科学的理论知识来解决火灾防治工程中遇到的实际问题，该交叉分支学科是“火灾（安全）科学与消防工程”学科的应用基础理论。

火灾安全工程学虽然是为适应改革的需求而发展起来的，但其原理和方法不仅为建筑防火安全设计及相应规范的制订提供了理论依据，而且可以用于火因调查、消防新产品的研制、防火安全教育、消防训练等方面，因而具有非常广阔的应用前景。

基于这种研究的需要，火灾安全工程学将充分利用火灾学的基础研究成果，但并不过细地探究某些火灾现象的机理；它还讨论火灾防治技术，但并不具体考虑某些产品的材料、结构或加工细节，而重在了解这些技术在特定火灾场合下的适用性。在进行建筑物的火灾危险分析时，还需要了解火灾发生与发展的规律、火灾燃烧产物的性质与烟气的蔓延规律、火灾中人员的行为与安全疏散、主动与被动防灭火对策的作用、火灾的特征数据、火灾的统计与调查、火灾危险性的评估方法、火灾防治的有效性和经济性等方面的问题。自然，人们亦应依据不同的应用对象及层次来确定某一次火灾危险分析的重点。

自20世纪80年代提出以后，火灾安全工程学很快成为国际消防界研究和讨论的重点，多年来一直是国际著名火灾安全科学学术组织及其学术会议的主要议题。例如，国际火灾安全科学学会（IAFSS）、国际建筑协会（CIB）、国际标准化组织（ISO）、国际火灾科研合作论坛（Forum for International Corporation on Fire Research）等。可以说，火灾安全工程学的形成和发展带动了火灾学其他领域的研究和发展，是“火灾科学与消防工程”学科（称为火灾安全科学与消防工程学科更为准确）日臻成熟的重要标志之一。其中的一项重要研究就是火灾模化技术（性能化防火设计基础）研究与应用。

火灾模化技术是定量研究火灾发展规律、发展防灭火新技术的一种新的基本手段，也是火灾安全工程学的重要组成部分。一般说，模化可分为物理模化和数学模化两种基本形式。物理模化指的是通过各种试验来认识火灾规律，包括全尺寸实验、缩小尺寸实验及水力模拟实验等。应该注意到，火灾试验是一种毁坏性试验，许多物品一旦燃烧便完全丧失使用功能，尤其是全尺寸试验，其花费相当大。数学模化则是从流体流动、传热与传质的基本定律出发，建立火灾发展和烟气流动的数学方程，其中有代数方程，也有微分方程，可通过计算机求解一些重要参数在火灾过程中的变化。火灾安全工程学既重视物理模型（即重视火灾模化试验的结果），又重视数学模型（即重视利用计算机进行火灾过程模拟计算的结果）。火灾过程的计算机模化是根据基本数理定律来定量算出特定火灾的发展过程，因而有助于人们全面、深入地认识火灾的性能。

从 20 世纪 60 年代起，日本东京理科大学的川越邦雄（Kawagoe）教授等对单个房间火灾过程进行了系统研究。他们提出了一种简化的室内火灾单层区域模型，自此开创了火灾过程数学模化的先河。此后随着计算机的快速发展，火灾数学模化得到了迅速发展，并可联立求解复杂的微分方程。美国哈佛大学的埃蒙斯（Emmons）教授等在发展火灾过程数学模化方面做出了突出贡献。自 20 世纪 80 年代初起，他领导的研究组发展了一系列的火灾模型，通称 Harvard 系列模型，其中有的模型可描述单个房间的火灾发展，有的也可描述多个房间的随时间变化的火灾。此后，其他科研人员也陆续开发出若干独具特色的火灾模型。近几十年来，火灾过程的计算机模化一直是火灾（安全）科学基础研究的前沿，并逐渐成为定量分析建筑物火灾发展特征的重要工具。

1.6 我国消防科学研究机构

（1）公安部消防研究所　消防科研机构是专门从事消防科学研究的单位，从 60 年开始建立，现已初具规模，并日臻完善，对消防事业的发展和消防安全起到了重要作用。目前，国内有部级消防研究所 4 个和国家级的检测中心 4 个。分别是：公安部天津消防研究所、公安部上海消防研究所、公安部沈阳消防研究所、公安部四川消防研究所。

① 天津消防研究所。1965 年成立，设有：消防机械、化学化工、自动控制、工业与民用建筑、工程热物理、计算机软件等专业。同时还建立了火灾理论研究和试验基地、工程设计标准规范科学试验基地、固定灭火系统和耐火构件质量监测中心和火灾分析鉴定中心等。

② 上海消防研究所。1965 年成立，主要从事消防装备技术和灭火技术战术的研究与开发、消防装备产品质量检测和相关标准的制定等。

③ 沈阳消防研究所。1963 年成立，主要研究火灾报警技术。火场通信技术、城市消防调度指挥技术、静电火灾危险性检测技术、电气火灾原因鉴定、消防产品标准化和质量检验等。

④ 四川消防研究所。1963 年成立，主要研究建筑火灾传播规律、建筑防火分隔技术、建筑材料耐火阻燃技术、建筑材料热解产物及毒性分析、建筑防火材料质量检测及自动洒水灭火等。

（2）国家消防检测机构

① 国家消防电子产品检测中心。1985 年 6 月成立，为国家级消防电子产品检测机构。

② 国家消防装备检测中心。1987 年 6 月成立，为国家级消防装备产品质量检测机构。

③ 国家防火建筑材料检测中心。1987 年成立，为国家级建筑材料检测机构。

④ 国家固定灭火系统和耐火构件检测中心。1988 年 10 月成立，为国家级消防产品质量检测机构。

(3) 国家重点火灾实验室　火灾科学国家重点实验室是中国火灾科学领域的国家级研究机构，位于中国科学技术大学，建立于 1995 年。主要包括：建筑火灾、城市与森林火灾、工业火灾、火灾化学、火灾监测监控、清洁高效灭火、火灾风险评价、计算机模拟与理论分析 8 个研究室。

1.7 教学内容和方法

(1) 本学科研究对象　建筑消防工程学是用消防工程技术手段和措施，即以建筑防火、建筑消防设施等的设置与应用为研究对象。

从火灾控制方面来讲，有两个相关应用学科：一是防火防爆工程学，另一个是建筑消防工程学，防火防爆工程学从火灾事前控制入手，不使火灾发生；建筑消防工程学从火灾事后控制入手，不使火灾扩大，二者密切相关，相辅相成。

(2) 本学科研究内容　建筑消防工程学主要研究建筑防火和建筑消防设施，在建筑工程消防设计、施工、检查、检测、维护管理等。

建筑防火（以建筑构件耐火及防火设施为主）是指建（构）筑物本身的建筑构件耐火、建筑材料防火、建筑防火分区、建筑防火分隔设施（如防火墙、防火门、防火卷帘、防火阀等）、消防防烟排烟系统等。又称被动消防。

建筑消防设施（以建筑消防设施为主）是指建（构）筑物内设置的消防供水设施及灭火设施。主要包括：消防给水（消防独立管网、消防泵、消防水池、消防水箱、消防稳压设施、消防供电设施等）、消火栓灭火系统、自动喷水灭火系统（喷水、水雾、细水雾等）、气体灭火系统（七氟丙烷、二氧化碳、IG541、气溶胶等）、泡沫灭火系统（水成膜、抗溶、合成等）、干粉灭火系统等。又称主动消防。

建筑安全疏散设施是指供人员应急疏散的基本设施及辅助疏散设施，主要包括：疏散走道、疏散楼梯、疏散出口及辅助疏散设施（应急照明、疏散指示标志、消防广播喇叭、声光警报器等）等。

建筑防烟排烟设施是指为避免火灾蔓延和防止人员受到火灾烟毒伤害，消防防烟排烟设施。主要包括：防烟分区、挡烟垂壁、自然排烟、机械排烟、机械防烟、防烟阀以及风机、管道等。

火灾自动报警及联动控制设施是指为防止早期火灾预警设置火灾探测及联动控制设施。主要包括：火灾探测器（感烟、感温、感光、气管）、火灾控制器以及消防联动控制功能，如非消防电源切断、消防电梯联动、防火分隔设施联动（防火卷帘、防火阀等）、防烟排烟设施联动、应急照明及疏散指示联动、消防应急广播联动等。如图 1-6 所示。

【典型案例】北京市隆福商厦火灾

1993 年 8 月 12 日 22 时许，北京隆福商厦发生火灾，烧损建筑面积 8200m^2，直接财产

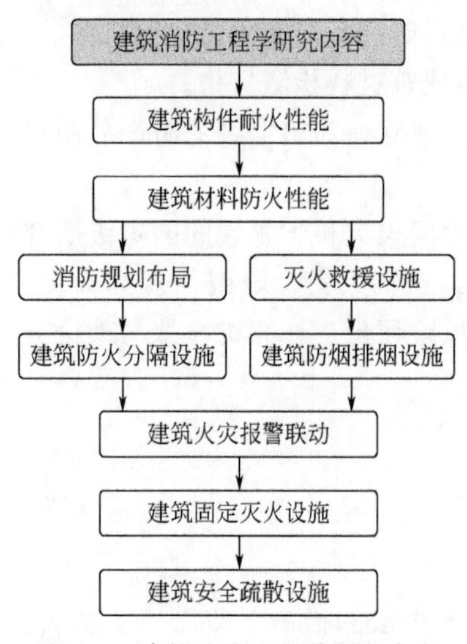

图 1-6　建筑消防工程学研究内容

损失 2148.9 万元。

(1) 单位基本情况　北京市隆福商业大厦隶属于北京市第一商业局。位于北京市东城区隆福寺 95 号，占地面积 12500m²，建筑总面积 28000m²。该大厦是在原东四人民市场的基础上改建的一座综合性商业大厦，由新旧两部分组成，新楼 8 层，面积 17000m²，楼内有感烟报警、自动喷淋灭火系统、防火卷帘门等自动消防设施，有墙壁消火栓 57 座。旧营业楼位于主楼北侧，共 4 层，与主楼毗连，并有 7 处接合部相通，建筑为钢混结构，南北跨距长 67m，宽 30m，建筑面积 8040m²。1～2 层主要经营家用电器、文具用品、日用百货，3 层经营金银首饰并设有卡拉 OK 舞厅，4 层为办公室。紧邻旧楼西侧为单层的西货场营业厅，长 67m，建筑面积 1989.4m²，与旧营业楼一层连通。

(2) 起火简要经过及初期火灾处置情况　1993 年 8 月 12 日 22 时许，2 名从 3 层卡拉 OK 舞厅出来的客人发现隆福商业大厦旧楼一层礼品柜台处起火，并有烟从窗户向外冒，就大声喊着火了。当晚值班人员得知起火后，立即组织保安人员自行开展火灾扑救。由于旧楼内无自动喷淋灭火系统，加之扑救不得当，导致火势迅速向周围及二层蔓延。之后才有人拨打“119”报警。北京市消防局于 22 时 18 分接到报警后，先后调集了 17 个消防中队、86 部消防车、822 消防官兵赶赴现场进行扑救。随后又调出环卫局的 34 部洒水车参加灭火。同时东城公安分局、公安交通管理局、武警北京总队、市局治安处分别调出干警到场维持秩序。

这起火灾由于报警迟，建筑空间大，蔓延途径多，可燃物多，火势蔓延迅速；因旧楼与主楼有 7 处相通，加之周围道路狭窄，进攻路线少，水源缺乏，给扑救工作带来极大困难。22 时 22 分，消防队到达火场时，火势已呈猛烈燃烧状态。现场指挥部迅速做出了“保主楼、保民房、不死人”的三条指示。为及时控制火势，减少火灾损失，灭火战斗中共形成 13 条供水线，32 支水枪阵地，采取截断、封堵、消灭等战术进行扑救，同时在大厦主楼的正面又布置了 3 部云梯车直接向主楼二、三层射水降温，防止高温情况下造成易燃物的轰燃，至此形成了四面包围的战斗格局。为了抢救被困人员，抢险人员分成两组冒着高温浓烟深入到新楼和旧楼将被大火围困的 4 名工作人员救离火场。经过 7 个多小时的奋力扑救，次日 5 时 30 分将大火被扑灭，保住了主楼及价值 3500 万元的货场，距火场仅 6m 的居民住户无一受灾，整个火场除几名消防队员受伤外，无人员死亡。

(3) 火灾伤亡及损失情况　火灾将大厦旧营业厅（北楼）一、二、三层大部分商品烧毁，四层办公室局部被烧；地下室存放的商品部分被水渍；大厦新楼二、三层局部过火，一、四、五、六层被烟熏。烧损建筑面积 8200m²，直接财产损失 2148.9 万元，火灾除几名消防队员受伤外未造成其他人员伤亡。

(4) 灾害成因分析及主要教训

① 直接原因。隆福商业大厦旧营业厅一局中部小礼品货架灯箱内安装的一日光灯镇流器线圈匝间短路，使线圈产生高温引燃固定镇流器的木质材料所致。

② 主要教训。隆福商业大厦违反了《商业零售商店消防安全管理规定》中“在营业结

束后，必须断掉营业性用电”的规定，导致1993年8月12日22时许货架灯箱内日光灯镇流器线圈匝间短路起火；另外，隆福商业大厦未按规定设置防火分区，对固定消防设施、设备器材平时维修管理不善，致使自动报警、自动防卷帘等消防设施在火灾中未能正常发挥作用，使小火变成特大火灾。

(5) 火灾责任及处理情况　根据火灾发生时有关消防法律法规规定，隆福商业大厦未认真贯彻落实《北京市防火安全责任制暂行规定》，防火安全责任制严重不落实，导致特大火灾的发生，对此起火灾负有全部责任。根据《北京市防火安全责任制暂行规定》第十条，对北京市隆福大厦给予2148850元处罚。隆福大厦火灾的相关责任人也分别依法被判处有期徒刑。

(6) 违反消防法规及标准情况

① 建筑防火措施不到位

a. 在设计装修时，未按规定设置防火分区。新旧营业厅总面积28000m^2，新旧营业楼之间有7处接合部相通，均未采取防火分隔措施，导致火灾发生后蔓延迅速，造成重大经济损失。

b. 旧营业楼未设置自动喷水灭火系统，未能有效地控制初起火灾。

c. 旧营业楼未设置火灾自动报警系统，值班员没有在第一时间发现火灾，错过了火灾扑救的最佳时期。

d. 整个大厦未设置防排烟系统，且装修改造时未将敞开楼梯间改为防烟楼梯间，致使火灾时有毒烟气蔓延迅速，救火人员难以开展有效的内攻灭火。

② 消防安全管理不到位

a. 在装修改造过程中未执行消防法律法规和消防技术标准。隆福商业大厦在装修改造设计时，没有按当时的消防标准设计火灾自动报警系统、防排烟系统、安全疏散设施和防火分隔措施等。致使大厦先天存在火灾隐患。

b. 消防安全管理混乱。隆福大厦与340多家柜台承租方签订的协议中虽然包含了消防内容，但管理流于形式。这些出租柜台各行其是，人员调换频繁，用电混乱，违章吸烟，货物乱堆隐患严重，公安消防部门曾先后提出各类火险隐患167件，要求大厦整改，但有的并未落实。

c. 消防安全管理制度和岗位责任制不落实。起火当晚，护店员、值班员未履行职责，未对营业厅进行巡视检查。起火时，几个护店员正在值班室里分奖金，是3层舞厅的客人下楼途经铁门时发现火光，向“119”报的警。

d. 消防安全检查、巡查工作不落实。消防控制室的值班员不负责任，当晚一上班便在值班记录上填写所有情况一切正常，旧营业楼起火后，浓烟进入新楼，新楼内的一个火灾探测器当即显示报警，值班员认为误报，竟随手将其关闭，致使火灾蔓延。

e. 固定消防设施、设备器材日常维护保养、管理不善。大厦新楼虽安装了自动喷水灭火系统，新旧楼及各层、厅均设有防火卷帘，但在1992年4月自动喷水灭火系统就已损坏，有的防火卷帘无法放下，火灾发生后，这些消防设施无法联动。另外，大楼地下一座280t的储水池没水，室内消火栓管网内无水。

f. 没有制订灭火预案，并进行演练。在火灾发生初期，值班经理未能在最短的时间内组织有效的灭火力量开展扑救，没有明确的职责分工，在无法扑灭火灾时才有人拨打“119”报警，待消防队到场后，电工才想起将电闸断开。

(7) 消防点评　原本隆福商厦这场火灾是完全可以避免的，当年隆福商厦设有先进的火灾报警系统、自动喷水灭火系统、防火卷帘等，发生火灾时，却不能有效控制火灾的发生。主要有三大原因（三大火灾隐患），一是未按规定在经营结束后采取断电措施是导致火灾的直接原因；二是火灾探测器经常误报，说明探测器需要清洗，而没有及时维护保养，消防监控员经常处于“狼来了”习以为常的状况，真的发生火灾，却误认为是设备故障，并采取关机处置，是导致此次火灾主要原因；三是商厦内设有一座280t消防水池却无水，是导致此次火灾扩大的根本原因。

由此可知，正是由于隆福商厦单位消防安全责任人和消防安全管理人，对消防安全工作的忽视，消防管理不到位，未认真履行消防安全职责，如能组织防火检查，及时消除火灾隐患（三大火灾隐患），此次火灾就不会发生。最终相关责任人对因安全生产所必需的资金投入不足导致的后果承担相关的法律责任。

【本章小结】

本章主要阐述了火灾有关概念，通过火灾基本规律和特性及火灾统计分析研究，进一步了解火灾基本特性与规律，通过消防学科发展和消防科学研究，明确建筑消防工程学建立和本课程研究对象、内容和方法。

【思考题】

1. 建筑消防工程学研究对象是什么？
2. 消防工程学科由哪几个方面组成？
3. 火灾科学与消防工程建立的意义？

第2章 建筑消防工程基础

【学习要求】

通过本章学习，掌握城市消防规划布局，熟悉建筑火灾危险性类别，掌握建筑构件耐火性能、建筑材料防火性能，熟悉建筑消防技术规范应用要求。

【学习内容】

主要包括：建筑火灾危险性类别、城市消防规划布局、建筑构件耐火性能、建筑类型与耐火等级、建筑消防技术规范应用。

2.1 建筑火灾危险性类别

2.1.1 生产与储存建筑火灾危险类别

根据《建筑设计防火规范》（GB 50016—2014），生产、储存危险性类别可分为：甲、乙、丙、丁、戊五类。

（1）生产火灾危险性类别　见表 2-1。

（2）储存火灾危险性类别　见表 2-2 所示。

同一建筑内有两种以上火灾危险等级确定。同一座厂房或厂房的任一防火分区内有不同火灾危险性生产时，该厂房或防火分区内的生产火灾危险性分类应按火灾危险性较大的部分确定。当符合下述条件之一时，可按火灾危险性较小的部分确定：

① 火灾危险性较大的生产部分占本层或本防火分区面积的比例小于5%或丁、戊类厂房内的油漆工段小于10%，且发生火灾事故时不足以蔓延到其他部位或火灾危险性较大的生产部分采取了有效的防火措施；

② 丁、戊类厂房内的油漆工段，当采用封闭喷漆工艺，封闭喷漆空间内保持负压、油漆工段设置可燃气体自动报警系统或自动抑爆系统，且油漆工段占其所在防火分区面积的比例小于等于20%。

表 2-1 生产（厂房）火灾危险性类别

生产类别	火灾危险性特征	
	项别	使用或产生下列物质的生产
甲	1	闪点小于 28℃的液体
	2	爆炸下限小于 10%的气体
	3	常温下能自行分解或在空气中氧化能导致迅速自燃或爆炸的物质
	4	常温下受到水或空气中水蒸气的作用，能产生可燃气体并引起燃烧或爆炸的物质
	5	遇酸、受热、撞击、摩擦、催化以及遇有机物或硫黄等易燃的无机物，极易引起燃烧或爆炸的强氧化剂
	6	受撞击、摩擦或与氧化剂、有机物接触时能引起燃烧或爆炸的物质
	7	在密闭设备内操作温度大于等于物质本身自燃点的生产
乙	1	闪点大于等于 28℃，但小于 60℃的液体
	2	爆炸下限大于等于 10%的气体
	3	不属于甲类的氧化剂
	4	不属于甲类的化学易燃危险固体
	5	助燃气体
	6	能与空气形成爆炸性混合物的浮游状态的粉尘、纤维、闪点大于等于的液体雾滴
丙	1	闪点大于等于 60℃的液体
	2	可燃固体
丁	1	对不燃烧物质进行加工，并在高温或熔化状态下经常产生强辐射热、火花或火焰的生产
	2	利用气体、液体、固体作为燃料或将气体、液体进行燃烧作其他用的各种生产
	3	常温下使用或加工难燃烧物质的生产
戊		常温下使用或加工不燃烧物质的生产

表 2-2 储存（库房）火灾危险性类别

仓库类别	项别	储存物品的火灾危险性特征
甲	1	闪点小于 28℃的液体
	2	爆炸下限小于 10%的气体，以及受到水或空气中水蒸气的作用，能产生爆炸下限小于 10%气体的固体物质
	3	常温下能自行分解或在空气中氧化能导致迅速自燃或爆炸的物质
	4	常温下受到水或空气中水蒸气的作用，能产生可燃气体并引起燃烧或爆炸的物质
	5	遇酸、受热、撞击、摩擦以及遇有机物或硫黄等易燃的无机物，极易引起燃烧或爆炸的强氧化剂
	6	受撞击、摩擦或与氧化剂、有机物接触时能引起燃烧或爆炸的物质
乙	1	闪点大于等于 28℃，但小于 60℃的液体
	2	爆炸下限大于等于 10%的气体
	3	不属于甲类的氧化剂
	4	不属于甲类的化学易燃危险固体
	5	助燃气体
	6	常温下与空气接触能缓慢氧化，积热不散引起自燃的物品

续表

仓库类别	项别	储存物品的火灾危险性特征
丙	1	闪点大于等于60℃的液体
	2	可燃固体
丁		难燃烧物品
戊		不燃烧物品

2.1.2 建筑火灾危险类别

按照建筑火灾危险等级可分为：严重危险级、中危险级、轻危险级。这种分类方法主要用于确定建筑消防设施设置、建筑灭火器配置等。可分为：严重危险级、中危险级和轻危险级。与生产储存火灾危险性类别关系，如表2-3和表2-4所示。

表2-3 建筑危险等级及主要特征

危险等级 场所类别	主要特征
严重危险级	功能复杂，用电用火多，设备贵重，火灾危险性大，可燃物多，起火后蔓延迅速或容易造成重大火灾损失的场所
中危险级	火用电较多，火灾危险性较大，可燃物较多，起火后蔓延较迅速的场所
轻危险级	用火用电较小，火灾危险性较小，可燃物较少，起火后蔓延较缓慢的场所

表2-4 建筑火灾危险等级与生产储存火灾危险性类别关系

危险等级 场所类别	严重危险级	中危险级	轻危险级
厂房	甲、乙类物品生产场所	丙类物品生产场所	丁、戊类物品生产场所
库房	甲、乙类物品储存场所	丙类物品储存场所	丁、戊类物品储存场所

2.2 城市消防规划布局

2.2.1 建筑总平面布局

（1）易燃易爆化学危险物品场所布设要求　易燃易爆危险品场所火灾设施的消防安全应符合下列规定。

① 易燃易爆危险品场所或设施应按国家标准的规定控制规模，并应根据消防安全的要求合理布局。

② 易燃易爆危险品场所或设施应设置在城市的边缘或相对独立的安全地带；大、中型易燃易爆危险品场所或设施应设置在城市建筑用地边缘的独立安全地区，不得设置在城市常年主导风向的上风向、主要水源的上游或其他危及公共安全的地区。对周边地区有重大安全影响的易燃易爆危险品场所或设施，应设置防灾缓冲地带和可靠的安全设施。

③ 易燃易爆危险品场所或设施与相邻建筑、设施、交通线等的安全距离应符合国家标准的规定。城市建设用地范围内新建易燃易爆危险品生产、储存、装卸、经营场所或设施的安全距离，应控制在其总用地范围内。

④ 城市建设用地范围应控制汽车加油站、加气站和加油加气合建站的规模和布局，并应符合《汽车加油加气站设计与施工规范》(GB 50156)、《建筑设计防火规范》(GB 50016)的有关规定。

⑤ 城市燃气系统应统筹规划，区域性输油管道和压力大于1.6MPa的高压燃气管道不得穿越军事设施、国家重点文物保护单位、其他易燃易爆危险品场所或设施用地、机场（机场专用输油管除外)、非危险品车站和港口码头；城市输油、输气管线与周围建筑和设施之间的安全距离应符合国家现行有关标准的规定。

⑥ 合理安排易燃易爆危险品运输线路及通行时段。

⑦ 现有影响城市消防安全的易燃易爆危险品场所或设施应结合城市更新改造，进行调整规模、技术改造、搬迁或拆除等。构成重大隐患的，应采取停用、搬迁或拆除等措施，并应纳入近期建设规划。

(2) 历史城区及历史文化街区布设要求　历史城区及历史文化街区的消防安全应符合下列规定。

① 历史城区应建立消防安全体系，因地制宜地配置消防设施、装备和器材。

② 历史城区不得设置生产、储存易燃易爆危险品的工厂和仓库，不得保留或新建输油、输气管线和储气、储油设施，不宜设置配气站、低压燃气调压设施宜采用小型调压装置。

③ 历史城区的道路系统在保持或延续原有道理格局和原有空间尺度的同时，应充分考虑必要的消防通道。

④ 历史文化街区应配置小型、适用消防设施、装备和器材；不符合消防车通道和消防给水要求的街巷，应设置水池、水缸、沙池、灭火器等消防设施和器材。

⑤ 历史文化街区外围宜设置环形消防车通道。

⑥ 历史文化街区不得设置汽车加油站、加气站。

(3) 建筑耐火等级设置要求　城市建设用地内，应建造一、二级耐火等级的建筑，控制三级耐火等级建筑，严格限制四级耐火等级的建筑。

(4) 城市地下空间设置要求　城市地下空间应严格控制规模，避免大面积相互贯通连接，并应配置相应的消防和应急救援设施等。

2.2.2　公共消防设施设置

2.2.2.1　城市消防站

城市消防站应分为陆上消防站、水上消防站和航空消防站。陆上消防站分为：普通消防站、特勤消防站和战勤保障消防站。普通消防站分为一级普通消防站和二级普通消防站。

(1) 消防站设置要求

① 城市建设用地范围内应设置一级普通消防站。

② 城市建成区内设置一级普通消防站确有困难的区域，经论证可设置二级普通消防站。

③ 地级及以上城市、经济较发达的县级城市应设置特勤消防站和战勤保障消防站，经济发达且有特勤任务需要的城镇可设置特勤消防站。

④ 消防站应独立设置。特殊情况下，设在综合建筑物中的消防站应有独立的功能分区，

并应与其他使用功能完全隔离，其交通组织应便于消防车应急出入。

(2) 消防站布局要求

① 城市建设用地范围内普通消防站布局，应以消防队接到出动指令后5min内可到达其辖区边缘为原则确定。

② 普通消防站辖区面积不宜大于$7km^2$；设在城市建设用地边缘地区、新区且道路系统较为畅通的普通消防站，应以消防队接到出动指令后5min内可到达其辖区边缘为原则确定其辖区面积，其面积不应大于$15km^2$；也可通过城市或区域火灾风险评估确定消防站辖区面积。

③ 特勤消防站应根据其特勤任务服务主要对象，设在靠近其辖区中心且交通便捷的位置。特勤消防站同时兼有其辖区灭火救援任务的，其辖区面积宜与普通消防站辖区面积相同。

④ 消防站辖区划定结合城市地域特点、地形条件和火灾风险等，并应兼顾现状消防站辖区，不宜跨越高速公路、城市快速路、铁路干线和较大的河流。当受地形条件限制，被高速公路、城市快速路、铁路干线和较大河流分隔，年平均风力在3级以上或相对湿度在50%以下地区，应适当缩小消防站辖区面积。

(3) 消防站的建设用地面积要求　消防站的建设用地面积要求，如表2-5所示。

表2-5　消防站建设用地面积

序号	消防站类型	用地面积/m^2	备注
1	一级普通消防站	3900～5600	
2	二级普通消防站	2300～3800	
3	特勤消防站	5600～7200	
4	战勤保障消防站	6200～7900	

(4) 消防站选址要求

① 消防站应设置在便于消防车辆迅速出动的主、次干路的临街地段。

② 消防站执勤车辆的主出入口与医院、学校、幼儿园、托儿所、影剧院、商场、体育场馆、展览馆等人员密集场所的主要疏散出口的距离不应小于50m。

③ 消防站辖区内有易燃易爆化学危险品场所或设施的，消防站应设置在危险品场所或设施的常年主导风向的上风或侧风处，其用地边界距危险品部位不应小于200m。

2.2.2.2　城市消防通信

① 城市应设置消防通信指挥中心。

② 城市消防通信指挥系统应覆盖全市、联通城市消防通信指挥中心和各消防站，并应具有受理火灾及其灾害事故报警、灭火救援指挥调度、情报信息支持等主要功能。

③ 消防通信指挥系统应符合现行国家标准《消防通信指挥系统设计规范》(GB 50313)的有关规定。

2.2.2.3　城市消防供水

① 城市消防用水可由城市给水系统、消防水池及符合要求的其他人工水体、天然水体、再生水等供给。当使用再生水作为消防用水时，水质应符合《城镇污水再生利用工程设计规范》(GB 50335)的有关规定。

② 城市消防用水量应按同一时间内的火灾起数和一次灭火用水量确定，应符合《建筑设计防火规范》(GB 50016) 的有关规定；城市给水系统为分区供水且管网系统未可靠联网时，城市消防用水量应分片区核定；

③ 利用城市给水系统作为消防水源，必须保障城市供水高峰时段消防用水的水量和水压要求。接有市政消火栓或消防水鹤的消防给水管道，其布置、管网管径和供水压力应符合《消防给水及消火栓系统技术规范》(GB 50974) 的有关规定。

2.2.2.4 消防车通道

① 消防车通道之间的中心线间距不宜大于 160m。

② 环形消防车通道至少应有两处与其他车道连通，尽端式消防车通道应设置回车道或回车场地。

③ 消防车通道的净宽度和净空高度均不应小于 4m，与建筑外墙的距离宜大于 5m。

④ 消防车通道的坡度不宜大于 8%，转弯半径应符合消防车的通行要求。举高消防车停靠和作业场地坡度不宜大于 3%。

⑤ 供消防车取水的天然水源、消防水池及其他人工水体应设置消防车通道，消防车通道边缘距离取水点不宜大于 2m，消防车距吸水水面高度不应超过 6m。

2.2.2.5 15 分钟与 5 分钟消防时间

根据我国对 44 个城市的建筑现状的调查（20 世纪 80 年代)。砖木结构建筑物在 50% 以上有 36 个城市，这些城市历年来发生火灾的次数和造成损失，砖木结构建筑火灾次数在 60%以上，火灾损失 70%左右。可见，在城镇火灾中砖木结构建筑火灾是主要的火灾。

据统计，砖木结构建筑物起火后 15 分钟内，一般来说，火势已突破门窗、房顶，屋架开始烧塌，并向毗连建筑物蔓延，燃烧速度显著加快。所以，作为城镇消防站第一出动的灭火力量，必须在起火后 15 分钟内赶到火灾现场出水扑救，才能有效地扑灭和控制初期火灾的发生。为此，我国的城镇实施“15 分钟消防时间”是完全必要的。

具体划分为：发现、报警、接警、行车、出水（灭火）五个时间阶段。如图 2-1 所示。

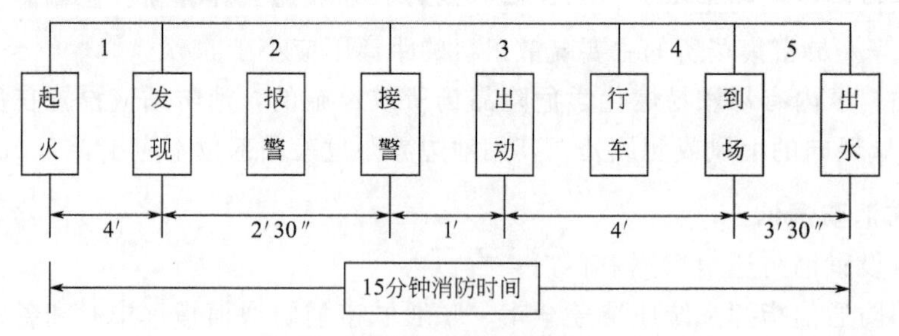

图 2-1 15 分钟消防时间

具体讲：起火发现 4 分钟：从某处起火被人发现的时间不超过 4 分钟；警 2 分 30 秒：从发现起火，运用通信设备报警，至消防站接警，不超过 2 分 30 秒；接警出动 1 分钟：从消防站接到报警至第一出动的消防车开出车库大门的时间，不超过 1 分钟；行车到场 4 分钟：第一出动的消防车从出动至到达火场途中的行驶时间，不超过 4 分钟；开始出水扑救 3 分 30 秒：第一出动的消防车驶达到火场后，迅速地战斗展开，至灭火水流有效地喷出水枪，开始扑救火灾的时间，不超过 3 分 30 秒。

根据《城市消防规划规范》（GB 51080）的有关规定，所提出5分钟消防时间是在15分钟消防时间基础上，即城市建设用地范围内普通消防站布局，应以消防队接到出动指令后5分钟内可到达其辖区边缘为原则确定。普通消防站辖区面积不宜大于7km²。其仍以15分钟消防时间作为依据，而15分钟消防时间则更具体、更细化，强调消防队，不仅在规定时间内到场，且要在规定时间内出水灭火。由此可以看出，15分钟消防时间是5分钟消防时间量化基础，也是更高要求。

2.3 建筑构件耐火性能

2.3.1 建筑构件

建筑构件是指构成建筑物各个要素。如果把建筑物看成是一个产品，那建筑构件就是指这个产品当中的零件。建筑物当中的构件主要有基础、柱子、梁、墙体、楼板、楼（屋）面（吊顶）等。

（1）基础　基础是建筑的根基，尽管在最低层，由于支撑柱和墙，在火灾时，一旦受火作用，失去支持能力，就会影响柱和墙的稳定。所以，基础在建筑构件上是不容忽视的。同时基础也是防火墙设置的根基。

（2）柱子　柱是垂直受压构件，它承受梁传来的荷载。柱在火灾时，会四面受火。其耐火极限是以支持能力为判定耐火极限的标准。可分为砖柱、钢筋混凝土柱、钢柱、木柱等。

砖柱和钢筋混凝土柱，有一定的耐火作用，其耐火极限与横截面的大小有关，当截面为370mm×370mm时，柱的耐火极限可达到5小时。

钢柱为不耐火构件，非燃烧体，无保护层，其耐火极限只有0.25h（15min）。木柱为不耐火构件，为燃烧体。

（3）梁　梁是受弯构件，它承受楼板传来的荷载。可分为钢梁、钢筋混凝土梁。木梁等。

钢梁耐火极限很低，当温度达到700℃时，其挠度达到80mm以上，并很快失去支持能力，在火灾温度作用下，耐火极限仅有15分钟，钢梁耐火性能差的主要原因是钢材在高温作用下强度和刚度降低所致。

注：建筑构件挠度是表示构件（梁、柱、楼板等）受到外力时发生弯曲变形的程度，以构件弯曲后各横截面的中心至原轴线的距离来度量，用mm表示。

钢筋混凝土梁，其耐火极限取决于梁的保护层厚度和梁所承受的荷载。耐火极限与保护层厚度成近似直线关系，保护层厚，耐火极限长；保护层薄，耐火极限短；对于同一种梁来讲，随着火灾荷载加大，其耐火极限成近似的直线关系减小。

根据实验，当梁的保护层厚度为25mm时，在正常荷载作用下，其耐火极限可到达1.5h。

（4）墙体　墙可以起到承重和围护作用。可分为承重墙和非承重墙等。

砖墙在短时间高温作用下，不会受到损害，但在长时间高温作用下，则受火面的砖块要熔化、流淌。使灰缝里面的砂浆酥裂，失去黏结能力。

根据实验，120mm 厚的砖墙，其耐火极限为 2.5h；240mm 厚的砖墙，其耐火极限可达到 5h。由此建筑防火墙耐火极限确定为 3h，并作为水平防火分隔，是完全可行的。

(5) 楼板　楼板是水平承重结构，起分隔楼层和传递荷载的作用。对于同一种钢筋混凝土楼板来讲，会随着火灾荷载加大，耐火极限成近似直线关系减小，随保护层加大，耐火极限成近似直线关系增加。一般钢筋混凝土楼板耐火极限不低于 1h。由此以采用楼板作为竖直防火分隔，是完全可行的。可分为预制板、现浇板等。

(6) 吊顶　吊顶原本是为了隔热、隔声、平整楼板和屋顶的作用，现在很多走道吊顶设置水、电、气、风等管线。如使用的石棉水泥板，受到 300～500℃温度作用，就会发生炸裂，由于吊顶的耐火极限很低，是建筑构件中是最薄弱的环节。消防走道又是消防安全第一通道，而这一问题一直困扰消防措施有效性。

与建筑构件不同，根据受力不同，以上建筑构件，又有结构构件之分，是构成结构受力骨架的要素，可分为受弯构件、受压构件、受拉构件、受扭构件、压弯构件等。

2.3.2　建筑构件的耐火极限

(1) 定义　在标准耐火试验条件下，建筑构件、配件或结构从受到火的作用时起，到失去稳定性、完整性或隔热性时止的这段时间，一般用小时（h）表示。

(2) 火灾时间-温度标准曲线　为了模拟一般室内火灾的全面发展阶段，在对建筑构件进行耐火试验时，采用燃烧炉，炉内温度随时间推移而上升，可并按式（2-1）计算：

$$T-T_0=345\lg(8t+1) \tag{2-1}$$

式中　t——试验经历的时间，min；

T——在 t 时间的炉内温度，℃；

T_0——试验开始时的炉内温度，℃，T_0 应在 5～40℃范围内。

式（2-1）表示的曲线称为火灾标准升温曲线。又称火灾时间——温度标准曲线。目前，世界上大多数国家都采用火灾标准升温曲线来升温，这就在基本试验条件上趋于一致。如图 2-2 所示。

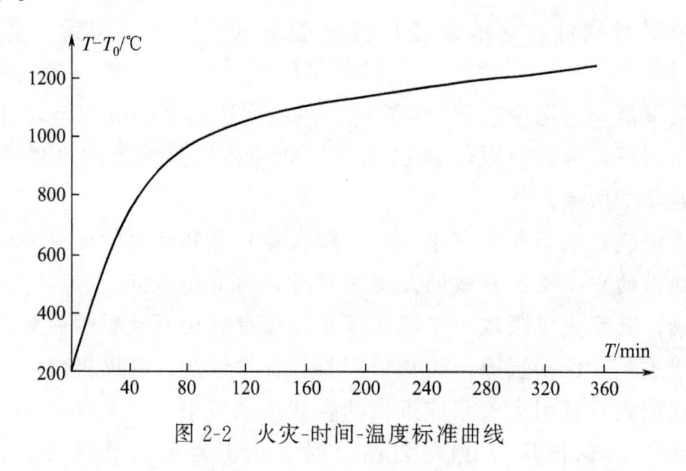

图 2-2　火灾-时间-温度标准曲线

(3) 影响火灾时间温度主要因素包括：材料的燃烧性能、构件的截面尺寸、构件表面的保护层厚度等。

(4) 建筑构件燃烧性能判定条件

① 构件失去支持能力或称失去稳定性。

② 构件完整性被破坏或称失去完整性。

③ 构件失去隔火作用或称失去隔热性。

(5) 建筑构件耐火极限的意义

① 为正确制定和贯彻建筑防火法规提供科学依据。

② 为提高建筑结构耐火性能和建筑物的耐火等级。降低防火投资，减少火灾损失提 供技术措施。

③ 为火灾烧损后建筑结构的加固工作提供依据，是衡量建筑物耐火等级的主要指标。

(6) 提高构件耐火极限的措施

① 处理好构件接缝构造，防止发生穿透性裂缝。

② 使用导热系数低的材料，加大构件厚度。

③ 使用非燃性材料。

④ 构件表面抹灰或喷涂防火涂料。

⑤ 加大构件截面。

⑥ 粗钢筋配于截面中部，细钢筋配于角部。

⑦ 承重构件提高材料强度等级。

⑧ 改变构件支承条件，增加多余约束。

2.4 建筑类型与耐火等级

2.4.1 建筑类型

人类经历了从露天、洞穴、窑洞、草棚、木屋、砖木结构建筑、钢筋混凝土结构建筑和钢结构建筑等这样一个漫长的历史过程。可以说建筑是伴随着人类文明的发展，已成为人类生活不可缺少的重要组成部分。

(1) 建筑定义　建筑是指建筑物（如住宅、厂房、仓库等）和构筑物（如塔、桥、烟囱、隧道、井池、堤坝等）的总称。

从消防安全角度来讲，按建筑高度，可分为普通、高层、超高层和地下建筑四类。消防注重建筑的高度，同时也注重其深度，这是由于它直接关系到火灾扑救、救援和疏散。

(2) 单层与多层建筑　建筑高度低于10层及以下的建筑，称为多层建筑，又称低层建筑。如20世纪50年代仿苏式砖木结构建筑（三层或四层）、70年代简易楼（二层）、80年代板楼（六层）等。这些建筑中的民用建筑大都没有设置室内消火栓；电气线路采取明设(没有穿管保护)；且电气线路容载偏低；单元住宅与单元住宅之间没有防火分隔；垃圾道从地面直通楼顶；屋顶采用木质结构；加上使用液化气罐或安装燃气管线；安装封闭式防盗门窗等，更加大了居民住宅潜在的火灾危险。

(3) 高层建筑　10层及以上或住宅建筑27m以上；公共建筑24m以上，称为高层建筑。

高层建筑火灾危险因素，主要是火灾荷载大、火灾危险源多、建筑功能复杂火灾扑救难度大、人员集中难以疏散逃生等，尤其是近年来建筑内部装修和外部保温之后降低了原有建筑防火设计的耐火等级、破坏了建筑原有防火分隔等，成为火灾扩大蔓延严重的重要原因之一。

对于高层建筑消防提出“自防自救”的原则，要求高层建筑设计安装火灾自动报警和自动灭火系统，限制防火分隔面积，疏散楼梯采取封闭或防烟楼梯等，可以有效地控制和减少了高层建筑的发生火灾风险。

（4）高层民用建筑分类　高层民用建筑分类，如表 2-6 所示。

表 2-6　高层民用建筑分类

名称	高层民用建筑		单、多层民用建筑
	一类	二类	
住宅建筑	建筑高度大于 54m 的住宅建筑（包括设置商业服务网点的住宅建筑）	建筑高度大于 27m，但不大于 54m 的住宅建筑（包括设置商业服务网点的住宅建筑）	建筑高度不大于 27m 的住宅建筑（包括设置商业服务网点的住宅建筑）
公共建筑	1. 建筑高度大于 50m 的公共建筑； 2. 建筑高度 24m 以上任一楼层建筑面积大于 1000m^2 的商店、展览、电信、邮政、财贸金融建筑和其他多种功能组合的建筑； 3. 医疗建筑、重要公共建筑； 4. 省级及以上的广播电视和防灾指挥调度建筑、网局级和省级电力调度； 5. 藏书超过 100 万册的图书馆、书库	除一类外的非住宅高层民用建筑	1. 建筑高度大于 24m 的单层公共建筑； 2. 建筑高度不大于 24m 的其他民用建筑

（5）超高层建筑　通常，建筑高度超过 100m 及以上的建筑，称为超高层建筑。

（6）地下建筑　建筑的顶面低于室外地坪面的建筑，称为地下建筑。

主要包括：城市地铁、地下人防工程、建筑楼层的地下车库（室）、交通隧道等。

地下建筑最大的火灾危险主要是出口少，不便于疏散逃生，没有门窗不能自然排烟。一旦发生火灾，后果特别严重。尤其是对于地下铁路、交通隧道等由于客流量大，车流密集，容易发生踩踏等意外事故，其后果则更加严重。

2.4.2　建筑耐火等级

耐火等级（Fireproof endurance rating），是衡量建筑物耐火程度的分级标度。它由组成建筑物的构件的燃烧性能和耐火极限来确定。

建筑物的耐火等级是由建筑构件（柱、梁、楼板、墙等）的燃烧性能和耐火极限决定的。

建筑耐火等级判定标准：

① 一级耐火等级建筑是钢筋混凝土结构或砖墙与钢混凝土结构组成的混合结构；

② 二级耐火等级建筑是钢结构屋架、钢筋混凝土柱或砖墙组成的混合结构；

③ 三级耐火等级建筑物是木屋顶和砖墙组成的砖木结构；

④ 四级耐火等级是木屋顶、难燃烧体墙壁组成的可燃结构。

通过试验，确定建筑构件的耐火极限，如建筑构件耐火极限与耐火等级，如表 2-7 所示。

表 2-7 建筑构件耐火极限与耐火等级

燃烧性能和耐火极限/h 构件名称	耐火等级	一级	二级	三级	四级
墙	防火墙	非燃烧体 4.00	非燃烧体 4.00	非燃烧体 4.00	非燃烧体 4.00
	承重墙、楼梯间、电梯井的墙	非燃烧体 3.00	非燃烧体 2.50	非燃烧体 2.50	难燃烧体 0.50
	非承重外墙、疏散走道两侧的隔墙	非燃烧体 1.00	非燃烧体 1.00	非燃烧体 0.50	难燃烧体 0.25
	房间隔墙	非燃烧体 0.75	非燃烧体 0.50	难燃烧体 0.50	难燃烧体 0.25
柱	支承多层的柱	非燃烧体 3.00	非燃烧体 2.50	非燃烧体 2.50	难燃烧体 0.50
	支承单层的柱	非燃烧体 2.50	非燃烧体 2.00	非燃烧体 2.00	燃烧体
梁		非燃烧体 2.00	非燃烧体 1.50	非燃烧体 1.00	难燃烧体 0.50
楼板		非燃烧体 1.50	非燃烧体 1.00	非燃烧体 0.50	难燃烧体 0.25
屋顶承重构件		非燃烧体 1.50	非燃烧体 0.50	燃烧体	燃烧体
疏散楼梯		非燃烧体 1.50	非燃烧体 1.00	非燃烧体 1.00	燃烧体
吊顶（包括吊顶榻栅）		非燃烧体 0.25	难燃烧体 0.25	难燃烧体 0.15	燃烧体

民用建筑的耐火等级应根据其建筑高度、使用功能、重要性和火灾扑救难度等确定，并应符合下列规定。

地下、半地下建筑（室）和一类高层建筑的耐火等级不应低于一级；单层、多层重要公共建筑和二类高层建筑的耐火等级不应低于二级。

建筑高度大于 100m 的民用建筑的楼板，其耐火极限不应低于 2h。一、二级耐火等级建筑的上人平屋顶，其屋面板的耐火极限分别不应低于 1.5h 和 1h。

对于钢结构构件耐火等级：钢结构通常在 450～650℃的温度中就会失去承载能力，发生很大的形变，导致钢柱、钢梁弯曲，结果因过大的形变而不能继续使用，一般不加保护的钢结构的耐火极限为 15min 左右。为提高钢结构建筑耐火等级，对主要建筑构件，如梁、柱子涂防火涂料处理，一般薄型（2～3mm）防火涂料的耐火时间不超过 1.5h，如超过 1.5h 应采用厚型（8mm 以上）防火涂料。

2.5 建筑消防技术规范应用

2.5.1 建筑消防技术法规概念

消防法规是指国家机关制定的有关消防管理的一切规范性文件的总称。分为：消防行政法规和消防技术法规。其中，消防技术法规（标准）是我国各部委或各地方部门依据《中华人民共和国标准化法》的有关法定程序单独或联合制定颁发的，用以规范消防技术领域中人与自然、科学技术的关系的准则或标准。这些消防技术标准都具有法律效力，必须严格遵照执行。消防技术标准是消防科学管理的重要技术基础，是建设单位、设计单位、施工单位、生产单位、公安消防机构开展工程建设、产品生产、消防监督的重要依据。对提高消防产品质量，合理调配资源，保护人身和财产安全，创造经济效益和社会效益都有相当重要的作用。

(1) 消防技术法规制定　根据我国目前的消防标准化技术委员会暂定的8个分技术委员会的划分，分为：基础标准、固定灭火系统标准、灭火剂标准、消防车（泵）标准、消防灭火器及消防装备标准、消防电子产品标准、防火材料标准和建筑构件标准。各分委会分别制定相应的消防技术法规（标准）。

(2) 消防技术规范类型　按其性质可分为规范（又称工程建设技术标准）和标准两大类。标准又分为：基础性标准，试验方法标准和产品标准（又称通用技术条件）。

(3) 强制性标准和推荐性标准　《标准化法》第七条规定：保障人体健康，人身、财产安全的标准和法律、行政法规规定强制执行的标准是强制性标准，其他标准是推荐性标准。推荐性标准国家鼓励企业自愿采用标准。

(4) 消防技术规范用词

常见消防技术规范（标准）用词：

① 表示很严格，非这样做不可的用词：正面“必须”，反面“严禁”；

② 表示严格，在正常情况下均应这样做的用词：正面“应”，反面“不应”或“不得”；

③ 表示允许稍有选择，在条件许可时首先应这样做的用词：正面“宜”或“可”，反面“不宜”。

④ 必须按有关的标准、规范或规定执行的写法：“应按……执行”或“应符合……要求或规定”；

⑤ 非必须按所指的标准、规范或其他规定执行的写法为“可参照……执行”。

消防技术法规可分为：国家标准、行业标准、地方标准和企业标准。

2.5.2 常用建筑消防技术规范

国家工程建设消防技术标准（消防规范），通常用汉语拼音所写GB标注，根据其性能又可分为：建筑类规范（又称综合性规范）和设备类规范（又称专业性规范）。

(1) 建筑类规范

- 《建筑设计防火规范》(GB 50016—2014)
- 《人民防空工程设计防火规范》(G B50098—1998，2001年版)
- 《建筑内部装修设计防火规范》(GB 50222—1995)
- 《汽车库、修车库、停车场设计防火规范》(GB 50067—2014)
- 《爆炸危险环境电力装置设计规范》(GB 50058—2014)
- 《石油化工企业设计防火规范》(GB 50160—2008)
- 《建筑工程施工现场消防安全技术规范》(GB 50720—2011)
- 《建筑消防设施的维护》(GB 25201—2010)

(2) 设备类规范

- 《火灾自动报警系统设计规范》(GB 50116—98，2013年版)
- 《自动喷水灭火系统设计规范》(GB 50084—2001，2005年版)
- 《消防给水及消火栓系统技术规范》(GB 50974—2014)
- 《水喷雾灭火系统设计规范》(GB 50219—1995)
- 《细水雾灭火系统技术规范》(GB 50898—2013)
- 《气体灭火系统设计规范》(GB 50370—2005)

- 《二氧化碳灭火系统设计规范》(GB 50193—1993，2010年版)
- 《气溶胶灭火系统技术规范》(Q/CNPC 112—2005)
- 《泡沫灭火系统设计规范》(GB 50150—2010)
- 《固定消防炮灭火系统设计规范》(GB 50338—2003)
- 《干粉灭火系统设计规范》(GB 50347—2004)
- 《建筑灭火器配置设计规范》(GB 50140—2005)

(3) 施工及验收类

- 《火灾自动报警系统施工及验收规范》(GB 50166—2007)
- 《自动喷水灭火系统施工及验收规范》(GB 50261—2005)
- 《建筑内部装修防火施工及验收规范》(GB 50354—2005)
- 《泡沫灭火系统施工及验收规范》(GB 50281—2006)
- 《气体灭火系统施工及验收规范》(GB 50263—2007)
- 其他(产品、设备、设施、装备)

总之，消防技术标准可分为：国家标准、行业标准、地方标准和企业标准等。作为国家标准是最基本的，也可说是最低标准。但作为地方标准不得超越国家标准的规定范围，国家标准没有要求的，作为地方标准不得擅自制定超出国家标准的规定范围，否则就会带来施行上的混乱以及增大消防成本的支出费用。

【本章小结】

本章主要讲述了建筑火灾危险性类别、城市消防规划布局、建筑构件耐火特性、建筑类型与耐火等级以及建筑消防技术规范应用等，是本教材的基础知识，通过本章学习，为后续学习奠定基础。

【思考题】

1. 建筑火灾危险性是如何分类的？
2. 一类建筑与二类建筑是如何划分的？
3. 建筑耐火极限和耐火等级区别与联系？

第3章 建筑防火分区与分隔设施

【学习要求】

通过本章学习，掌握建筑防火分区、防火间距的划分原则，熟悉常用防火分隔设施，了解建筑通风空调系统、建筑内部装修、建筑外墙保温的防火原则及要求。

【学习内容】

主要内容有：水平防火分区与垂直防火分区、不同类型建筑的防火分区要求；防火间距的定义；重点建筑部位的防火要求。

3.1 建筑防火分区

防火分区是指在建筑内部采用防火墙和楼板及其他防火分隔设施分隔而成，能在一定时间内阻止火势向同一建筑的其他区域蔓延的防火单元。

通过在建筑物内划分防火分区能有效控制和防止火灾沿水平或垂直方向向同一建筑物内的其他空间蔓延，有效地把火势控制在一定范围内，减少火灾损失，同时为人员安全疏散、消防扑救提供有利条件。从空间位置上，建筑防火分区包括水平防火分区和竖向防火分区。

3.1.1 水平防火分区

水平防火分区，是指用一定防火分隔设施，将面积大的建筑物在水平方向分隔成两个或两个以上的防火分区，其作用是防止火灾在水平方向蔓延扩大。如图 3-1 所示。

水平防火分区应用防火墙分隔，如确有困难时，可采用防火卷帘加冷却水幕或闭式喷水系统、防火分隔水幕分隔，用以阻止火灾在水平方向的蔓延。

3.1.2 垂直防火分区

垂直防火分区，是指上下楼层分别用耐火性能较好的楼板及窗间墙（含窗下墙）进行防火分隔，并要求对各种孔洞缝隙用不燃烧料进行填塞封堵，其作用是可把火灾控制在一定的楼层范围内，防止火灾向其他楼层垂直蔓延，如图 3-2 所示。

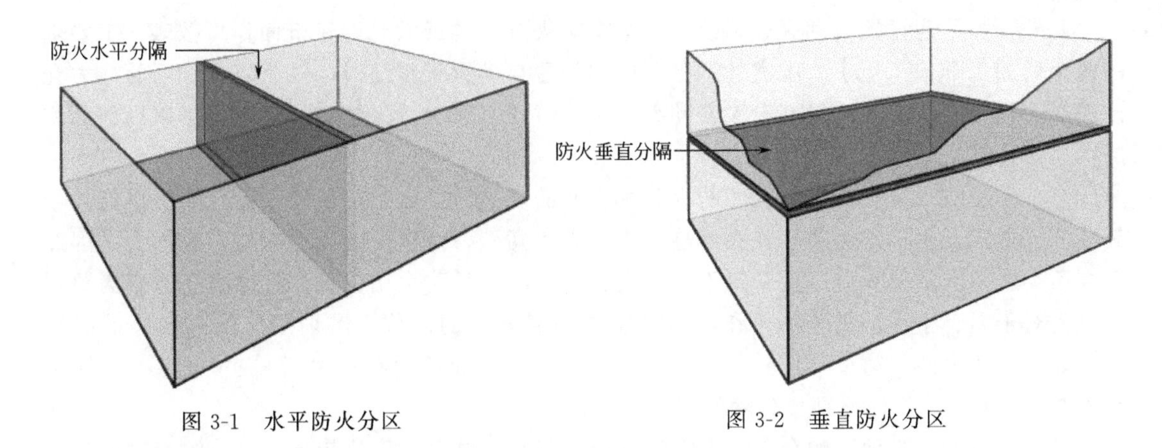

图 3-1 水平防火分区　　图 3-2 垂直防火分区

一般垂直防火分区利用建筑楼层的自然分隔，是以每一层作为一个防火分区。所有建筑物的地下室，在垂直方向尽量以每个楼层为单元划分防火分区。

3.1.3 不同类型建筑防火分区要求

从防火的角度，防火分区划分得越小，越有利于保证建筑物的防火安全。但划分过小，会影响建筑物的使用性能。因此，防火分区的面积大小应根据建筑物的使用性质、高度、火灾危险性、消防扑救能力等因素确定。不同类型的建筑其防火分区的划分有不同标准。

(1) 厂房防火分区要求　根据不同的生产火灾危险性类别，合理确定厂房的层数和建筑面积，可以有效防止火灾蔓延扩散。厂房的防火分区面积应根据其生产的火灾危险性类别、厂房的层数和厂房的耐火等级等因素确定。各类厂房的防火分区的最大允许建筑面积应符合表 3-1 所示。

表 3-1 厂房耐火等级、层数和占地面积（防火分区）

生产类别	耐火等级	最多允许层数/层	防火分区最大允许占地面积/m²			
			单层	多层	高层	地下或半地下
甲	一级 二级	宜单层	4000 3000	3000 2000	— —	—
乙	一级 二级	不限 6	5000 4000	4000 3000	2000 1500	— —
丙	一级 二级 三级	不限 不限 2	不限 8000 3000	6000 4000 2000	3000 2000 —	500 500 —
丁	一、二级 三级 四级	不限 3 1	不限 4000 1000	不限 2000 —	4000 — —	1000 — —
戊	一、二级 三级 四级	不限 3 1	不限 5000 1500	不限 3000 —	6000 — —	1000 — —

对于一些特殊的工业建筑，防火分区的面积可适当扩大。厂房内的操作平台、检修平台，当使用人数少于 10 人时，其面积可不计入所在防火分区的建筑面积内。

此外，当厂房设置自动灭火系统时，每个防火分区的最大允许建筑面积可按表 3-1 要求的规定增加 1.0 倍。当丁、戊类的地上厂房内设置自动灭火系统时，每个防火分区的最大允许建筑面积不限。厂房内局部设置自动灭火系统时，其防火分区的增加面积可按该局部面积的 1.0 倍计算。

(2) 仓库防火分区要求　仓库防火分区之间的水平分割必须采用防火墙分隔，不能采用其他分隔方式。甲、乙类物品着火后蔓延快、火势猛烈，甚至可能发生爆炸，危害大。因此甲、乙类仓库内的防火分区应采用不开设门、窗、洞口的防火墙分割，且甲类仓库应为单层建筑。对于丙、丁、戊类仓库，在实际使用中确需开口的部位，需采用与防火墙等效的措施，如甲级防火门、防火卷帘分隔，开口部位的宽度一般控制在不大于 6.0m，高度宜控制在 4.0m 以下，以保证该部位分隔的有效性。

设置在地下、半地下的仓库，火灾时室内气温高，烟气浓度比较高，热分解产物成分复杂、毒性大，而且威胁上部仓库安全，因此，甲、乙类仓库不应附设在建筑物的地下室和半地下室内。仓库的层数和面积应符合库房耐火等级、层数和建筑面积规定，见表 3-2。

表 3-2　库房耐火等级、层数和建筑面积（防火分区）

储存类别		耐火等级	最多允许层数/层	最大允许建筑面积/m²						
				单层		多层		高层		地下或半地下
				每座仓库	防火分区	每座仓库	防火分区	每座仓库	防火分区	防火分区
甲	3、4 项	一	1	180	60	—	—	—	—	—
	1、2、5、6 项	一、二	1	750	250	—	—	—	—	—
乙	1、3、4 项	一、二	3	2000	500	900	300	—	—	—
		三	1	500	250	—	—	—	—	—
	2、5、6 项	一、二	5	2800	700	1500	500	—	—	—
		三	1	900	300	—	—	—	—	—
丙	1 项	一、二	5	4000	1000	2800	700	—	—	150
		三	1	1200	400	—	—	—	—	—
	2 项	一、二	不限	6000	1500	4800	1200	4000	1000	300
		三	3	2100	700	1200	400	—	—	—
丁		一、二	不限	不限	3000	不限	1500	4800	1200	500
		三	3	3000	1000	1500	500	—	—	—
		四	1	2100	700	—	—	—	—	—
戊		一、二	不限	不限	不限	不限	2000	6000	1500	1000
		三	3	3000	1000	2100	700	—	—	—
		四	1	2100	700	—	—	—	—	—

当仓库内设置自动灭火系统时，除冷库的防火分区外，每座仓库的最大允许占地面积和每个防火分区的最大允许建筑面积可按表 3-2 规定增加 1.0 倍。

(3) 民用建筑防火分区要求　当建筑面积过大时，室内容纳的人员和可燃物的数量相应增大，为了减少火灾损失，对建筑物防火分区的面积应按照建筑物耐火等级的不同给予相应的限制。不同耐火等级民用建筑防火分区的最大允许建筑面积，见表 3-3。

表 3-3 不同耐火等级民用建筑防火分区的最大允许建筑面积

名称	耐火等级	防火分区面积/m^2	备注
高层民用建筑	一、二级	1500	对于体育馆、剧场的观众厅，防火分区的最大允许建筑面积可适当增加
单、多层民用建筑	一、二级	2500	
	三级	1200	—
	四级	600	—
地下或半地下建筑	一级	500	设备用房的防火分区最大允许建筑面积不应大于 1000m^2

当建筑内设置自动灭火系统时，防火分区的最大允许建筑面积可按表 3-3 规定增加 1.0 倍；局部设置时，防火分区的增加面积可按该局部面积的 1.0 倍计算。

当裙房与高层建筑主体之间设置防火墙，墙上开口部位采用甲级防火门分隔时，裙房的防火分区可按单、多层建筑的要求确定。

一、二级耐火等级建筑内的营业厅、展览厅，当设置自动灭火系统和火灾自动报警系统并采用不燃或难燃装修材料时，每个防火分区的最大允许建筑面积可适当增加，并应符合下述规定：

① 设置在高层建筑内时，不应大于 4000m^2；

② 设置在单层建筑内或仅设置在多层建筑的首层内时，不应大于 10000m^2；

③ 设置在地下或半地下时，不应大于 2000m^2。

总建筑面积大于 20000m^2 的地下或半地下商店，应采用无门、窗、洞口的防火墙、耐火极限不低于 2.00h 的楼板分隔为多个建筑面积不大于 20000m^2 的区域。相邻区域确需局部连通时，应采用符合规定的下沉式广场等室外开敞空间、防火隔间、避难走道、防烟楼梯间等方式进行连通。

(4) 木结构建筑防火分区要求　建筑高度大于 18m 的住宅建筑，建筑高度不大于 24m 的办公建筑或丁、戊类厂房/仓库的房间隔墙和非承重外墙可采用木骨架组合墙体。其他建筑的非承重外墙不得采用木骨架组合墙体，民用建筑及丁、戊类厂房/库房可采用木结构建筑或木结构组合建筑，其允许层数和建筑高度木结构建筑防火墙间的允许建筑长度和每层最大允许建筑面积，如表 3-4 和表 3-5 所示。

表 3-4 不同木结构建筑的允许层数和建筑高度

木结构建筑形式	普通木结构建筑	轻型木结构建筑	胶合木结构建筑		木结构组合建筑
允许层数/层	2	3	1	3	7
允许建筑高度/m	10	10	不限	15	24

表 3-5 木结构建筑防火墙间的允许建筑长度和每层最大允许建筑面积

层数/层	防火墙间的允许建筑长度/m	防火墙间的每层最大允许建筑面积/m^2
1	100	1800
2	80	900
3	60	600

当设置自动喷水灭火系统时，防火墙间的允许建筑长度和每层最大允许建筑面积可按表 3-4 规定增加 1.0 倍；当为丁、戊类地上厂房时，防火墙间的每层最大允许建筑面积不限。

体育场等高大空间的建筑高度和建筑面积可适当增加。

设置在木结构住宅建筑内的机车库、发电机间、配电间、锅炉间等火灾危险性较大的场所，应采用耐火极限不低于2.00h的防火隔墙和耐火极限不低于1.00h的不燃性楼板与其他部位分隔，不宜开设与室内相通的门、窗、洞口，确需开设时，可开设一樘不直通卧室的单扇乙级防火门。机动车车库的建筑面积不宜大于60m²。

(5) 城市交通隧道防火分区要求　隧道内的变电站、管廊、专用疏散通道、通风机房及其他辅助用房等，应采取耐火极限不低于2.00h的防火隔墙和甲级防火门等分隔措施与车行隧道分隔。隧道内附设的地下设备用房，占地面积大，人员较少，每个防火分区的最大允许建筑面积不应大于1500m²。如图3-3所示。

图3-3　城市交通隧道

3.2 建筑防火分隔

对建筑物进行防火分区的划分是通过防火分隔构建来实现的。通过防火分隔，把整个建筑空间划分成若干较小防火空间，从而阻止火势蔓延。

3.2.1 建筑防火分隔设施

3.2.1.1 防火墙分隔设施

防火墙是指直接砌在基础上，其厚度不小于240mm厚的砖墙，其耐火极限不小于3.00h的无孔洞不燃实体墙。如图3-4所示。

根据防火墙在建筑中所处的位置和构造形式，防火墙一般可分为：横向防火墙、纵向防火墙、内防火墙、外楼防火墙和独立防火墙等。

防火墙是分隔水平防火分区或防止火灾蔓延的重要分隔构建，对减少火灾损失具有重要作用。在火灾初期和灭火过程中，将火灾有效地控制在一定空间内，阻断火灾在防火墙一侧蔓延到另一侧。设置时，对防火墙的耐火极限、燃烧性能、设置部位和构造的

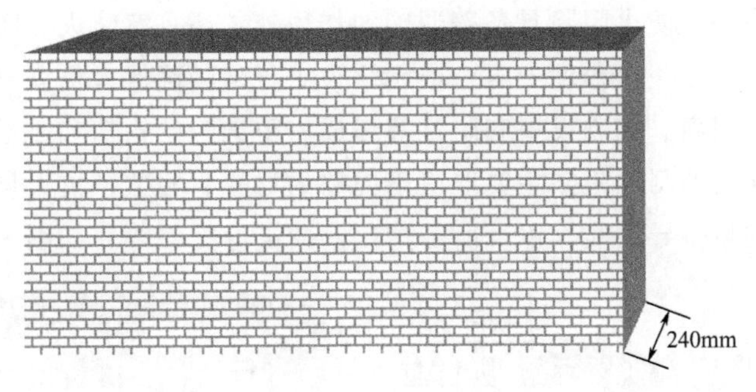

图 3-4 防火墙

要求如下。

① 应直接砌在基础上或框架结构的框架上。当防火墙一侧的屋架、梁和楼板被烧毁或受到严重破坏时，防火墙本身仍应不致受到影响而倒塌。

② 在防火墙上不应开设门窗孔洞，如必须开设时，应用防火门、窗。防火墙上的孔洞缝隙应用不燃材料进行封堵填塞。

③ 防火墙用于截断燃烧体和难燃烧体的建筑时，如屋面的面层为不燃烧体时，防火墙应高出屋面不小于 400mm；如为燃烧体时，则应高出屋面不小于 500mm。

④ 建筑物的外墙如为难燃烧体时，防火墙突出难燃烧体墙的外表面 400mm。防火带的宽度，从防火墙中心线起每侧不应小于 200mm。

建筑外墙为不燃烧性墙体时，防火墙可不凸出墙的外表面，紧靠防火墙两侧的门、窗、洞口之间最近边缘的水平距离不应小于 200mm；采取设置乙级防火窗等防止火灾水平蔓延的措施时，该距离不限。

⑤ 防火墙距天窗端面的水平距离小于 400mm，且天窗端面为燃烧体时，应将防火墙加高，使之超过天窗结构 400～500mm，以防止火势蔓延。

⑥ 防火墙内不应设置排气道，民用建筑如必须设置时，其两侧的墙身截面厚度均不应小于 120mm。

⑦ 防火墙上不应开设门、窗、孔洞，如必须开设时，应采用甲级防火门、窗，并应能自关闭。

⑧ 输送可燃气体和甲、乙、丙类液体的管道 严禁穿过防火墙。其他管道不宜穿过防火墙，如确需穿过时，应采用防火封堵材料将墙与管道之间的空隙紧密填实，穿过防火墙处的管道保温材料，应采用不燃烧体材料。当管道为难燃及可燃材料时，应在防火墙两侧的管道上采用防火措施。

⑨ 建筑物内的防火墙不宜设在转角处。如确需设在转角附近，内转角两侧上的门、窗、洞口之间最近边缘的水平距离不应小于 400mm，当相邻一侧装有乙级防火窗时，距离可不限。

⑩ 紧靠防火墙两侧的门、窗、洞口之间最近边缘的水平距离不应小于 2m，如装有固定乙级防火窗时，可不受距离限制。

3.2.1.2 防火门分隔设施

防火门是指在规定时间内，连同框架能满足耐火稳定性、完整性和隔热性要求，在发生火灾时能自行关闭的门。防火门除具备普通门的作用外，还具有防火、隔烟的特殊功能，建筑一旦发生火灾，它能在一定程度上阻止或延缓火灾蔓延，确保人员安全疏散。

防火门由门框、门扇、控制设备和附件等组成。防火门的构造和质量对其防火和隔烟性能有直接影响。防火门的耐火极限主要取决于门扇的材料、构造、抗火烧能力，门扇与门框之间的间隙、门扇的热传导性能，以及所需选用的铰链等附件等，如图 3-5 所示。

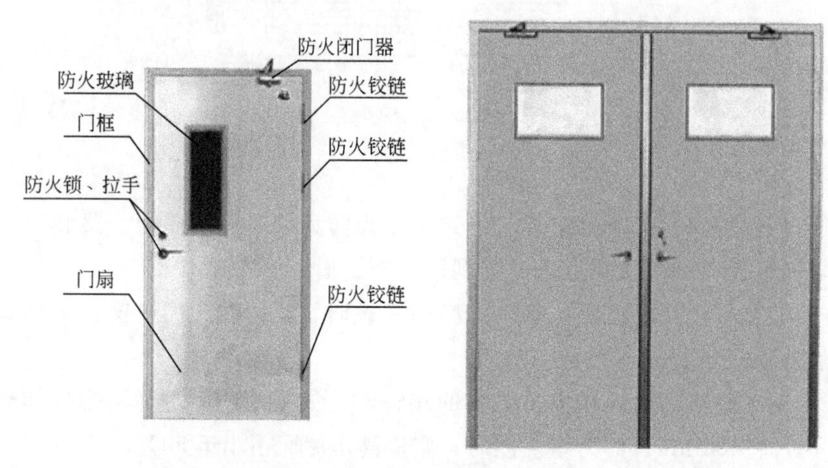

图 3-5 防火门

按所用的材料可分为木质防火门、钢质防火门和复合材料防火门；按开启方式可分为平开防火门和推拉防火门；按门扇结构可分为镶玻璃防火门和不镶玻璃防火门，带上亮窗和不带上亮窗防火门；按门扇数量可分为单扇和双扇防火门等。

(1) 防火要求 建筑中设置的防火门，应保证门的防火和防烟性能复合《防火门》(GB 12955—2008) 的有关规定，并经消防产品质量检测中心检测试验认证后才能使用。

防火门的设置应符合下列防火要求。

① 设置在建筑内经常有人通行处的防火门宜采用常开防火门。常开防火门应能在火灾时自行关闭，并应具有信号反馈的功能。

② 除允许设置常开防火门的位置外，其他位置的防火门均应采用常闭防火门。常闭防火门应在其明显位置设置“保持防火门关闭”等提示标识。

③ 除管井检修门和住宅的户门外，防火门应具有自行关闭功能。双扇防火门应具有按顺序自行关闭的功能。

④ 除人员密集场所平时需要控制人员随意出入的疏散门和设置门禁的建筑外门外，防火门应能在其内外两侧手动开启。

⑤ 设置在建筑变形缝附近时，防火门应设置在楼层较多的一侧，并应保证防火门开启时门扇不跨越变形缝。

⑥ 防火门关闭后应具有防烟性能。

(2) 防火门的应用 钢质防火门价格适中，但其自重大、开启较费力且式样单调、不够美观，因此多用于工业建筑和一般档次的民用建筑，或建筑中对美观要求低、平时人流量小的部位（如机房、车库等）；与此相反，木质防火门的自重轻、启闭灵活且外观可装饰性好、花样较多，但价格较高，多用于中高档次的民用建筑或建筑中的重要场合。

一般每樘防火门适用的最大洞口尺寸约为：高 3.3m，宽 1.1m（单扇）、3.0m（双扇）。工程设计中除要严格按照规范要求的场合、部位、宽度、等级和开启方向设置防火门以外，尚应注意以下几点。

① 门扇对疏散宽度的影响　防火门一般都设在疏散路径上（如楼梯间、前室、走道等），建筑平面细部设计时稍不注意就可能造成门扇开底后遮挡疏散路径、减少其有效宽度，违反人员疏散的基本要求。在疏散路径转折处和高层住宅中这种现象尤为突出，应引起重视、加以避免。

② 通向相邻分区的疏散口问题　在一定条件下，当设有通向相邻防火分区的甲级防火门时，地下建筑中允许每个分区只设一个安全出口。应当注意的是，由于防火门只能单向开启，如果相邻的两个分区都只有一个安全出口则应当在防火墙上分设两樘防火门并分别向两侧开启，才能满足两个分区间互相疏散的需要。

(3) 启闭方式的选择　最常采用的是常闭防火门，它的门扇一直处于闭合状态，人员通过时手动打开，通过后门扇自行关闭；若安装推闩五金件就更利于加快疏散速度。但是，设于公共通道的常闭防火门存在着平时使用时影响通风采光、遮挡视线、通行不便的缺点，如管理不善，其闭门器和启闭五金件常常被毁坏、失灵，造成安全隐患。近年出现的常开防火门恰好解决了上述问题，平时它的门扇被定门器固定在开启位置，火灾时定门器自动释放，恢复与常闭防火门相同的功能。由于增加了定门器和自动释放系统，有时还要与自动报警系统联动，采用常开防火门势必增加工程造价。现行防火规范没有对防火门采用何种启闭方式作强制规定，可由设计者综合考虑建筑的标准高低、使用场合的特点、建筑使用者的管理需要及经济因素选择确定。

3.2.1.3　防火卷帘分隔设施

防火卷帘是指在规定时间内，连同框架能满足耐火稳定性和完整性要求的卷帘。防火卷帘是一种活动的防火分隔物，平时卷起放在门窗上口的转轴箱中，起火时将其放下展开，用以阻止火势从门窗洞口蔓延。

防火卷帘由帘板、卷轴、电动机、导轨、支架、防护罩和控制机、两侧控制器等组成，如图 3-6 所示。

防火卷帘一般设置在电梯井、自动扶梯周围、中庭与楼层走道、过厅相通的开口部位，生产车间中大面积工艺洞口。对于设置防火墙或防火门有困难的场所，可采用防火卷帘作防火分区分隔。

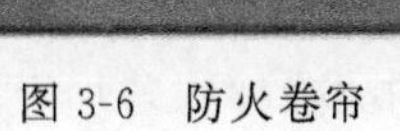

图 3-6　防火卷帘

(1) 防火卷帘类别

① 按制作材质划分类

- 单片型钢防火卷帘　由单层薄钢板加防火涂料保护制成。
- 复合（夹芯）型钢防火卷帘　由双层薄钢板中间复合隔热夹芯材料并加防火涂料保护制成。
- 无机型防火卷帘　由耐高温的无机纤维布及面层装饰布制成；需要时可双轨双层安装（中间空气层厚度 0.2～0.5m）可以达到“特级”的耐火要求。

② 按耐火性能划分类

• 普通防火卷帘　只要求其耐火完整性、不要求隔热性（背火面温升），耐火极限1.5～3.0h；简称“防火卷帘”一般即指此类型。

• 特级防火卷帘　同时要求其耐火完整性和隔热性（背火面温升），耐火极限不小于3h。

③ 按展开方向划分类

• 竖向防火卷帘　卷帘箱水平安装在垂直洞口上部，卷帘竖直向下展开（关闭）；如不特殊注明，通常所称防火卷帘均指此种类型。

• 侧向防火卷帘　卷帘箱竖立安装在垂直洞口一端，卷帘面与地面垂直向另一端水平行走展开（关闭）。

• 水平防火卷帘　卷帘箱水平安装在水平洞口一端，卷帘面与地面平行向另一端水平行走展开（关闭）。

（2）防火卷帘设置要求

① 除中庭外，当防火分隔部位的宽度不大于30m时，防火卷帘的宽度不应大于10m；当防火分隔部位的宽度大于30m时，防火卷帘的宽度不应大于该部位宽度的1/3，且不应大于20m。

② 防火卷帘应具有火灾时靠自重自动关闭功能。

③ 除《建筑设计防火规范》（GB 50016）另有规定外，防火卷帘的耐火极限不应低于《门和卷帘的耐火试验方法》(GB 7633）对所设置部位墙体的耐火极限要求。

④ 当防火卷帘的耐火极限符合《门和卷帘耐火试验方法》（GB/T 7633）有关耐火完整性和耐火隔热性的判定条件时，可不设置自动喷水灭火系统保护。

⑤ 当防火卷帘的耐火极限仅符合《门和卷帘耐火试验方法》（GB/T 7633）有关耐火完整性的判定条件时，应设置自动喷水灭火系统保护。自动喷水灭火系统的设计应符合《自动喷水灭火系统设计规范》（GB 50084）的规定，但火灾延续时间不应小于该防火卷帘的耐火极限。

⑥ 防火卷帘应具有防烟性能，与楼板、梁、墙、柱之间的空隙应采用防火封堵材料封堵。

⑦ 需在火灾时自动降落的防火卷帘，应具有信号反馈的功能。

⑧ 其他要求，应符合《防火卷帘》（GB 14102）的规定。

（3）防火卷帘应用　各类防火卷帘均应与自动报警系统联动，当设置于疏散路径上时应具有分步下降和停滞功能，并在卷帘两侧均设置手动、机械控制的启闭装置；用于非疏散路径时，防火卷帘应自动一次性关闭并设有手动启闭装置。

（4）防火卷帘采用条件　由于防火卷帘靠机械动作实现其防火分隔功能，而机械设施都有一定的故障率，若加上使用者管理不善、没有及时维修，火灾发生时就有可能个别失灵，且其洞口尺寸又很大，所以其安全可靠度没有墙体及防火门高。因此，防火规范对其应用部位规定了明确、具体的限制条件：用于封闭楼板上的开口、消防电梯专用前室的门洞处、中庭回廊与其他区域连接处、用防火墙划分防火分区确有困难时可用特级防火卷帘或普通防火卷帘加水幕保护进行划分等。工程设计时应严格遵守这些规定，不可任意扩大使用范围，尤其不能用防火卷帘去“代替”防火墙或隔墙。

（5）注意事项　为了提高防火卷帘的隔热性要求，可在防火卷帘部位，加水幕进行保护，其喷水延续时间不低于3.00h，喷头的喷水强度不低于0.5L/s·m，喷头间距应为2.00～2.50m，喷头距防火卷帘的距离宜为0.5m。火灾时，防火卷帘能自动关闭，以阻止火灾蔓延。

考虑到发生火灾时，往往会造成人员惊慌失措，一旦疏散通道被堵，会更增加恐慌程度，不利于安全疏散，因此，对于用于疏散通道上的防火卷帘，应分为两步落地，同时两侧设有启闭装置，并设有自动、手动、机械控制功能。

采用防火卷帘应注意的问题，一是不能形成用防火卷帘代替防火墙的误解；二是在只有一个疏散通道出口处，如设置防火卷帘，还应增设防火门。

检查防火卷帘时应注意以下几点。

① 门扇各接缝处、导轨、卷筒等缝隙，应有防火防烟密封措施，防止烟火窜入。

② 防火卷帘代替防火墙的场所，当采用以背火面温升作耐火极限判定条件的防火卷帘时，其耐火极限不应小于3h；当采用不以背火面温升作耐火极限判定条件的防火卷帘时，其卷帘两侧应设独立的闭式自动喷水系统保护，系统喷水延续时间不应小于3h。喷头的喷水强度不应小于0.5L/s·m，喷头间距应为2～2.5m，喷头距卷帘的垂直距离宜为0.5m。

③ 设在疏散走道和消防电梯前室的防火卷帘，应具有在降落时有短时间停滞以及能从两侧手动控制的功能，以保障人员安全疏散；应具有自动、手动和机械控制的功能。

④ 用于划分防火分区的防火卷帘、设置在自动扶梯四周、中庭与房间、走道等开口部位的防火卷帘，均应与火灾探测器联动，当发生火灾时，应采用一步降落的控制方式。

⑤ 防火卷帘除应有上述控制功能外，还应有温度（易熔金属）控制功能，以确保在火灾探测器或联动装置或消防电源发生故障时，防火阀易熔金属仍能发挥防火卷帘的防火分隔作用。从沈阳商城等火灾教训看，极为必要。

⑥ 防火卷帘上部、周围的缝隙应采用相同耐火极限的不燃烧材料填充、封隔。

3.2.1.4 防火阀分隔设施

防火阀，是指在规定时间内，能满足耐火稳定性和耐火完整性要求，用于管道内阻火的活动式封闭装置。如图3-7所示。

防火阀安装在通风、空调系统的送、回风管上，平时处于开启状态，火灾时，当管道内气体温度达到70℃时，可自动关闭，起到隔烟阻火作用。防火阀可手动或自动关闭，也可与火灾报警控制系统联动使用。

图3-7 防火阀

(1) 设置部位

① 通风管道穿越不燃烧体楼板处应设防火阀。通风管道穿越防火墙处应设防烟防火阀，或在防火墙两侧分别设防火阀。

② 送、回风总管穿越通风、空气调节机房的隔墙和楼板处应设防火阀。

③ 送、回风道穿过贵宾休息室、多功能厅、大会议室、贵重物品间等性质重要或火灾危险性大的房间隔墙和楼板处应设防火阀。

④ 多层和高层工业与民用建筑的楼板常是竖向防火分区的防火分隔物，在这类建筑中的每层水平送、回风管道与垂直风管交接处的水平管段上，应设防火阀。

⑤ 风管穿过建筑物变形缝处的两侧，均应设防火阀。多层公共建筑和高层民用建筑中厨房、浴室、厕所内的机械或自然垂直排风管道，如采取防止回流的措施有困难时，应设防火阀。

⑥ 防火阀的易熔片或其他感温、感烟等控制设备一经作用，应能顺气流方向自行严密关闭。并应设有单独支吊架等防止风管变形而影响关闭的措施。

易熔片及其他感温元件应装在容易感温的部位，其作用温度应较通风系统在正常工作时的最高温度高25℃，一般宜为70℃。

⑦ 进入设有气体自动灭火系统房间的通风、空调管道上，应设防火阀。

(2) 设置要求　为防止火灾通过送风、空调 系统管道蔓延扩大，在设置防火阀时，应符合下列要求。

① 防火阀宜靠近防火分隔处设置。

② 防火阀安装时，应在安装部位设置方便维护的检修口。

③ 在防火阀两侧各2.0m范围内的风管及其绝热材料应采用不燃材料。

④ 防火阀应符合《建筑通风和排烟系统用防火阀门》(GB 15930) 的规定。

3.2.1.5　防火窗

防火窗是指在一定的时间内，连同框架能满足耐火稳定性和耐火完整性要求，起到能隔离和阻止火势蔓延的窗的窗。防火窗一般设置在防火间距不足部位的建筑外墙上的开口或天窗，建筑内的防火墙或防火隔墙上需要观察等部位以及需要防止火灾属相蔓延的外墙开口部位。

防火窗按安装方法可分为固定窗扇防火窗和活动窗扇防火窗。防火窗的作用：一是隔离和阻止火势蔓延，此种窗多为固定窗；二是采光，此种窗有活动 窗扇，正常情况下采光通风，灾时起防火分隔作用。活动窗扇的防火窗应具有手动和自动关闭功能。如图3-8所示。

防火窗的耐火极限与防火门相同。设置在防火墙、防火隔墙上的防火窗应采用不可开启的窗扇或具有火灾时能自行关闭的功能。防火窗应符合《防火窗》(GB 16809) 的有关规定。

3.2.1.6　排烟防火阀

排烟防火阀是安装在排烟系统管道上，在一定时间内能满足耐火稳定性和耐火完整性要求，起阻火、隔烟作用的阀门。排烟防火阀，如图3-9所示。

图3-8　防火窗

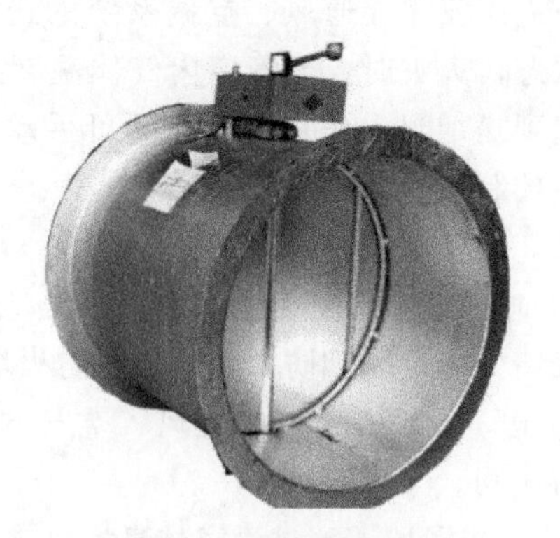

图3-9　排烟防火阀

排烟防火阀的组成、形状和工作 原理与防火阀相似。其不同之处主要是安装管道和动作温度不同，防火阀安装在通风、空调系统的管道上，动作温度为70℃，而排烟防火阀安装在排烟系统的管道上，动作温度为280℃。

排烟防火阀具有手动、自动功能。发生在火灾后，可自动或手动打开排烟防火 阀，进行排烟，当排烟系统中的烟气温度达到或超过 280℃时，阀门自动关闭，防止火灾向其他部位蔓延扩大。但排烟风机应保证在 280℃时仍能连续工作 30min。

排烟防火阀的设置应符合下列规定。

① 在排烟系统的排烟支管上，应设排烟防火阀。

② 排烟管道进入排烟风机机房处，应设排烟防火阀，并与排烟风机联动。

③ 在必须穿过防火墙的排烟管道上，应设排烟防火阀，并与排烟风机联动。

3.2.2 建筑构造防火分隔

建筑构造防火分隔主要有楼层竖井防火分隔、楼层前室防火分隔和建筑中庭防火分隔。

(1) 楼层竖井防火分隔 楼层竖井主要指电梯井、电缆井、管道井、排烟道、排气道、垃圾道等。由于楼层竖井上下贯通整个楼层，一旦发生火灾，是火灾蔓延的主要途径，尤其是竖井具有拔烟火的作用，若防火分隔不当或未作防火处理，不仅会助长火势，造成扑救困难，严重危及人身安全，还会使财产受到严重损失。例如：日本东京国际观光旅馆（1976年），因旅客将未熄灭的烟头扔进垃圾道，底层垃圾着火，火焰由垃圾道蔓延，从上层垃圾门窜出，烧毁 7～10 层客房。

对于楼层竖井防火要求，主要有以下内容。

① 电梯井内不能敷设燃气管道，不能敷设与电梯井无关的电缆、电线等，电梯井应独立设置，由于电梯井容易成为拔烟火通道，所以电梯井除可设电梯门和底部及顶部通气孔外，不应开设其他洞口。

② 电缆井、管道井、排烟井、排气井、垃圾道等应单独设置，不应混设。管井壁采用不燃材料制作，其耐火极限不应小于 1.0h，所有井壁检查门应采用丙级防火门。

③ 建筑高度不超过 100m 的高层建筑，其电缆井、管道井、应每隔 2～3 层在楼板处用相当于楼板耐火的不燃烧体作防火分隔；建筑高度超过 100m 的高层建筑，应在每层楼板处用相当于楼板耐火极限的不燃烧体做防火分隔。

④ 电缆井、管道井、走道等相连通的空洞，其空隙应采用不燃烧材料填塞密实。

⑤ 垃圾道应靠外墙设置，不应设在楼梯间内。

(2) 楼层前室防火分隔 楼层前室不仅起防烟作用，而且能使疏散人员有暂避和停留作用。可分为楼梯前室、电梯前室、防烟前室等。一般公共建筑、工业建筑前室面积为 6m^2，一般按每平方米容纳 5 人计算，一次可同时容纳 30 人，即一般塔式住宅每层 8 户，按每户 4.5 人计算，加上楼梯间面积，基本可以容纳疏散人员的暂避和停留。由于要求前室面积 6m^2 有一定难度，民用建筑前室规定为 4.5m^2。基于在疏散逃生时人员不可能一下同时都到达前室，所以前室面积缩小并不会造成疏散拥挤。

一般规定，进入前室的门和前室到疏散楼梯间的门，采用乙级防火门，是为了确保前室和楼梯间抵御火灾的能力，以保障人员疏散的安全可靠性。如图 3-10 所示。

(3) 建筑中庭防火分隔

建筑中庭的概念，起源于希腊露天庭院（天井），后经罗马人加以改进，在天井上盖上屋顶，便形成了中庭概念。今天的“中庭”还没有确切的定义，也有称“四季庭”或“共享空间”的。如图 3-11 所示。

中庭的高度不等，有的与建筑物同高，有的则只是在建筑上层或下部几层。

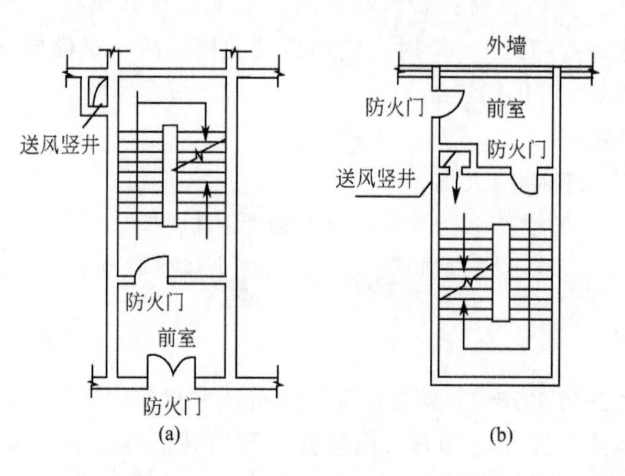

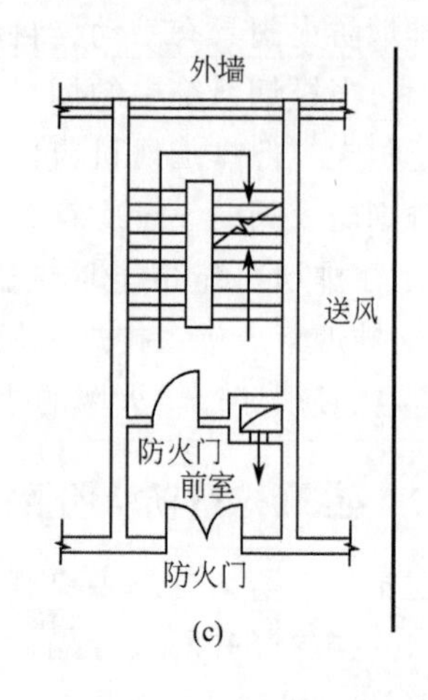

图 3-10　楼层消防前室

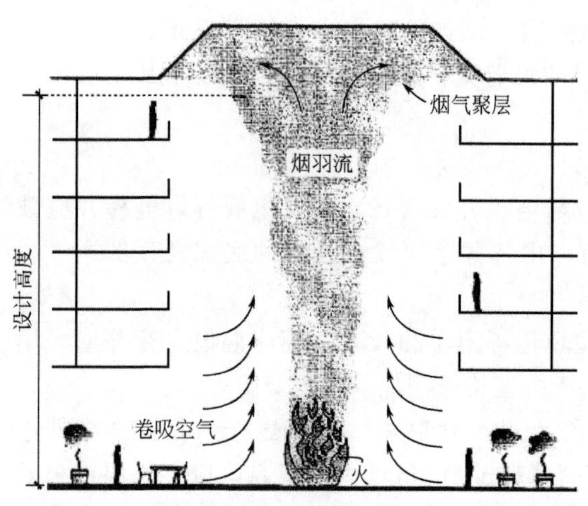

图 3-11　中庭建筑

20 世纪 90 年代以来，我国各地不少高层建筑效仿国外中庭的设计，而中庭建筑消防上的最大问题就是防火分区被上下贯通的大空间（共享空间）所破坏，给中庭防火设计带来了一大难题，而中庭防火设计的不合理，其火灾危害性极大，如何解决中庭防火设计上出现的新问题，已成为全世界范围面临的新课题。如图 3-11 所示。

例如：1973 年 3 月 2 日，美国芝加哥海厄特里金西奥黑尔旅馆夜总会中庭发生火灾，造成 30 多万美元损失。1977 年 5 月 13 日，美国华盛顿国际货币基金组织大厦火灾是由办公室烧到中庭的，造成 30 多万美元损失。1967 年 5 月 22 日，比利时布鲁塞尔伊诺巴施格百货大楼发生火灾，由于中庭与其他楼层未进行防火分隔，致使二层起火后，很快蔓延到中庭，中庭玻璃屋顶倒塌，造成 325 人死亡，损失惨重。如表 3-6 所示。

表 3-6　国内外设有中庭的高层建筑实例

序号	建筑名称	层数	中庭设置	消防设施设置
1	北京京广中心	52	中庭 12 层高	回廊设有火灾自动报警系统、自动喷水灭火系统和水幕保护系统
2	广州白天鹅宾馆（霍英东投资）	31	中庭开度 70m×11.5m，高 10.8m	
3	上海宾馆	26	中庭高 13m	回廊设有自动喷水灭火系统
4	北京长城饭店	18	中庭 6 层高	回廊设有火灾自动报警系统、自动喷水灭火系统、排烟系统、防火门
5	厦门假日酒店	6	中庭 6 层高	回廊设有火灾自动报警系统、自动喷水灭火系统、排烟系统、防火门

续表

序号	建筑名称	层数	中庭设置	消防设施设置
6	厦门海景大酒店	26	中庭6层高	回廊设有火灾自动报警系统、自动喷水灭火系统、排烟系统、防火门
7	西安（阿房宫）凯瑞饭店	13	中庭10层高（36.9m）	回廊设有火灾自动报警系统、自动喷水灭火系统、防火卷帘
8	厦门水仙大厦	18	中庭3层高	设有火灾自动报警系统和自动喷水灭火系统
9	厦门闽南贸易大厦	33	中庭设在裙房紧靠主体建筑旁的连接处	设有火灾自动报警系统和自动喷水灭火系统
10	深圳发展中心大厦	42	中庭设在大厦中心	回廊设有火灾自动报警系统和加密自动喷水灭火系统，房间通向走道为乙级防火门
11	上海国际贸易中心	41	中庭设在地下，高25层（16m）	回廊设有火灾自动报警系统和自动喷水灭火系统
12	美国田纳西州海厄特旅馆	25	中庭25层高	回廊设有火灾自动报警系统和自动喷水灭火系统
13	美国旧金山海厄特摄政旅馆	22	中庭22层高，各种小空间与大空间相配合，信息交融	
14	美国亚特兰大桃树广场旅馆	70	中庭6层高	回廊设有火灾自动报警系统和自动喷水灭火系统
15	新加坡泛太平洋酒店	37	中庭35层高	回廊设有火灾自动报警系统和自动喷水灭火系统
16	北京艺苑中心	10	中庭10层高	回廊设有火灾自动报警系统和自动喷水灭火系统
17	日本新宿NS大厦	30	中庭贯通30层	用防火门和防火卷帘分隔，3楼设有2台ITV摄像机、探测器

目前，国内外对中庭防火设计，做出严格的防火规定，主要有：

① 房间与中庭回廊相通的门、窗应设置自动关闭的乙级防火门、窗；

② 与中庭相连的过厅、通道等相通处设乙级防火门或复合防火卷帘、主要起防火、防烟分隔作用，不论是中庭还是过厅等部位起火都能起到阻火、阻烟作用；

③ 中庭每层回廊应设置自动喷水灭火系统，喷头间距不应小于2.0m，但也不应大于2.8m；

④ 中庭每层回廊应设置火灾自动报警系统；

⑤ 设有中庭的建筑应设置排烟系统。同时，为了将烟气控制在一定范围内，设置排烟走道、挡烟垂壁等，用隔墙或从顶棚下突出不小于0.5m的梁划分防烟分区等。

防火分隔是指在建筑物内部或两座相邻建筑物之间为阻止火灾蔓延扩大、减少火灾损失、为火灾扑救争取时间而采取的防火隔断措施，一般是采用具有一定耐火强度的防火分隔物把建筑内部空间分隔成若干较小的防火分区，一旦某一分区内发生火灾，可以有效阻止火灾在建筑物的水平方向和垂直方向扩展，而在一定时间内将火势控制在一定区域内。

防火分隔设施是防火分区的边缘构件，一般有防火墙、防火门、防火卷帘、防火水幕带、防火阀和排烟防火阀等设施。

3.3 建筑防火间距

防火间距是一座建筑物着火后，它是针对相邻建筑间设置的，能有效减少着火建筑对相邻建筑传递辐射热，并可提供疏散人员和灭火的必要场地。

通过对建筑物进行合理布局和设置防火间距，可防止火灾在相邻的建筑物之间相互蔓延，合理利用和节约土地，并为人员疏散、消防人员的救援和灭火提供条件，减少失火建筑对相邻建筑及其使用者造成强烈的辐射和烟气影响。

影响防火间距的因素很多，火灾时建筑物可能产生的热辐射强度是确定防火间距的主要因素，此外，消防扑救力量、火灾延续时间、可燃物的性质和数量、相对外墙开口面积的大小、建筑物的长度和高度以及气象条件等也对防火间距大小有一定影响。实际工程中，防火间距主要根据消防扑救力量，并结合火灾实例和消防灭火的实际经验确定。

3.3.1 防火间距的确定原则

影响防火间距的因素很多，火灾时建筑物可能产生的热辐射强度是确定防火间距应考虑的主要因素。热辐射强度与消防扑救力量、火灾延续时间、可燃物的性质和数量、相对外墙开口面积的大小、建筑物的长度和高度以及气象条件等有关。但实际工程中不可能都考虑。防火间距主要是根据当前消防扑救力量，结合火灾实例和消防灭火的实际经验确定的。

(1) 防止火灾蔓延　根据火灾发生后产生的辐射热对相邻建筑的影响，一般不考虑飞火、风速等因素。火灾实例表明，一、二级耐火等级的低层建筑，保持 6～10m 的防火间距，在有消防队进行扑救的情况下，一般不会蔓延到相邻建筑物。根据建筑的实际情形，将一、二级耐火等级多层建筑之间的防火间距定为 6m。其他三、四级耐火等级的民用建筑之间的防火间距，因耐火等级低，受热辐射作用易着火而致火势蔓延，所以防火间距在一、二级耐火等级建筑的要求基础上有所增加。

(2) 保障灭火救援场地需要　防火间距还应满足消防车的最大工作回转半径和扑救场地的需要。建筑物高度不同，需使用的消防车不同，操作场地也就不同。对低层建筑，普通消防车即可；而对高层建筑，则还要使用曲臂、云梯等登高消防车。考虑到扑救高层建筑需要使用曲臂车、云梯登高消防车等车辆，为满足消防车辆通行、停靠、操作的需要，结合实践经验，规定一、二级耐火等级高层建筑之间的防火间距不应小于 13m。

(3) 节约土地资源　确定建筑之间的防火间距，既要综合考虑防止火灾向邻近建筑蔓延扩大和灭火救援的需要，又要考虑节约用地的因素。如果设定的防火间距过大，会造成土地资源的浪费。

(4) 防火间距的计算　防火间距应按相邻建筑物外墙的最近距离计算，如外墙有凸出的可燃构建，则应从其凸出部分外缘算起，如为储罐或堆场，则应从储罐外壁或堆场的堆垛外缘算起。

3.3.2 防火间距

3.3.2.1 厂房的防火间距

(1) 厂房之间及其与乙、丙、丁、戊类仓库、民用建筑等之间的防火间距不应小于表 3-7 的规定。

表 3-7 厂房之间及与乙、丙、丁、戊类仓库、民用建筑等的防火间距

单位：m

名称			甲类厂房	乙类厂房（仓库）			丙、丁、戊类厂房（仓库）				民用建筑				
			单、多层	单、多层		高层	单、多层			高层	裙房，单、多层			高层	
			一、二级	一、二级	三级	一、二级	一、二级	三级	四级	一、二级	一、二级	三级	四级	一类	二类
甲类厂房	单、多层	一、二级	12	12	14	13	12	14	16	13	25			50	
乙类厂房	单、多层	一、二级	12	10	12	13	10	12	14	13					
		三级	14	12	14	15	12	14	16	15					
	高层	一、二级	13	13	15	13	13	15	17	13					
丙类厂房	单、多层	一、二级	12	10	12	13	10	12	14	13	10	12	14	20	15
		三级	14	12	14	15	12	14	16	15	12	14	16	25	20
		四级	16	14	16	17	14	16	18	17	14	16	18		
	高层	一、二级	13	13	15	13	13	15	17	13	13	15	17	20	15
丁、戊类厂房	单、多层	一、二级	12	10	12	13	10	12	14	13	10	12	14	15	13
		三级	14	12	14	15	12	14	16	15	12	14	16	18	15
		四级	16	14	16	17	14	16	18	17	14	16	18		
	高层	一、二级	13	13	15	13	13	15	17	13	13	15	17	15	13
室外变、配电站	变压器总油量	≥5t，≤10t	25	25	25	25	12	15	20	12	15	20	25	20	
		>10t，≤50t					15	20	25	15	20	25	30	25	
		>50t					20	25	30	20	25	30	35	30	

在执行表 3-7 时应注意以下几点。

① 乙类厂房与重要公共建筑的防火间距不宜小于 50m；与明火或散发火花地点，不宜小于 30m。单、多层戊类厂房之间及与戊类仓库的防火间距可按本表的规定减少 2m，与民用建筑的防火间距可按《建筑设计防火规范》相应条款的规定执行。为丙、丁、戊类厂房服务而单独设置的生活用房应按民用建筑确定，与所属厂房的防火间距不应小于 6m。

② 两座厂房相邻较高一面外墙为防火墙时，其防火间距不限，但甲类厂房之间不应小于 4m。两座丙、丁、戊类厂房相邻两面外墙均为不燃性墙体，当无外露的可燃性屋檐，每面外墙上的门、窗、洞口面积之和各不大于该外墙面积的 5%，且门、窗、洞口不正对开设时，其防火间距可按表 3-7 的规定减少 25%，如图 3-12 所示。

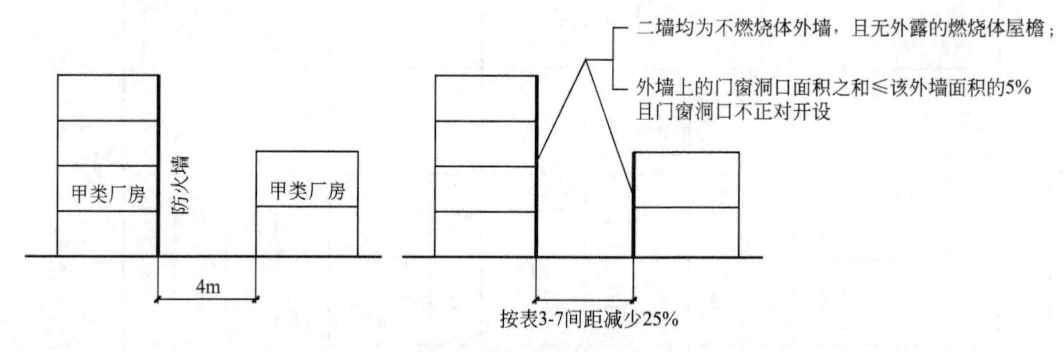

图 3-12　厂房之间防火间距示意

③ 两座一、二级耐火等级的厂房，当相邻较低一面外墙为防火墙且较低一座厂房的屋顶耐火极限不低于 1.00h，或相邻较高一面外墙的门、窗等开口部位设置甲级防火门、窗或防火分隔水幕或按《建筑设计防火规范》(GB 50016) 的规定设置防火卷帘时，甲、乙类厂房之间的防火间距不应小于 6m；丙、丁、戊类厂房之间的防火间距不应小于 4m。

④ 发电厂内的主变压器，其油量可按单台确定。

⑤ 耐火等级低于四级的既有厂房，其耐火等级可按四级确定。

⑥ 当丙、丁、戊类厂房与丙、丁、戊类仓库相邻时，应符合以上第②、③条的规定。

(2) 甲类厂房与重要公共建筑、明火或散发火花地点之间的防火间距　甲类厂房与重要公共建筑的防火间距不应小于 50m，与明火或散发火花地点的防火间距不应小于 30m。

(3) 厂房外附设有化学易燃物品设备的防火间距　厂房外附设化学易燃物品的设备时，其室外设备外壁与相邻厂房室外附设设备的外壁或相邻厂房外墙的防火间距，不应小于表 3-7 的规定。用不燃材料制作的室外设备，可按一、二级耐火等级建筑确定。

(4) 厂区围墙与厂内建筑之间的防火间距　厂区围墙与厂区内建筑的间距不宜小于 5m，围墙两侧建筑的间距应满足相应建筑的防火间距要求。

3.3.2.2　仓库的防火间距

(1) 甲类仓库之间及其与其他建筑、明火或散发火花地点、铁路、道路等的防火间距　甲类仓库之间及与其他建筑、明火或散发火花地点、铁路、道路等的防火间距不应小于表 3-8 的规定，设置装卸站台的甲类仓库与厂内铁路装卸线的防火间距，可不受限制。

(2) 乙、丙、丁、戊类仓库之间及其与民用建筑之间的防火间距　乙、丙、丁、戊类仓库之间及其与民用建筑之间的防火间距，不应小于表 3-9 的规定。

表 3-8 甲类仓库之间及与其他建筑、明火或散发火花地点、铁路、道路等的防火间距

单位：m

名称		甲类仓库（储量）			
		甲类储存物品第 3、4 项		甲类储存物品第 1、2、5、6 项	
		≤5t	＞5t	≤10t	＞10t
高层民用建筑、重要公共建筑		50			
裙房、其他民用建筑、明火或散发火花地点		30	40	25	30
甲类仓库		20	20	20	20
厂房和乙、丙、丁、戊类仓库	一、二级	15	20	12	15
	三级	20	25	15	20
	四级	25	30	20	25
电力系统电压为 35k～500kV 且每台变压器容量不小于 10MV·A 的室外变、配电站，工业企业的变压器总油量大于 5t 的室外降压变电站		30	40	25	30
厂外铁路线中心线		40			
厂内铁路线中心线		30			
厂外道路路边		20			
厂内道路路边	主要	10			
	次要	5			

注：甲类仓库之间的防火间距，当第 3、4 项物品储量不大于 2t，第 1、2、5、6 项物品储量不大于 5t 时，不应小于 12m，甲类仓库与高层仓库的防火间距不应小于 13m。

表 3-9 乙、丙、丁、戊类仓库之间及与民用建筑的防火间距 单位：m

名称			乙类仓库			丙类仓库				丁、戊类仓库			
			单、多层		高层	单、多层			高层	单、多层			高层
			一、二级	三级	一、二级	一、二级	三级	四级	一、二级	一、二级	三级	四级	一、二级
乙、丙、丁、戊类仓库	单、多层	一、二级	10	12	13	10	12	14	13	10	12	14	13
		三级	12	14	15	12	14	16	15	12	14	16	15
		四级	14	16	17	14	16	18	17	14	16	18	17
	高层	一、二级	13	15	13	13	15	17	13	13	15	17	13
民用建筑	裙房，单、多层	一、二级	25			10	12	14	13	10	12	14	13
		三级	25			12	14	16	15	12	14	16	15
		四级	25			14	16	18	17	14	16	18	17
	高层	一类	50			20	25	25	20	15	18	18	15
		二类	50			15	20	20	15	13	15	15	13

执行表 3-9 时应注意以下几点。

① 单层、多层戊类仓库之间的防火间距，可按表 3-9 减少 2m。

② 两座仓库的相邻外墙均为防火墙时，防火间距可以减小，但丙类，不应小于 6m；丁、戊类，不应小于 4m。两座仓库相邻较高一面外墙为防火墙，且总占地面积不大于《建

筑设计防火规范》(GB 50016) 一座仓库的最大允许占地面积规定时，其防火间距不限。

③ 除乙类第6项物品外的乙类仓库，与民用建筑之间的防火间距不宜小于25m，与重要公共建筑的防火间距不应小于50m，与铁路、道路等的防火间距不宜小于表3-8中甲类仓库与铁路、道路等的防火间距。

3.3.2.3 民用建筑的防火间距

民用建筑之间的防火间距不应小于表3-10的规定，与其他建筑的防火间距，应符合《建筑设计防火规范》规定。如图3-13所示。

表3-10 民用建筑之间的防火间距 单位：m

建筑类别		高层民用建筑	裙房和其他民用建筑		
		一、二级	一、二级	三级	四级
高层民用建筑	一、二级	13	9	11	14
裙房和其他民用建筑	一、二级	9	6	7	9
	三级	11	7	8	10
	四级	14	9	10	12

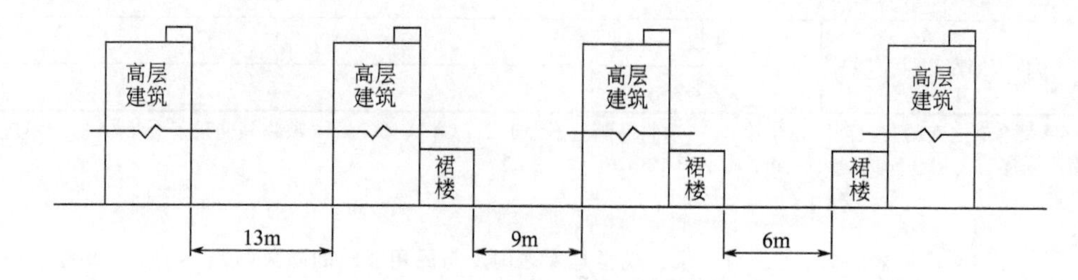

(a) 高层民用建筑之间防火间距

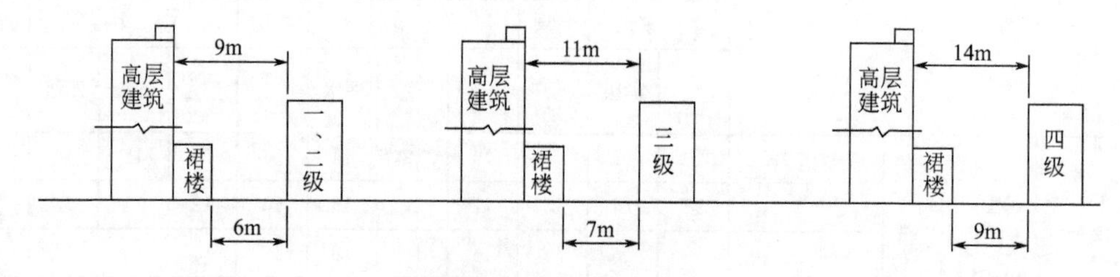

(b) 高层民用建筑与普通建筑之间间距

图3-13 高层民用建筑防火间距示意

在执行表3-10的规定时，应注意以下几点。

① 相邻两座单、多层建筑，当相邻外墙为不燃性墙体且无外露的可燃性屋檐，每面外墙上无防火保护的门、窗、洞口不正对开设且面积之和不大于该外墙面积的5%时，其防火间距可按表3-10规定减少25%。

② 两座建筑相邻较高一面外墙为防火墙，或高出相邻较低一座一、二级耐火等级建筑的屋面15m及以下范围内的外墙为防火墙时，其防火间距可不限。如图3-14所示。

③ 相邻两座高度相同的一、二级耐火等级建筑中相邻任一侧外墙为防火墙时，其防火间距可不限。

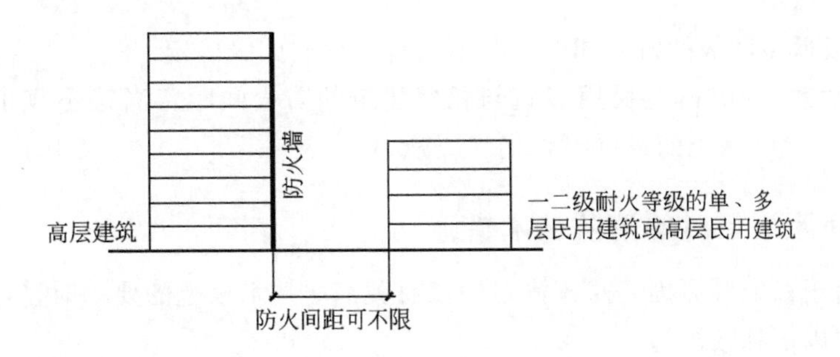

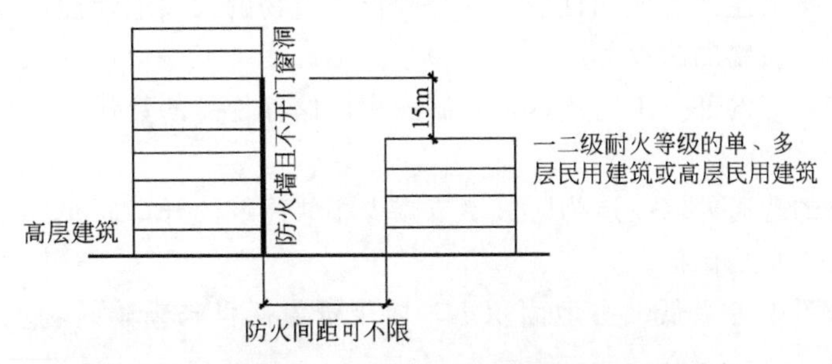

图 3-14　当较高一面外墙为防火墙时防火间距示意

④ 邻两座建筑中较低一座建筑的耐火等级不低于二级，屋面板的耐火极限不低于 1.00h，屋顶无天窗且相邻较低一面外墙为防火墙时，其防火间距不应小于 3.5m；对于高层建筑，不应小于 4m。如图 3-15 所示。

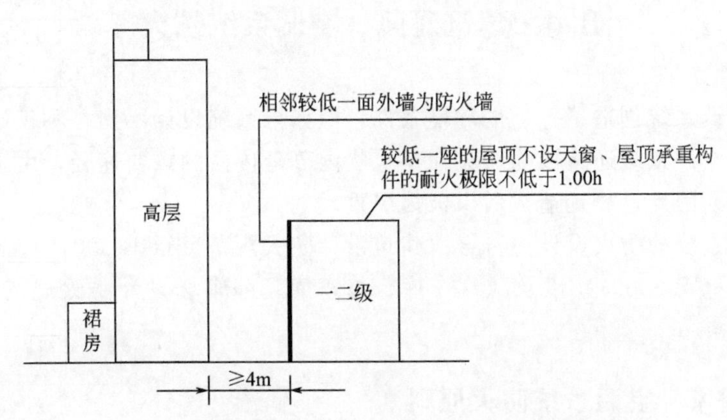

图 3-15　当较低一面外墙为防火墙时防火间距示意

⑤ 相邻两座建筑中较低一座建筑的耐火等级不低于二级且屋顶无天窗，相邻较高一面外墙高出较低一座建筑的屋面 15m 及以下范围内的开口部位设置甲级防火门、窗，或设置符合《自动喷水灭火系统设计规范》（GB 50084）规定的防火分隔水幕或规范规定的防火卷帘时，其防火间距不应小于 3.5m；对于高层建筑，不应小于 4m。如图 3-16 所示。

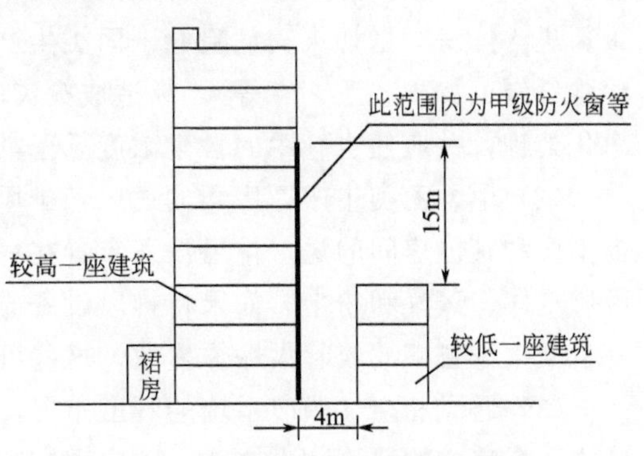

图 3-16　设置防火门、窗等分隔物时，防火间距示意

⑥ 相邻建筑通过底部的建筑物、连廊或天桥等连接时，其间距不应小于表 3-10 的规定。

⑦ 耐火等级低于四级的既有建筑，其耐火等级可按四级确定。

⑧ 建筑高度大于100m的民用建筑与相邻建筑的防火间距，当符合《建筑设计防火规范》(GB 50016) 允许减小的条件时，仍不应减小。

3.3.3 防火间距不足时的消防技术措施

防火间距由于场地等原因，难于满足国家有关消防技术规范的要求时，可根据建筑物的实际情况，采取以下补救措施：

(1) 改变建筑物的生产和使用性质，尽量降低建筑物的火灾危险性，改变房屋部分结构的耐火性能，提高建筑物的耐火等级。

(2) 调整生产厂房的部分工艺流程，限制库房内储存物品的数量，提高部分构件的耐火极限和燃烧性能。

(3) 将建筑物的普通外墙改造为防火墙或减少相邻建筑的开口面积，如开设门窗，应采用防火门窗或加防火水幕保护。

(4) 拆除部分耐火等级低、占地面积小，使用价值低且与新建筑物相邻的原有陈旧建筑物。

(5) 设置独立的室外防火墙。在设置防火墙时，应兼顾通风排烟和破拆扑救，切忌盲目设置，顾此失彼。

3.4 建筑通风、空调系统防火

建筑内的空调系统创造了舒适的环境条件，但如果系统设计不当，不仅设备本身存在火灾隐患，通风、空调系统还将成为火灾在建筑物内蔓延传播的重要途径，由于这类管道交错贯穿于建筑物中，因此，蔓延造成后果极为严重。

通风、空调系统的防火设计应符合《建筑设计防火规范》(GB 50016)、《人民防空工程设计防火规范》(GB 50098) 以及《汽车库、修车库、停车场设计防火规范》(GB 50067) 的要求。

3.4.1 建筑通风、空调系统防火原则

(1) 甲、乙类生产厂房中排出的空气不应循环使用，以防止排出的含有可燃物质的空气重新进入厂房，增加火灾危险性。丙类生产厂房中排出的空气，如含有燃烧或者爆炸危险的粉尘纤维（如棉、毛、麻等)，易造成火灾的迅速蔓延，应在通风机前设滤尘器对空气进行净化处理，并应使空气中的含尘浓度低于其爆炸下限25%之后，再循环使用。

(2) 甲、乙类生产厂房用的送风和排风设备不应布置在同一通风机房内，且其排风设备也不应和其他房间的送、排风设备布置在一起。因为甲乙类生产厂房排出的空气中常常含有可燃气体、蒸气和粉尘，如果将排风设备或送风设备与其他房间的送排风设备布置在一起，一旦发生设备事故或起火爆炸事故，这些可燃物质将会沿着管道迅速传播，扩大灾害损失。

(3) 通风和空气调节系统的管道布置，横向宜按防火分区设置，竖向不宜超过5层，以构成一个完整的建筑防火体系，防止和控制火灾的横向、竖向蔓延。当管道在防火分隔处设置防止回流设施或防火阀时，且高层建筑的各层设有自动喷水灭火系统时，能有效地控制火

势蔓延，其管道布置可不受此限制。穿过楼层的垂直风管要求设在管井内，常见防止回流措施如下：

① 增加各层垂直排风支管的高度，使各层排风支管吹越两层楼板；

② 排风总竖管直通屋面，小的排风支管分层与总竖管连通；

③ 将排风支管顺气流方向插入竖风道，且支管到支管出口的高度不小于600mm；

④ 在支管上安装止回阀。

(4) 厂房内有爆炸危险的场所的排风管道，严禁穿过防火墙和有爆炸危险的房间隔墙等防火分隔物，以防止火灾通过管道蔓延扩大到建筑的其他部分。

(5) 民用建筑内存放容易起火或爆炸物质的房间（如容易放出可燃气体轻气的蓄电池室、甲类液体的小型零配件、电影放映室、化学实验室、化验室、易燃化学药品库等），设置排风设备是应采用独立的排风系统，且其空气不应循环使用，以防止易燃易爆物质或发生的火灾通过风道扩散到其他房间。此外，排风系统所排出的气体应通向安全地点进行泄放。

(6) 排除含有比空气轻的可燃气体与空气的混合物时，其排风管道应顺气流方向向上坡度敷设，以防在管道内局部积聚而形成有爆炸危险的高浓度气体。

(7) 排风口设置的位置应根据可燃气体、蒸气的密度不同而有所区别。比空气轻者，应设在房间的顶部；不空气重者，则应设在房间的下部，以利于及时排除易燃易爆气体。进风口的位置应布置在上风方向，并尽可能地远离排气口，保证吸入的新鲜空气中不再含有从房间排出的易燃、易爆气体或物质。

(8) 可燃气体管道和甲乙丙类液体管道不应穿过通风管道和通风机房，也不应沿通风通风管道的外壁敷设，以防甲乙丙类液体管道一旦发生火灾事故火情沿着通风管道扩散蔓延。

(9) 含有燃烧和爆炸危险粉尘的空气，再进入排风机前应先采用不产生火花的除尘器进行净化处理，以防浓度较高的爆炸危险粉尘直接进入排风机，遇到火花发生事故；或者在排风管道内逐渐沉积下来自燃起火和助长火势蔓延。

(10) 处理有保证危险的粉尘的排风机、除尘器应与其他一般风机、除尘器分开设置，且应按单一粉尘分组布置，这是因为不同性质的粉尘在一个系统中，容易发生火灾爆炸事故。例如，硫黄与过氧化铅、氯酸盐混合物能发生爆炸；炭黑混入氧化剂自燃点会下降。

(11) 净化有爆炸危险的粉尘的干式除尘器和过滤器，宜布置在厂房之外的独立建筑内，且与所属厂房的防火间距不应小于10m，以免粉尘爆炸波击厂房扩大灾害损失。符合下列条件之一的干式除尘器和过滤器，可布置在厂房的单独房间内，但应采用耐火极限分别不低于3.00h的隔墙和1.5h的楼板与其他部位分隔。

① 有连续清尘设备。

② 风量不超过15000m^3/h，且集尘斗的储尘量小于60kg的定期清灰的除尘器和过滤器。

(12) 含有有爆炸危险的粉尘和碎屑的除尘器、过滤器和管道，均应设有泄压装置，以防发生爆炸造成更大损害。净化有爆炸危险的粉尘的干式除尘器和过滤器，应布置在系统的负压段上，以避免其在正压段上漏风而引起事故。

(13) 甲乙丙类生产厂房的送、排风管道宜分层设置，以防止火灾从起火层通过管道向相邻层蔓延扩散。但进入厂房的水平或垂直送风管设有防火阀时，各层的水平或垂直送风管可合用一个送风系统。

(14) 排除有燃烧、爆炸危险的气体、蒸气和粉尘的排风管道应采用易于导除静电的金属管道，应明装不应暗设，不得穿越其他房间，且应直接通到室外的安全处，尽量远离明火和人员通过或停留的地方，以防止管道渗漏发生事故时造成更大影响。

（15）通风管道不宜穿过防火墙和不燃性楼板等防火分隔物，如必须穿过时，应在穿过处设防火阀；在防火墙两侧各 2m 范围内的风管保温材料应采用不燃烧材料，并在穿过处的空隙永不燃烧材料填塞，以防火灾蔓延。有爆炸危险的厂房，其排风管道不应穿过防火墙和车间隔墙。

3.4.2 建筑通风、空调系统防火要求

根据《建筑设计防火规范》（GB 50016）、《人民防空工程设计防火规范》（GB 50098）和《汽车库、修车库、停车场设计防火规范》（GB 50067）的有关规定，建筑的通风、空调系统的设计应符合下列要求。

（1）空气中含有容易起火或者爆炸物质的房间，其送、排风系统应采用防爆型的通风设备和不会产生火花的材料（如可采用有色金属制造的风机叶片和防爆电动机）。当送风机布置在单独分隔的通风机房内，且送风干管上设置防止回流设施时，可采用普通型通风设备。

（2）含有易燃易爆粉尘（碎屑）的空气，在进入排风机前应采用不产生火花的除尘器进行处理，以防止除尘器工作过程中产生火花引起粉尘、碎屑燃烧或爆炸。对于遇湿可能爆炸的粉尘（如电石、锌粉、铝镁合金粉等），严禁采用湿式除尘器。

（3）排除有燃烧、爆炸危险的气体、蒸气和粉尘的排风系统，应采用不燃烧材料并设有导除静电的接地装置。其排风设备不应布置在地下、半地下建筑（室）内，以防止有爆炸危险的蒸气和粉尘等物质的积聚。

（4）排除、输送温度超过 80℃的空气或其他气体以及容易起火的碎屑的管道，与可燃或难燃物体之间应保持不小于 150mm 的间隙，或采用厚度不小于 50mm 的不燃材料隔热，以防止填塞物与构件因受这些高温管道的影响而导致火灾。当管道互为上下布置时，表面维度较高者应布置在上面。

（5）下列任何一种情况的通风、空气调节系统的送、回风管道上应设置防火阀。

① 送、回风总管穿越防火分区的隔墙处，主要防止防火分区或不同防火单元之间的火灾蔓延扩散。

② 穿越通风、空气调节机房及重要的房间（如重要的会议室、贵宾休息室、多功能厅、贵重物品间等）或火灾危险性大的房间（如人员及易燃物品实验室、易燃物品仓库等）隔墙及楼板处的送、回风管道，以防机房的火灾通过风管蔓延到建筑物的其他房间，或者防止火灾危险性大的房间发生火灾时经通过风管蔓延到机房或其他部位。

③ 多层建筑和高层建筑垂直风管与每层水平风管交接出的水平管段上，以防火灾穿过楼板蔓延扩大。但当建筑内每个防火分区的通风、空气调节系统均独立设置时，该防火分区内的水平风管与垂直总管的交接处可不设置防火阀。

④ 在穿越变形缝的两侧风管上各设一个防火阀，以使防火阀在一定时间内达到耐火完整性和耐火稳定的要求，起到有效隔烟阻火的作用。

（6）防火阀的设置应符合下列规定。

① 有熔断器的防火阀，其动作温度宜为 70℃。

② 防火阀宜靠近防火分隔出设置。

③ 防火阀安装时，可明装也可暗装。当防火阀暗装时，应在安装部位设置方便检修的

检修口。

④ 为保证防火阀能在火灾条件下发挥作用，穿越防火墙两侧各 2m 范围内的风管绝热材料应采用不燃材料且具备足够的刚性和抗形变能力，穿越处的空隙应用不燃材料或者防火封堵材料严密填实。

⑤ 火阀、排烟防火阀的基本分类见表 3-11 所示。

表 3-11 防火阀、排烟防火阀分类

类别	名称	性能	用途
防火类	防火阀	采用70℃熔断器自动关闭，可输出联动信号	用于通风空调系统风管内，防止火势沿风管蔓延
	防烟防火阀	靠烟感探测器控制动作，用电信号通过电磁铁关闭，还可采用70℃温度熔断器自动关闭	用于通风空调系统风管内，防止烟火蔓延
	防火调节阀	70℃自动关闭，手动复位，0～90℃无级调节，可以输出关闭电信号	用于通风空调系统风管内，防止验货蔓延
防烟类	加压送风口	靠烟感探测器控制，电信号开启，也可手动或远距离开启，可设280℃温度熔断器重新关闭，用于排烟系统风管上闭装置，输出动作电信号，联动送风机开启	用于加压送风系统的风口，起赶烟、排烟作用
排烟类	排烟阀	电信号开启或手动开启，输出开启电信号联动排烟机开启	用于排烟系统风管
	排烟防火阀	电信号开启，手动开启，采用280℃温度熔断器重新关闭，输出动作电信号	用于排烟房间吸入口管道或排烟支管上
	排烟口	电信号开启，手动或远距离缆绳开启，输出电信号联动排烟机	用于排烟房间的顶棚或墙壁上，可设280℃重新关闭装置
	排烟窗	靠烟感探测器控制动作，电信号开启，还可缆绳手动开启	用于自然排烟处的外墙上

(7) 防火阀的易熔片或其他感温、感烟等控制设备一经动作，应能顺气流方向自行严密关闭。并应设有单独支吊架等，防止风管变形而影响关闭的措施。

其他感温元件应安装在容易感温的部位，其作用温度应较通风系统正常工作时的最高温度约高 25℃，一般可采用 70℃。

(8) 通风、空气调节系统的风管、风机等设备应采用不燃烧材料制作，但接触腐蚀性介质的风管和柔性接头，可采用难燃材料。体育馆、展览馆、候机（车、船）楼（厅）等大空间建筑、办公楼和丙、丁、戊类厂房内的通风、空气调节系统，当风管按防火分区设置且设置了防烟防火阀时，可采用燃烧产物毒性较小且烟密度等级小于等于 25 的难燃材料。

(9) 公共建筑的厨房、浴室、卫生间的垂直排风管道，应采取防止回流设施或在支管上设置防火阀。公共建筑的厨房的排油烟管道宜按防火分区设置，且在与垂直排风管连接的支管处应设置当作温度为 150℃的防火阀，以免影响平时厨房操作中的排风。

(10) 风管和设备的保温材料、用于加湿器的加湿材料、消声材料（超细玻璃棉、玻璃纤维、岩棉、矿渣棉等）及其黏结剂，宜采用不燃烧材料。当确有困难时，可采用燃烧产物毒性较小且烟密度等级小于等于50的难燃烧材料（如自熄性聚氨酯泡沫塑料、自熄性聚苯乙烯泡沫塑料等），以减少火灾蔓延。

有电加热器时，电加热器的开关和电源开关应与风机的启停联锁控制，以防止通风机已停止工作，而电加热器仍继续加热导致过热起火，电加热器前后各0.8m范围内的风管和穿过设有火源等容易起火房间的风管，均必须采用不燃烧保温材料，以防电加热器过热引起火灾。

(11) 燃油、燃气锅炉房在使用过程中存在溢漏或挥发的可燃性气体，要在燃油、燃气锅炉房内保持良好的通风条件，使逸漏或挥发的可燃性气体与空气混合气体的浓度能很快稀释到爆炸下限值的25%以下。

锅炉房应选用防爆型的事故排风机。可采用自然通风或机械通风，当设置机械通风设施时，该机械通风设备应设置导除静电的接地装置，通风量应符合下列规定。

① 燃油锅炉房的正常通风量按换气次数不少于3次/h确定，事故排风量应按换气次数不少于6次/h确定。

② 燃气锅炉房的正常通风量按换气次数不少于6次/h确定，事故通风量应按换气次数不少于12次/h确定。

③ 电影院的放映机室宜设置独立的排风系统。当需要合并设置时，通向放映机室的风管应设置防火阀。

(12) 设置气体灭火系统的房间，因灭火后产生大量气体，人员进入之前需将这些气体排出，应设置有排除废气的排风装置；为了不使灭火气体扩散到其他房间，与该房间连通的风管应设置自动阀门，火灾发生时，阀门应自动关闭。

(13) 车库的通风、空调系统的设计应符合下列要求。

① 设置通风系统的汽车库，其通风系统应独立设置，不应和其他建筑的通风系统混设，以防止积聚油蒸气而引起爆炸事故。

② 喷漆间、电瓶间均应设置独立的排气系统，乙炔站的通风系统设计应按《乙炔站设计规范》(GB 50031) 的规定执行。

③ 风管应采用不燃材料制作，且不应穿过防火墙、防火隔墙，当必须穿过时，除应采用不燃材料将孔洞周围的空隙紧密填塞外，还应在穿过处设置防火阀。防火阀的动作温度宜为70℃。

④ 风管的保温材料应采用不燃或难燃材料；穿过防火墙的风管，其位于防火墙两侧各2m范围内的保温材料应为不燃材料。

3.5 建筑内部装修防火

随着人们对居住水平要求越来越高，建筑内部装修成为工程建设的主要组成部分。建筑内部装修是指室内墙、吊顶、地面等暴露于室内空间表面的材料或材料组合。

装修材料种类繁多，如木材、织物、塑料制品或其他有机合成材料，这些材料的使用虽然给环境创造了良好的视觉空间，同时也带来了安全隐患。因此，对建筑内部装修材料的选用和采取防火措施尤为重要，合理选用防火性能好的材料有助于降低火灾荷载，减少火灾发生概率，延缓火灾的蔓延。

3.5.1 建筑内部装修火灾危险性

建筑物本身是难以发生火灾的，而建筑装修材料大多对火十分敏感，绝大多数火灾都是由室内装修开始扩大蔓延。建筑内部装修的火灾危险性主要表现在以下几个方面。

(1) 建筑火灾概率增大 建筑内部装修采用可燃、易燃材料多，范围大，接触火源机会大，能引发火灾的可能性就增大。

(2) 火势蔓延速度快 可燃、易燃装修材料在被引燃同时，会把火焰传播，造成火势迅速蔓延。火势在建筑物内部的蔓延可通过顶棚、墙面和地面的可燃材料从房间蔓延到走道，再由走道沿竖向的孔洞、竖井等向上层蔓延。在建筑外部，火势可通过外墙窗口等引燃上一楼层的窗帘、窗纱等可燃装修材料，使火灾蔓延扩撒，造成大面积火灾。

(3) 造成室内轰燃提前发生 发生轰燃之前的火灾初始阶段，火灾范围较小，室内温度较低，是扑灭火灾和人员疏散的有利时间。而一旦进入轰燃阶段，则火灾进入全面的猛烈燃烧阶段，室内人员无法疏散，很难扑救火灾。

建筑防火设计的一个重要方面就是要延长火灾初期阶段时间，以便组织人员疏散，等待消防人员到达，因此，推迟轰燃是防火设计的重要目标之一。

(4) 增大了火灾荷载 由于大部分装修材料可燃或易燃，会增大建筑物内的火灾荷载，使火灾持续时间长，燃烧更加猛烈，出现持续性高温，造成更大危害。

(5) 产生有毒有害气体 火灾是燃烧的特例，而燃烧本质上是一种复杂的物理化学现象，建筑材料在燃烧中可释放出大量毒性气体，进而造成人员伤亡。

3.5.2 建筑材料分类及等级

3.5.2.1 分类

(1) 按实际应用分类 装修材料按实际应用分类如下。

① 饰面材料 包括墙壁、柱面的贴面材料，吊顶材料，地面上、楼梯上的饰面材料以及作为绝缘物的饰面材料。

② 装饰件 包括固定或悬挂在墙上、顶棚等处的装饰物，如画、手工艺品等。

③ 隔断 指那些可伸缩滑动和自由拆装、不到顶的隔断。

④ 大型家具 主要是指那些固定的，或轻易不搬动的家具，如酒吧台、货架、展台、兼有空间分隔功能的到顶柜橱等。

⑤ 装饰织物 包括窗帘、家具包布、挂毯、床上用品等纺织物等。

(2) 按使用部位和功能分类 装修材料按使用部位和功能分类如下。

① 顶棚装修材料 主要指使用在建筑物空间内，具有装饰功能的材料。通常，建筑物顶棚装饰材料包括不燃材料、可燃材料两个大类。不燃类材料包括：玻璃、石膏板、氯氧镁不燃无机板、硅酸钙板、水泥纤维板、玻璃棉吸声板等；可燃类顶棚材料多为塑料制品和复合材料，如PVC吊顶板、泡沫吸声板、木质吊顶板等。

② 墙面装修材料 主要指采用各种方式覆盖在墙体表面、起装饰作用的材料。墙面装饰材料种类繁多，按使用部位可分为内墙材料和外墙材料；从结构上可分为涂料和板材两大类。通常在建筑物中使用的墙面装饰材料有各种类型的涂料和油漆、墙纸、墙布、墙裙装饰板（木板、塑料板、金属板等）、饰面材料、墙包材料、幕墙材料及保温隔热材料。

③ 地面装修材料 主要指用于室内空间地板结构表面并对地板进行装修的材料。地面

装修材料分为地坪涂料和铺地材料。铺地材料种类较多，有硬质的（如地砖、木质地板），软质的（如各类纺织地毯、柔性塑胶地板）等。

④ 隔断装修材料　主要指在建筑物内用于空间分隔的材料，有隔墙和隔板之分。轻质隔墙材料一般都为不燃类材料，如彩钢板、泡沫夹芯水泥板、石膏板隔墙、硅钙板隔墙、玻璃隔墙等。隔板材料有饰面刨花板、透明的 PC 聚碳酸酯板、木质隔板、玻镁板等。

⑤ 固定家具　兼有分隔功能的到顶橱柜应认定为固定家具。

⑥ 装饰织物　主要指窗帘、帷幕、床罩、家具包布等。

⑦ 其他装饰材料　主要指楼梯扶手、挂镜线、踢脚板、窗帘盒（架）、暖气罩等。

3.5.2.2　分级

《建筑材料及制品燃烧性能分级》（GB 8624—2012），将建筑内部装修材料按燃烧性能划分为 4 级，与 GB 8624—2012 版标准的分级对应关系。如表 3-12 所示。

表 3-12　装修材料燃烧性能等级新老标准对比

燃烧性能等级 GB 8624—2006 版	燃烧性能等级 GB 8624—2012 版	装修材料燃烧性能
A1、A2 级	A 级	不燃材料（制品）
B、C 级	B1 级	难燃材料（制品）
D、E 级	B2 级	可燃材料（制品）
B3 级	B3 级	易燃材料（制品）

3.5.3　建筑装修防火基本要求

建筑内部装修中，对某些部位装修材料的防火要求具有一定的共性。因此，对这些具有共性的方面提出通用性技术要求。

(1) 消防控制室　消防控制室的顶棚和墙面应采用 A 级装修材料，地面及其他装修应使用不低于 B1 级装修材料。

(2) 疏散走道和安全出口　疏散走道和安全出口门厅的顶棚应采用 A 级装修材料，其他装修应采用不低于 B1 级装修材料。无自然采光楼梯间、封闭楼梯间、防烟楼梯间的顶棚、墙面和地面应采用 A 级装修材料。

(3) 挡烟垂壁　挡烟垂壁的作用主要是减缓烟气扩散的速度，提高防烟分区蓄烟以及排烟口的排烟效果。防烟分区的挡烟垂壁，其装修材料应采用 A 级装修材料。

(4) 变形缝　这里所指变形缝，是指建筑物在墙与墙、板与板等结构构件之间为防止建筑物因受温度变化、地基不均匀沉降和地震等因素影响而发生变形等现象而设置的缝隙。建筑内部的变形缝（包括沉降缝、温度伸缩缝、抗震缝等）两侧的基层应采用 A 级材料，表面装修应采用不低于 B1 级的装修材料。

(5) 消火栓门　建筑内部消火栓的门不应被装饰物遮掩，消火栓门四周的装修材料颜色应与消火栓门的颜色有明显区别。

(6) 配电箱　为了防止配电箱可能产生的火化或高温金属熔珠引燃周围的可燃物和避免箱体传热引燃墙面装修材料，建筑内部的配电箱不应直接安装在低于 B1 级的装修材料上。

(7) 灯具和灯饰　照明灯具的高温部位，当靠近非 A 级装修材料时，应采取隔热、散热等防火保护措施。灯饰所用材料的燃烧性能等级不应低于 B1 级。

灯饰应至少选用B1级材料，若由于装饰效果的需要必须采用B2或B3级材料时，应对其进行阻燃处理使其达到B1级的要求。

(8) 饰物 公共建筑内部不宜设置采用B3级装饰材料制成的壁挂、雕塑、模型、标本，当需要设置时，不应靠近火源或热源。

3.6 建筑外墙保温防火

3.6.1 基本原则

(1) 建筑外保温材料的燃烧性能宜为A级，且不应低于B2级，严禁采用B3级保温材料。

(2) 设有保温系统的基层墙体或屋面板的耐火极限应符合相应耐火等级建筑墙体或屋面板耐火极限的要求。

3.6.2 建筑外保温材料

(1) 外保温材料分类 从材料燃烧性能的角度看，用于建筑外墙的保温材料可以分为三大类：一是以矿棉和岩棉为代表的无机保温材料，通常被认定为不燃材料；二是以胶粉聚苯颗粒保温浆料为代表的有机-无机复合型保温材料，通常被认定为难燃材料；三是以聚苯乙烯泡沫塑料（包括EPS板和XPS板）、硬泡聚氨酯和改性酚醛树脂为代表的有机保温材料，通常被认定为可燃材料。如表3-13所示。

表3-13 各种保温材料的燃烧性能等级及导热系数

材料名称	胶粉聚苯颗粒浆料	EPS板	XPS板	聚氨酯	岩棉	矿棉	泡沫玻璃	加气混凝土
导热系数/[W/(m·K)]	0.06	0.041	0.030	0.025	0.036～0.041	0.053	0.066	0.116～0.212
燃烧性能等级	B1	B2	B2	B2	A	A	A	A

(2) 外保温材料的燃烧特性

① 岩棉、矿棉类不燃材料的燃烧特性 岩棉、矿棉在常温条件下（25℃左右）的导热系数通常在（0.036～0.041）W/(m·K)之间，其本身属于无机质硅酸盐纤维，不可燃。在加工成制品的过程中，要加入有机黏结剂或添加物，这些材料对制品的燃烧性能会产生一定的影响。但通常仍将它们认定为不燃性材料。

② 胶粉聚苯颗粒保温浆料的燃烧特性 符合《胶粉聚苯颗粒外墙外保温系统材料》(JG 158—2004)的胶粉聚苯颗粒保温浆料是一种有机、无机复合的保温隔热材料，聚苯颗粒的体积大约占80%左右，导热系数为0.06W/(m·K)，燃烧性能等级为B1级，属于难燃材料。胶粉聚苯颗粒保温浆料在受热时，通常内部包含的聚苯颗粒会软化并熔化，但不会发生燃烧。由于聚苯颗粒被无机材料包裹，其熔融后将形成封闭的空腔，此时该保温材料导热系数会更低、传热更慢，受热全过程材料体积变化率为零。

③ 有机保温材料的燃烧特性 有机保温材料一般被认为是高效保温材料，其导热系数通常较低。目前我国应用的有机保温材料主要是聚苯乙烯泡沫塑料板（包括EPS板和XPS

板)、硬泡聚氨酯和改性酚醛树脂板三种。其中，聚苯乙烯泡沫塑料板属于热塑性材料，它受火或热的作用后，首先会发生收缩、熔化，然后才起火燃烧，燃烧后几乎无残留物存在。硬泡聚氨酯和改性酚醛树脂板属于热固性材料，受火或热的作用时，几乎不发生收缩现象，燃烧时成炭，体积变化较小。通常用于建筑外保温的有机保温材料的燃烧性能等级不低于B2 级。

有机保温材料保温性能好、质地轻，但属于可燃材料，带来了较大的火灾风险。近年来与外保温可燃材料有关的火灾事故时有发生。如 2009 年中央电视台新大楼北配楼火灾和 2011 年沈阳皇朝万鑫酒店火灾事故，都是外来火源引起外保温材料起火造成的重大火灾事故。另外，建设工程施工期间外保温材料发生火灾的案例也较多，主要原因是电焊火花或用火不慎所致，还有一些保温材料的燃烧性能不符合相关产品标准的要求也是原因之一。因此，应严格控制建筑外保温材料的燃烧性能。

3.6.3 防火基本要求

(1) 采用内保温系统的建筑外墙，其保温系统应符合下列要求。

① 对于人员密集场所，用火、燃油、燃气等具有火灾危险性的场所以及各类建筑内的疏散楼梯间、避难走道、避难间、避难层等场所部位，应采用燃烧性能 A 级的保温材料。

② 对于其他场所，应采用低烟、低毒且燃烧性能不低于 B1 级的保温材料。

③ 保温材料应采用不燃烧材料做防护层，采用燃烧性能为 B1 级的保温材料时，防护层厚度不应小于 10mm。

(2) 采用外保温系统的建筑外墙，其保温材料应符合下列要求。

① 与基层墙体、装饰层之间无空腔的建筑外墙外保温系统的保温材料应符合下列要求。

a. 住宅建筑

• 建筑高度大于 100m 时，保温材料的燃烧性能应为 A 级。

• 建筑高度大于 27m，但不大于 100m 时，保温材料的燃烧性能不应低于 B1 级。

• 建筑高度不大于 27m 时，保温材料的燃烧性能不应低于 B2 级。

b. 除住宅建筑和设置人员密集场所的建筑外，其他建筑

• 建筑高度大于 50m 时，保温材料的燃烧性能应为 A 级。

• 建筑高度大于 24m，但不大于 50m，保温材料的燃烧性能不应低于 B1 级。

• 建筑高度不大于 24m 时，保温材料的燃烧性能不应低于 B2 级。

② 除设置人员密集场所的建筑外，与基层墙体、装饰层之间有空腔的建筑外墙外保温系统，其保温材料应符合下列要求。

• 建筑高度不大于 24m 时，保温材料的燃烧性能应为 A 级。

• 建筑高度不大于 24m 时，保温材料的燃烧性能不应低于 B1 级。

• 设置人员密集场所的建筑，其外墙保温材料的燃烧性能应为 A 级。

③ 建筑外墙采用保温材料与两侧墙体构成无空腔复合保温结构时，该结构体的耐火极限应符合有关技术规范的规定；当保温材料的燃烧性能为 B1，B2 级时，保温材料两侧的墙体应采用不燃材料且厚度不应小于 50mm。

除上述情况外，当建筑的外墙外保温系统按规定采用燃烧性能为 B1、B2 级的保温材料时，应符合下列要求。

除采用 B1 级保温材料且建筑高度不大于 24m 的公共建筑或采用 B1 级保温材料且建筑

高度不大于27m的住宅建筑外，建筑外墙上门、窗的耐火完整性不应低于0.5h。

应在保温系统中每层设置防火隔离带。防火隔离带应采用燃烧性能为A级的材料，防火隔离带的高度不应小于300mm。

④ 建筑的外墙外保温系统应采用不燃材料在其表面设置防护层，防护层应将保温材料完全包覆。除耐火极限应符合有关规定的无空腔复合保温结构体外，当按有关规定采用B1、B2级保温材料时，其防护层厚度首层不应小于15mm，其他层不应小于5mm。

⑤ 建筑外墙外保温系统与基层墙体、装饰层之间的空腔，应在每层楼板处采用防火封堵材料封堵。

⑥ 建筑的屋面外保温系统，当屋面板的耐火极限不低于1.0h时，保温材料的燃烧性能不应低于B2级；当屋面板的耐火极限低于1.0h时，不应低于B1级。采用B1、B2级保温材料的外保温系统应采用不燃材料做防护层，防护层厚度不应小于10mm。

当建筑的屋面和外墙外保温系统均采用B1、B2级保温材料时，屋面与外墙之间应采用宽度不小于500mm的不燃材料设置防火隔离带进行分隔。

⑦ 电气线路不应穿越或敷设在燃烧性能为B1、B2级的保温材料中；确需穿越或敷设时，应采取穿金属管周围采用不燃隔热材料进行防火隔离等防火保护措施。设置开关、插座等电器配件的部位周围应采取不燃隔热材料进行防火隔离等防火保护措施。

⑧ 建筑外墙的装饰层应采用燃烧性能为A级的材料；若建筑高度不大于50m时，则可采用B1级材料。

【本章小结】

本章主要内容为建筑物的防火分区划分、防火分隔设施，建筑物间的防火间距，以及建筑中不同功能系统的防火要求等。通过对建筑物防火设计进行规范性要求，有利于提高建筑物面临火灾威胁时的抗风险能力。

【思考题】

1. 什么是防火分区？什么是防火间距？两者个区别。
2. 常用的防火分隔设施有哪些？
3. 防火分区不足时有哪些补救措施？
4. 建筑装修防火基本要求有哪些？
5. 建筑外墙保温系统防火基本要求有哪些？

第4章 建筑防烟分区与防排烟设施

【学习要求】

通过本章学习，掌握建筑防烟分区的作用及划分原则，熟悉防排烟系统的分类、构成及作用，了解常用的防排烟分隔措施。

【学习内容】

主要内容有防烟分区的定义、划分原则；自然排烟、机械加压送风防烟、机械排烟系统。

防烟分区是在建筑内部采用挡烟设施分隔而成，能在一定时间内防止火灾烟气向同一防火分区的其余部分蔓延的局部空间。大量事故资料表明，火灾中人员伤亡的主要原因在于烟气，因此火灾时的首要任务就是把火场产生的高温烟气控制在一定的区域之内，并迅速排出室外。因此，建筑物种必须划分防烟分区，一是为了在火灾时，将烟气控制在一定范围内；二是为了提高排烟口的排烟效果，从而减小火灾损失。

4.1 建筑防烟分区划分要求

防烟分区一般应结合建筑内部的功能分区和排烟系统的设计要求进行划分，不设排烟设施的部位（包括地下室）可不划分防烟分区。

设置排烟系统的场所或部位应划分防烟分区。防烟分区面积不宜过大，会使烟气波及面积扩大，增加受灾面，不利于安全疏散和扑救。因此，防烟分区面积不宜大于2000m^2，长边不应大于60m。当室内高度超过6m，且具有对流条件时，长边不应大于75m。同时防烟分区面积也不宜过小，不仅影响使用，还会提高工程造价。

因此，设置防烟分区应满足以下几个要求。

① 防烟分区应采用挡烟垂壁、隔墙、结构梁等划分。

② 防烟分区不应跨越防火分区；对有特殊用途的场所，如地下室、防烟楼梯间、消防电梯、避难层（间）等应单独划分防烟分区。

③ 防烟分区一般不应跨越楼层，如一层面积过小，允许一个以上的楼层，但以不超过三层为宜。

④ 采用隔墙等形成封闭的分隔空间时，该空间宜作为一个防烟分区。

⑤ 储烟仓高度不应小于空间净高的10%，且不应小于500mm，同时应保证疏散所需的清晰高度；最小清晰高度应由计算确定。

⑥ 有特殊用途的场所应单独划分防烟分区。

4.2 建筑防排烟分隔措施

划分防烟分区的构件主要有挡烟垂壁、隔墙、防火卷帘、建筑横梁等。其中隔墙即非承重、只起分隔作用的墙体。

(1) 挡烟垂壁　挡烟垂壁是用不燃材料制成，垂直安装在建筑顶棚、横梁或吊顶下，能在火灾时形成一定的蓄烟空间的挡烟分隔设施。

挡烟垂壁常设置在烟气扩散流动的路线上烟气控制区域的分界处，和排烟设备配合进行有效的排烟。其从顶棚下垂的高度一般应距顶棚面50cm以上，称为有效高度。当室内发生火灾时，所产生的烟气由于浮力作用而积聚在顶棚下，只要烟层的厚度小于挡烟垂壁的有效高度，烟气就不会向其他场所扩散。

挡烟垂壁分固定式和活动式两种。固定式挡烟垂壁是指固定安装的、能满足设定挡烟高度的挡烟垂壁。活动式挡烟垂壁可从初始位置自动运行至挡烟工作位置，并满足设定挡烟高度的挡烟垂壁。

(2) 建筑横梁　当建筑横梁的高度超过50cm时，该横梁可作为挡烟设施使用。

4.3 防排烟系统

建筑内发生火灾时，烟气的危害十分严重。建筑中设置防排烟系统的作用是将火灾产生的烟气及时排除，防止和延缓烟气扩散，保证疏散通道不受烟气侵害，确保建筑物内人员顺利疏散、安全避难。同时将火灾现场的烟和热量及时排除，减弱火势的蔓延，为火灾扑救创造有利条件。建筑火灾烟气控制分防烟和排烟两个方面。防烟采取自然通风和机械加压送风的形式，排烟则包括自然排烟和机械排烟的形式。

4.3.1 自然通风与自然排烟

(1) 自然通风　自然通风是以热压和风压作用的不消耗机械动力的、经济的通风方式。如果室内外存在空气温度差或者窗户开口之间存在高度差，就会产生热压作用下的自然通风。当室外气流遇到建筑物时产生绕流流动，在气流的冲击下，将在建筑迎风面形成正压区，在建筑屋顶上部和建筑背风面形成负压区，这种建筑物表面所形成的空气静压变化即为风压。当建筑物受到热压、风压同时作用时，外围护结构各窗孔就会产生内外压差引起的自然通风。由于室外风的风向和风速经常变化，导致风压是一个不稳定因素。

(2) 自然排烟　自然排烟是充分利用建筑物的构造，在自然力的作用下，即利用火灾产生的热烟气流的浮力和外部风力作用通过建筑物房间或走道的开口把烟气排至室外的排烟方式。这种排烟方式的实质是使室内外空气对流进行排烟，在自然排烟中，必须有冷空气的进口和热烟气的排出口。一般是采用可开启外窗以及专门设置的排烟口进行自然排烟。这种排烟方式经济、简单、易操作，并具有不需使用动力及专用设备等优点。自然排烟是最简单、不消耗动力的排烟方式，系统无复杂的控制及控制过程、操作简单。因此，对于满足自然排烟条件的建筑，首先应考虑采取自然排烟方式。

4.3.2 机械加压送风防烟

在不具备自然通风条件时，机械加压送风系统是确保火灾中建筑疏散楼梯间及前室（合用前室）安全的主要措施。

机械加压送风方式是通过送风机所产生的气体流动和压力差来控制烟气的流动，即在建筑内发生火灾时，对着火区以外的有关区域进行送风加压，使其保持一定正压，以防止烟气侵入的防烟方式。

为保证疏散通道不受烟气侵害，使人员安全疏散，当火灾发生时，机械加压送风系统应能够及时开启，防止烟气侵入作为疏散通道的走廊、楼梯间及其前室。从安全性角度，使用加压送风系统防烟时，应满足防烟楼梯间压力＞前室压力＞走道压力＞房间压力，同时还要保证各部分之间的压差不要过大，造成开门困难影响疏散，以确保有一个安全可靠、畅通无阻的疏散通道和环境，为安全疏散提供足够的时间。

机械加压送风系统主要由加压送风机、送风口、送风管道、余压阀组成。

（1）机械加压送风机　机械加压送风风机可采用轴流风机或中、低压离心风机，其安装位置应符合下列要求。

① 送风机的进风口宜直通室外。

② 送风机的进风口宜设在机械加压送风系统的下部，且应采取防止烟气侵袭的措施。

③ 送风机的进风口不应与排烟风机的出风口设在同一层面。当必须设在同一层面时，送风机的进风口与排烟风机的出风口应分开布置。竖向布置时，送风机的进风口应设置在排烟机出风口的下方，其两者边缘最小垂直距离不应小于 3.00m；水平布置时，两者边缘最小水平距离不应小于 10m。

④ 送风机应设置在专用机房内。该房间应采用耐火极限不低于 2.00h 的隔墙和 1.50h 的楼板及甲级防火门与其他部位隔开。

⑤ 当送风机出风管或进风管上安装单向风阀或电动风阀时，应采取火灾时阀门自动开启的措施。

（2）加压送风口　加压送风口用作机械加压送风系统的风口，具有赶烟、防烟的作用。加压送风口分常开和常闭两种形式。常闭型风口靠感烟（温）信号控制开启，也可手动（或远距离缆绳）开启，风口可输出动作信号，联动送风机开启。风口可设 280℃ 重新关闭装置。

① 除直灌式送风方式外，楼梯间宜每隔 2～3 层设一个常开式百叶送风口；合用一个井道的剪刀楼梯的两个楼梯间应每层设一个常开式百叶送风口；分别设置井道的剪刀楼梯的两个楼梯间应分别每隔一层设一个常开式百叶送风口。

② 前室、合用前室应每层设一个常闭式加压送风口，并应设手动开启装置。

③ 送风口的风速不宜大于 7m/s。

④ 送风口不宜设置在被门挡住的部位。

需要注意的是采用机械加压送风的场所不应设置百叶窗、不宜设置可开启外窗。

(3) 送风管道

① 送风井(管)道应采用不燃烧材料制作,且宜优先采用光滑井(管)道,不宜采用土建井道。

② 送风管道应独立设置在管道井内。当必须与排烟管道布置在同一管道井内时,排烟管道的耐火极限不应小于 2.00h。

③ 管道井应采用耐火极限不小于 1.00h 的隔墙与相邻部位分隔,当墙上必须设置检修门时应采用乙级防火门。

④ 未设置在管道井内的加压送风管,其耐火极限不应小于 1.50h。

⑤ 为便于工程设计,加压送风管道断面积可以根据加压风量和控制风速由表 4-1 确定。

表 4-1 加压送风管道断面积和风量 单位:m^3/h

风道断面积/m^2	风速/(m/s)								
	12	13	14	15	16	17	18	19	20
0.2	8640	9360	10080	10800	11520	12240	12960	13680	14400
0.3	12960	14040	15120	16200	17280	18360	19440	20520	21600
0.4	17280	18720	20160	21600	23040	24480	25920	27360	28800
0.5	21600	23400	25200	27000	28800	30600	32400	34200	36000
0.6	25920	28080	30240	32400	34560	36720	38880	41040	43200
0.7	30240	32760	35280	37800	40320	42840	45360	47880	50400
0.8	34560	37440	40320	43200	46080	48960	51840	54720	57600
0.9	38880	42120	45360	148600	51840	55080	58320	61560	64800
1.0	43200	46800	50400	54000	57600	61200	64800	68400	72000
1.1	47520	51480	55440	59400	63360	63720	71280	75240	
1.2	51840	56160	60480	64800	69120	73440			
1.3	56160	60840	65520	70200	74800				
1.4	60480	65520	70560						
1.5	64800	70200							
1.6	69120	74880							

(4) 余压阀 余压阀是控制压力差的阀门。为了保证防烟楼梯间及其前室、消防电梯间前室和合用前室的正压值,防止正压值过大而导致疏散门难以推开,应在防烟楼梯间与前室,前室与走道之间设置余压阀,控制余压阀两侧正压间的压力差不超过 50Pa。

4.3.3 机械排烟

在不具备自然排烟条件时,机械排烟系统能将火灾中建筑房间、走道中的烟气和热量排出建筑,为人员安全疏散和灭火救援行动创造有利条件。

当建筑物内发生火灾时，采用机械排烟系统，将房间、走道等空间的烟气排至建筑物外。通常是由火场人员手动控制或由感烟探测将火灾信号传递给防排烟控制器，开启活动的挡烟垂壁将烟气控制在发生火灾的防烟分区内，并打开排烟口以及和排烟口联动的排烟防火阀，同时关闭空调系统和送风管道内的防火调节阀防止烟气从空调、通风系统蔓延到其他非着火房间，最后由设置在屋顶的排烟机将烟气通过排烟管道排至室外。

机械排烟系统是由挡烟壁（活动式或固定式挡烟垂壁，或挡烟隔墙、挡烟梁）、排烟口（或带有排烟阀的排烟口）、排烟防火阀、排烟道、排烟风机等组成。

（1）挡烟垂壁　挡烟垂壁是为了阻止烟气沿水平方向流动而垂直向下吊装在顶棚上的挡烟构件，其有效高度不小于500mm。挡烟垂壁可采用固定式或活动式，当建筑物净空较高时可采用固定式的，将挡烟垂壁长期固定在顶棚上；当建筑物净空较低时，宜采用活动式。挡烟垂壁应用不燃烧材料制作，如钢板、防火玻璃、无机纤维织物、不燃无机复合板等。活动式的挡烟垂壁应由感烟控测器控制，或与排烟口联动，或受消防控制中心控制，但同时应能就地手动控制。活动挡烟垂壁落下时，其下端距地面的高度应大于1.80m。

（2）排烟阀（口）

① 排烟阀（口）的设置应符合下列要求。

a. 排烟口应设在防烟分区所形成的储烟仓内。用隔墙或挡烟垂壁划分防烟分区时，每个防烟分区应分别设置排烟口，排烟口应尽量设置在防烟分区的中心部位，排烟口至该防烟分区最远点的水平距离不应超过30m。

b. 走道内排烟口应设置在其净空高度的1/2以上，当设置在侧墙时，其最近的边缘与吊顶的距离不应大于0.50m。

② 火灾时由火灾自动报警系统联动开启排烟区域的排烟阀（口），应在现场设置手动开启装置。

③ 排烟口的设置宜使烟流方向与人员疏散方向相反，排烟口与附近安全出口相邻边缘之间的水平距离不应小于1.50m。

④ 每个排烟口的排烟量不应大于最大允许排烟量。

⑤ 当排烟阀（口）设在吊顶内，通过吊顶上部空间进行排烟时，应符合下列规定。

a. 封闭式吊顶的吊平顶上设置的烟气流入口的颈部烟气速度不宜大于1.50m/s，且吊顶应采用不燃烧材料。

b. 非封闭吊顶的吊顶开孔率不应小于吊顶净面积的25%，且应均匀布置。

⑥ 单独设置的排烟口，平时应处于关闭状态，其控制方式可采用自动或手动开启方式。手动开启装置的位置应便于操作；排风口和排烟口合并设置时，应在排风口或排风口所在支管设置自动阀门，该阀门必须具有防火功能，并应与火灾自动报警系统联动；火灾时，着火防烟分区内的阀门仍应处于开启状态，其他防烟分区内的阀门应全部关闭。

⑦ 排烟口的尺寸可根据烟气通过排烟口有效截面时的速度不大于10m/s进行计算。排烟速度越高，排出气体中空气所占比率越大，因此排烟口的最小截面积一般不应小于0.04m^2。

⑧ 同一分区内设置数个排烟口时，要求做到所有排烟口能同时开启，排烟量应等于各排烟口排烟量的总和。

（3）排烟防火阀　排烟系统竖向穿越防火分区时垂直风管应设置在管井内，且与垂直风管连接的水平风管应设置280℃排烟防火阀。排烟防火阀安装在排烟系统管道上，平时呈关

闭状态，火灾时由电讯号或手动开启，同时排烟风机启动开始排烟；当管内烟气温度达到280℃时自动关闭，同时排烟风机停机。

（4）排烟管道

① 排烟管道必须采用不燃材料制作。当采用金属风道时，管道风速不应大于20m/s；当采用非金属材料风道时，不应大于15m/s；当采用土建风道时，不应大于10m/s。

排烟管道的厚度应按《通风与空调工程施工质量验收规范》（GB 50243）的有关规定执行。

② 当吊顶内有可燃物时，吊顶内的排烟管道应采用不燃烧材料进行隔热，并应与可燃物保持不小于150mm的距离。

③ 排烟管道井应采用耐火极限不小于1.00h的隔墙与相邻区域分隔；当墙上必须设置检修门时，应采用乙级防火门；排烟管道的耐火极限不应低于0.50h，当水平穿越两个及两个以上防火分区或排烟管道在走道的吊顶内时，其管道的耐火极限不应小于1.50h；排烟管道不应穿越前室或楼梯间，如果确有困难必须穿越时，其耐火极限不应小于2.00h，且不得影响人员疏散。

④ 当排烟管道竖向穿越防火分区时，垂直风道应设在管井内，且排烟井道必须要有1.00h的耐火极限。当排烟管道水平穿越两个及两个以上防火分区时，或者布置在走道的吊顶内时，为了防止火焰烧坏排烟风管而蔓延到其他防火分区，要求排烟管道应采用耐火极限1.50h的防火风道，其主要原因是耐火极限1.50h防火管道与280℃排烟防火阀的耐火极限相当，可以看成是防火阀的延伸，另外可以精简防火阀的设置，减少误动作，提高排烟的可靠性。

当确有困难需要穿越特殊场合（如，通过消防前室、楼梯间、疏散通道等处）时，排烟管道的耐火极限不应低于2.00h，主要考虑在极其特殊的情况下穿越上述区域时，应采用2.00h的耐火极限的加强措施，确保人员安全疏散。排烟风道的耐火极限应符合国家相应试验标准的要求。

（5）排烟风机

① 排烟风机可采用离心式或轴流排烟风机（满足280℃时连续工作30min的要求），排烟风机入口处应设置排烟防火阀，排烟防火阀应能在280℃时自动关闭，并应与排烟风机连锁。当排烟防火阀关闭时，排烟风机应能停止运转。

② 排烟风机宜设置在排烟系统的顶部，烟气出口宜朝上，并应高于加压送风机和补风机的进风口，两者垂直距离或水平距离应符合：竖向布置时，送风机的进风口应设置在排烟机出风口的下方，其两者边缘最小垂直距离不应小于3.00m；水平布置时，两者边缘最小水平距离不应小于10m。

③ 排烟风机应设置在专用机房内，该房间应采用耐火极限不低于2.00h的隔墙和1.50h的楼板及甲级防火门与其他部位隔开。风机两侧应有600mm以上的空间。当必须与其他风机合用机房时，应符合下列条件：

a. 机房内应设有自动喷水灭火系统；

b. 机房内不得设有用于机械加压送风的风机与管道。

④ 排烟风机与排烟管道上不宜设有软接管。当排烟风机及系统中设置有软接头时，该软接头应能在280℃的环境条件下连续工作不少于30min。

【本章小结】

建筑物发生火灾时，烟气对人体危害十分严重，因此建筑中需采取防排烟措施将火灾产生的烟气及时排除，防止烟气在建筑内部扩散。本章对建筑物的防烟分区及其分隔措施，以及建筑中不同的防排烟系统原理及构成进行了初步介绍。

【思考题】

1. 防烟分区的作用是什么？
2. 建筑中防烟系统有哪些？其组成是什么？
3. 建筑中排烟系统有哪些？其组成是什么？

第5章 建筑安全疏散与辅助疏散设施

【学习要求】

通过本章学习，掌握安全疏散时间、安全疏散距离、三种楼梯间，熟悉疏散走道的作用及要求，了解避难间及辅助疏散设施。

【学习内容】

主要内容有安全疏散指标的定义及计算，敞开楼梯间、封闭楼梯间、防烟楼梯间的疏散要求。

安全疏散是建筑防火设计的一项重要内容，对于确保火灾中人员的生命安全具有重要作用。安全疏散设计应根据建筑物的高度、规模、使用性质、耐火等级和人们在火灾事故时的心理状态与行为特点，确定安全疏散基本参数，合理设置安全疏散和避难设施，如疏散走道、疏散楼梯及楼梯间、避难层（间）、疏散门、疏散指示标志等，为人员的安全疏散创造有利条件。

5.1 安全疏散指标

5.1.1 安全疏散时间

如果人员疏散到安全地点所需要的时间小于通过判断火场人员疏散耐受条件得出的危险来临时间，并且考虑到一定的安全裕量，则可认为人员疏散是安全的，因此存在安全疏散时间的问题。

5.1.1.1 疏散时间

疏散时间（RSET）包括疏散开始时间（t_{start}）和疏散行动时间（t_{action}）两部分，即：

$$RSET = t_{\text{start}} + t_{\text{action}}$$

（1）疏散开始时间（t_{start}） 从起火到开始疏散的时间，一般地，疏散开始时间与火灾探测系统、报警系统，起火场所、人员相对位置，疏散人员状态及状况、建筑物形状及管理状况，疏散诱导手段等因素有关。因此，疏散开始时间（t_{start}）可分为探测时间（t_{d}）、报警时间（t_a）和人员的疏散预动时间（t_{pre}）。

$$t_{start}=t_d+t_a+t_{pre}$$

$$t_{pre}=t_{rec}+t_{res}$$

式中 t_d——探测时间。火灾发生、发展将触发火灾探测与报警装置而发出报警信号，使人们意识到有异常情况发生，或者人员通过本身的味觉、嗅觉及视觉系统察觉到火灾征兆的时间；

t_a——报警时间，从探测器动作或报警开始至警报系统启动的时间；

t_{pre}——人员的疏散预动时间，人员的疏散预动时间为人员从接到火灾警报之后到疏散行动开始之前的这段时间，包括识别时间（t_{rec}）和反应时间（t_{res}）；

t_{rec}——识别时间，从火灾报警或信号发出后到人员还未开始反应的这一时间段。当人员接受到火灾信息并开始作出反应时，识别阶段即结束；

t_{res}——反应时间，为从人员识别报警或信号并开始做出反应至开始直接朝出口方向疏散之间的时间。与识别阶段类似，反应阶段的时间长短也与建筑空间的环境状况有密切关系，从数秒钟到数分钟不等。

（2）疏散行动时间（t_{action}） 从疏散开始至疏散到安全地点的时间，它由疏散动态模拟模型模拟得到。疏散行动时间预测是基于建筑中人员在疏散过程中是有序进行，不发生恐慌为前提的。

保证人员安全疏散是建筑防火设计中的一个重要的安全目标，人员安全疏散即建筑物内发生火灾时整个建筑系统（包括消防系统）能够为建筑中的所有人员提供足够的时间疏散到安全的地点，整个疏散过程中不应受到火灾的危害。

5.1.1.2 安全疏散时间标准

为了保证人员安全生命要求，撤离到安全地带所花的时间（RSET）要小于火势发展到超出人体耐受极限的时间（ASET）。即安全疏散时间判定准则为：

$$RSET+T_s<ASET$$

式中 $RSET$——疏散所需要的时间；

$ASET$——开始出现人体不可忍受情况的时间，也称可用疏散时间或危险来临时间；

T_s——安全裕度。

危险到来时间 ASET（或以 trisk 表示），即疏散人员开始出现生理或心理不可忍受情况的时间，一般情况下，火灾烟气是影响人员疏散的最主要因素，常常以烟气降下一定高度或浓度超标的时间作为危险来临时间。

考虑到疏散过程中存在的某些不确定性因素（实际人员组成、人员状态等），需要在分析中考虑一定的安全裕量以进一步提高建筑物的疏散安全水平。如图 5-1 所示。

保证人员安全疏散是建筑防火设计中的一个重要的安全目标，人员安全疏散即建筑物内发生火灾时整个建筑系统（包括消防系统）能够为建筑中的所有人员提供足够的时间疏散到安全的地点，整个疏散过程中不应受到火灾的危害。

5.1.1.3 相关参数的确定

（1）火灾探测时间 采用的火灾探测器类型和探测方式不同，探测到火灾的时间也不相同。通常，感烟探测器要快于感温探测器，感温探测器要快于自动喷水灭火系统喷头的动作时间，线型感烟探测器的报警时间与探测器安装高度以及探测间距有关，图像火焰探测器则

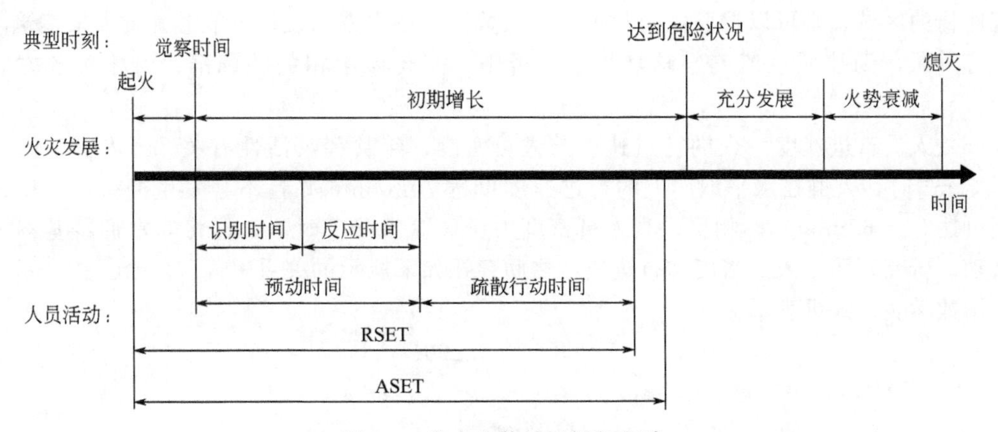

图 5-1 安全疏散时间判定准则

与火焰长度有关。因此，火灾探测时间可通过计算火灾中烟气的减光度、温度或火焰长度等特性参数来确定。

为了安全起见，也可将喷淋头动作的时间作为火灾探测时间。

（2）疏散准备时间　发生火灾时，通知人们疏散的方式不同，建筑物的功能和室内环境不同，人们得到发生火灾的消息并准备疏散的时间也不同（见表 5-1）。

表 5-1 各种用途的建筑物采用不同报警系统时的人员识别时间统计结果

建筑物用途及特性	人员响应时间/min		
	报警系统类型		
	W_1	W_2	W_3
办公楼、商业或工业厂房、学校（居民处于清醒状态，对建筑物、报警系统和疏散措施熟悉）	<1	3	>4
商店、展览馆、博物馆、休闲中心等（居民处于清醒状态，对建筑物、报警系统和疏散措施不熟悉）	<2	3	>6
旅馆或寄宿学校（居民可能处于睡眠状态，但对建筑物、报警系统和疏散措施熟悉）	<2	4	>5
旅馆、公寓（居民可能处于睡眠状态，对建筑物、报警系统和疏散措施不熟悉）	<2	4	>6
医院、疗养院及其他社会公共机构（有相当数量的人员需要帮助）	<3	5	>8

注：表中的报警系统类型：
W_1 为实况转播指示，采用声音广播系统，例如从闭路电视设施的控制室；
W_2 为非直播（预录）声音系统、和（或）视觉信息警告播放；
W_3 为采用警铃、警笛或其他类似报警装置的报警系统。

（3）疏散开始时间　疏散开始时间包括火灾探测时间和疏散准备时间两部分，可根据前面的分析结果相加得到。当采用日本避难安全检证法提供的疏散时间预测模型时，疏散开始时间按如下公式计算：

$$t_{start}=\frac{\sqrt{\sum A}}{30}$$

式中　t_{start}——疏散开始时间，min；

A——火灾区域建筑面积，m^2。

（4）人员数量　人员数量通常由区域的面积和该区域内的人员密度的乘积来确定。在有固定座椅的区域，则可以按照座椅数来确定人数。在业主方和设计方能够确定未来建筑内的最大容量时，则按照该值确定疏散人数。否则，需要参考相关的标准，由相关各方协商确定。

（5）人员行进速度　人的行进速度与人员密度、年龄和灵活性有关。当人员密度小于0.5人/m^2时，人群在水平地面上的行进速度可达70m/min并且不会发生拥挤，下楼梯的速度可达51～63m/min。相反，当人员密度大于3.5人/m^2时，人群将非常拥挤基本上无法移动。研究表明，人员密度和行进速度之间存在如下所示的关系，

用数学表达式可表示为：

$$V=K(1-0.266D)$$

式中　V——人员行进速度，m/min；

D——人员密度（不小于0.5），人/m^2；

K——系数，对于水平通道$K=84.0$，对于楼梯台阶$K=51.8(G/R)^{1/2}$；

G——踏步宽度；

R——踏步高度。

Simulex疏散模型中默认的人员行进速度分男人、女人、儿童和长者四种，其步行速度如表5-2所示。

表5-2　人员步行速度及类型比例

人员种类	正常速度/(m/s)	速度分布
男人	1.35	正态分布±0.2m/s
女人	1.15	正态分布±0.2m/s
儿童	0.9	正态分布±0.1m/s
长者	0.8	正态分布±0.1m/s

（6）流动系数　人员密度与对应的人流速度的乘积，即单位时间内通过单位宽度的人流数量，称为流动系数（specific flow）。流动系数反映了单位宽度的通行能力。如下式所示：

$$F=V\times D$$

式中　F——流动系数，(人/min)/m；

V——人员行进速度，m/min；

D——人员密度，人/m^2。

对大多数通道来说，通道宽度是指通道的两侧墙壁之间的宽度。但是大量的火灾演练实验表明人群的流动依赖于通道的有效宽度而不是实际宽度，也就是说在人群和侧墙之间存在一个“边界层”。在工程计算中应从实际通道宽度中减去边界层的厚度，采用得到的有效宽度进行计算。如表5-3所示。

表5-3　通道的边界层厚度

类型	减少的宽度指标	类型	减少的宽度指标
楼梯间的墙	15cm	其他的障碍物	10cm
扶手栏杆	9cm	宽通道处的墙	<46cm
剧院座椅	0cm	门	15cm
走廊的墙	20cm		

(7) 安全裕度 T_s 在疏散行动时间的计算中，有些计算模型假设疏散人员具有相同的特征，在疏散开始过程中疏散人员按既定的疏散路径有序地进行疏散，在疏散过程中人流的流量与疏散通道的宽度成正比分配，人员从每个可用的疏散出口疏散且所有人的疏散速度一致并保持不变等。

考虑到危险来临时间和疏散行动时间分析中存在的不确定性，需要增加一个安全裕量。当危险来临时间分析与疏散时间分析中，计算参数选取为相对保守值时，安全裕度可以取小一些，否则，安全裕度应取较大值。依据《消防安全工程师指南》的建议，安全裕度可取为0～1倍的疏散行动时间。

对于商业建筑来说，由于人员类型复杂，对周围的环境和疏散路线并不都十分熟悉，所以在考虑安全裕度的选择时，取值建议不应小于0.5倍的疏散行动时间。

5.1.2 安全疏散距离

安全疏散距离包括两个部分，一是房间内最远点到房门的疏散距离，二是从房门到疏散楼梯间或外部出口的距离。我国规范采用限制安全疏散距离的办法来保证疏散行动时间。

(1) 厂房、仓库安全疏散距离 确定厂房的安全疏散距离，需要考虑楼层的实际情况(如单层、多层，高层)、生产的火灾危险性类别及建筑物的耐火等级等。厂房内任一点到最近的安全出口的距离不应大于表5-4的规定。从表中可以看出，火灾危险性越大，安全疏散距离要求越严，厂房的耐火等级越低，安全疏散距离要求越严。而对于丁、戊类生产，当采用一、二级耐火等级的厂房时，其疏散距离可以不受限制。如表5-4所示。

表5-4 厂房内的最大安全疏散距离 单位：m

生产类别	耐火等级	单层厂房	多层厂房	高层厂房	地下、半地下厂房或厂房的地下室、半地下室
甲	一、二级	30.0	25.0	—	—
乙	一、二级	75.0	50.0	30.0	—
丙	一、二级	80.0	60.0	40.0	30.0
	三级	60.0	40.0	—	—
丁	一、二级	不限	不限	50.0	45.0
	三级	60.0	50.0	—	—
	四级	50.0	—	—	—
戊	一、二级	不限	不限	75.0	60.0
	三级	100.0	75.0	—	—
	四级	60.0	—	—	—

仓库内任一点到最近安全出口的距离不宜大于表5-5规定。

表5-5 仓库内的最大安全疏散距离 单位：m

仓库类别	耐火等级	单层仓库	多层仓库	高层仓库	地下、半地下仓库或仓库的地下室、半地下室
甲	一、二级	30.0	25.0	—	—
乙	一、二级	75.0	50.0	30.0	—

续表

仓库类别	耐火等级	单层仓库	多层仓库	高层仓库	地下、半地下仓库或仓库的地下室、半地下室
丙	一、二级	80.0	60.0	40.0	30.0
	三级	60.0	40.0	—	—
丁	一、二级	不限	不限	50.0	45.0
	三级	60.0	50.0	—	—
	四级	50.0	—	—	—
戊	一、二级	不限	不限	75.0	60.0
	三级	100.0	75.0	—	—
	四级	60.0	—	—	—

（2）公共建筑安全疏散距离　直通疏散走道的房间疏散门至最近安全出口的距离应符合有关规定。如表 5-6 所示。

表 5-6　直通疏散走道的房间疏散门至最近安全出口的最大距离　　单位：m

名称		位于两个安全出口之间的疏散门			位于袋形走道两侧或尽端的疏散门		
		耐火等级			耐火等级		
		一、二级	三级	四级	一、二级	三级	四级
托儿所、幼儿园、老年人建筑		25	20	15	20	15	10
歌舞娱乐放映游艺场所		25	15	25	9	—	—
医疗建筑	单、多层	35	30	25	20	15	10
	病房部分	24	—	—	12	—	—
	其他部分	30	—	—	15	—	—
教学建筑	单层或多层	35	30	—	22	20	—
	高层	30			15		
高层旅馆、展览建筑		30	—	—	15	—	—
其他建筑	单层或多层	40	35	25	22	20	15
	高　层	40	—	—	20	—	—

① 建筑中开向敞开式外廊的房间疏散门至安全出口的距离可按表 5-6 增加 5m。

② 直通疏散走道的房间疏散门至最近未封闭的楼梯间的距离，当房间位于两个楼梯间之间时，应按表 5-6 的规定减少 5m；当房间位于袋形走道两侧或尽端时，应按表 5-6 的规定减少 2m。

③ 楼梯间的首层应设置直通室外的安全出口，或在首层采用扩大的封闭楼梯间或防烟楼梯间。当层数不超过 4 层时，可将直通室外的安全出口设置在离楼梯间不大于 15m 处。

④ 房间内任一点到该房间直通疏散走道的疏散门的距离，不应大于表 5-6 中规定的袋形走道两侧或尽端的疏散门至最近安全出口的距离。

⑤ 一、二级耐火等级建筑内疏散门或安全出口不少于 2 个的观众厅、展览厅、多功能厅、餐厅、营业厅，其室内任一点至最近疏散门或安全出口的直线距离不应大于 30m；当该疏散门不能直通室外地面或疏散楼梯间时，应采用长度不大于 10m 的疏散走道通至最近

的安全出口。当该场所设置自动喷水灭火系统时，其安全疏散距离可增加25%。

(3) 住宅建筑安全疏散距离　住宅建筑直通疏散走道的户门至最近安全出口的距离应符合有关规定。如表5-7所示。

表5-7　住宅建筑直通疏散走道的户门至最近安全出口的距离　单位：m

名称	位于两个安全出口之间的户门			位于袋形走道两侧或尽端的户门		
	耐火等级			耐火等级		
	一、二级	三级	四级	一、二级	三级	四级
单层或多层	40	35	25	22	20	15
高层	40	—	—	20	—	—

设置敞开式外廊的建筑，开向该外廊的房间疏散门至安全出口的最大距离可按表5-7增加5m。

建筑内全部设置自动喷水灭火系统时，其安全疏散距离可比规定值增加25%。

直通疏散走道的户门至最近未封闭的楼梯间的距离，当房间位于两个楼梯间之间时，应按表5-7的规定减少5m；当房间位于袋形走道两侧或尽端时，应按表5-7的规定减少2m。

跃廊式住宅户门至最近安全出口的距离，应从户门算起，小楼梯的一段距离可按其1.50倍水平投影计算。

(4) 木结构建筑安全疏散距离　木结构民用建筑房间直通疏散走道的疏散门至最近安全出口的距离不应大于有关规定。如表5-8所示。

表5-8　木结构房间直通疏散走道的疏散门至最近安全出口的距离　单位：m

名称	位于两个安全出口之间的疏散门	位于袋形走道两侧或尽端的疏散门
托儿所、幼儿园	15	10
歌舞娱乐放映游艺场所	15	6
医院和疗养院建筑、老年人建筑、教学建筑	25	12
其他民用建筑	30	15

房间内任一点至该房间直通疏散走道的疏散门的距离，不应大于表5-8规定的袋形走道两侧或尽端的疏散门至最近安全出口的距离。

木结构工业建筑中的丁、戊类厂房内任意一点至最近安全出口的疏散距离分别不应大于50m和60m。

5.1.3　百人疏散宽度指标

安全出口的宽度设计不足，会在出口前出现滞留，延长疏散时间，影响安全疏散。我国现行规范根据允许疏散时间来确定疏散通道的百人宽度指标，从而计算出安全出口的总宽度，即实际需要设计的最小宽度。公式如下：

$$百人宽度指标=\frac{N}{A\cdot t}\cdot b$$

式中　N——疏散人数（即100人）；

t——允许疏散时间，min；

A——单股人流通行能力（平、坡地面为43人/min；阶梯地面为37人/min）；

b——单股人流宽度，0.55～0.60m。

百人疏散宽度指标是每百人在允许疏散时间内，以单股人流形式疏散所需的疏散宽度。

影响安全出口宽度的因素很多，如建筑物的耐火等级与层数、使用人数、允许疏散时间、疏散路线是平地还是阶梯等。

5.2 疏散走道

疏散走道贯穿整个安全疏散体系，要求设计简捷、明了，便于寻找、辨别，避免布置成S或U形。

疏散走道是指发生火灾时，建筑内人员从火灾现场逃往安全场所的通道。疏散走道的设置应保证逃离火场的人员进入走道后，能顺利地继续通行至楼梯间，到达安全地带。

疏散走道的布置应满足以下要求：

① 走道应简捷，并按规定设置疏散指示标志和诱导灯。

② 在1.8m高度内不宜设置管道、门垛等突出物，走道中的门应向疏散方向开启。

③ 尽量避免设置袋形走道。

④ 疏散走道的宽度应符合表5-9的要求。办公建筑的走道最小净宽应满足表5-9的要求。

⑤ 疏散走道在防火分区处应设置常开甲级防火门。

表5-9　办公建筑的走道最小净宽

走道长度/m	走道净宽/m	
	单面布房	双面布房
≤40	1.30	1.50
＞40	1.50	1.80

5.3 疏散楼梯

当建筑物发生火灾时，普通电梯没有采取有效的防火防烟措施，且供电中断，一般会停止运行，上部楼层的人员只有通过楼梯才能疏散到建筑物的外边，因此楼梯成为最主要的垂直疏散设施。

5.3.1　疏散楼梯间一般要求

（1）楼梯间应能天然采光和自然通风，并宜靠外墙设置。靠外墙设置时，楼梯间及合用前室的窗口与两侧门、窗洞口最近边缘之间的水平距离不应小于1.0m。

（2）楼梯间内不应设置烧水间、可燃材料储藏室。

（3）楼梯间不应设置卷帘。

(4) 楼梯间内不应有影响疏散的凸出物或其他障碍物。

(5) 楼梯间内不应敷设或穿越甲、乙、丙类液体的管道。公共建筑的楼梯间内不应敷设或穿越可燃气体管道。居住建筑的楼梯间内不宜敷设或穿越可燃气体管道，不宜设置可燃气体计量表；当必须设置时，应采用金属配管和设置切断气源的装置等保护措施。

(6) 除通向避难层错位的疏散楼梯外，建筑中的疏散楼梯间在各层的平面位置不应改变。

(7) 用作丁、戊类厂房内第二安全出口的楼梯可采用金属梯，但净宽度不应小于0.90m，倾斜角度不应大于45°。

丁、戊类高层厂房，当每层工作平台上的人数不超过2人且各层工作平台上同时工作的人数总和不超过10人时，其疏散楼梯可采用敞开楼梯或利用净宽度不小于0.90m、倾斜角度不大于60°的金属梯。

(8) 疏散用楼梯和疏散通道上的阶梯不宜采用螺旋楼梯和扇形踏步。必须采用时，踏步上、下两级所形成的平面角度不应大于10°，且每级离扶手250mm处的踏步深度不应小于220mm。

(9) 除住宅建筑套内的自用楼梯外，地下、半地下室与地上层不应共用楼梯间，必须共用楼梯间时，在首层应采用耐火极限不低于2.00h的不燃烧体隔墙和乙级防火门将地下、半地下部分与地上部分的连通部位完全分隔，并应有明显标志。

5.3.2 敞开楼梯间

敞开楼梯间是低、多层建筑常用的基本形式，也称普通楼梯间。该楼梯的典型特征是，楼梯与走廊或大厅都是敞开在建筑物内，在发生火灾时不能阻挡烟气进入，而且可能成为向其他楼层蔓延的主要通道。敞开楼梯间安全可靠程度不大，但使用方便、经济，适用于低、多层的居住建筑和公共建筑中。

5.3.3 封闭楼梯间

封闭楼梯间指设有能阻挡烟气的双向弹簧门或乙级防火门的楼梯间，如图5-2所示。封闭楼梯间有墙和门与走道分隔，比敞开楼梯间安全。但因其只设有一道门，在火灾情况下人员进行疏散时难以保证不使烟气进入楼梯间，所以，对封闭楼梯间的使用范围应加以限制。如图5-2所示。

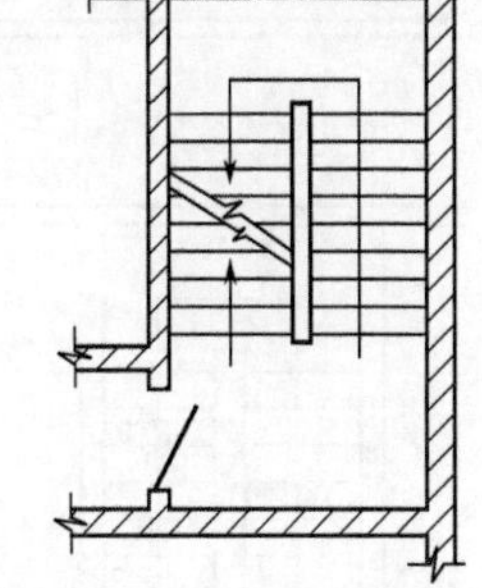
图5-2 疏散楼梯间

(1) 封闭楼梯间的适用范围 多层公共建筑的疏散楼梯，除与敞开式外廊直接相连的楼梯间外，均应采用封闭楼梯间。具体如下：

① 医疗建筑、旅馆、老年人建筑；

② 设置歌舞娱乐放映游艺场所的建筑；

③ 商店、图书馆、展览建筑、会议中心及类似使用功能的建筑；

④ 6层及以上的其他建筑。

高层建筑的裙房；建筑高度不超过32m的二类高层建筑；建筑高度大于21m且不大于33m的住宅建筑，其疏散楼梯间应采用封闭楼梯间。当住宅建筑的户门为乙级防火门时，可不设置封闭楼梯间。

高层厂房和甲、乙、丙多层厂房的疏散楼梯应采用封闭楼梯间或室外楼梯。

(2) 封闭楼梯间的设置要求 除满足楼梯间基本要求外，防烟楼梯间还应符合以下要求：

① 当不能自然采光和自然通风时，应设置机械加压送风系统或采用防烟楼梯间；

② 建筑设计中为方便通行，常把首层的楼梯间敞开在大厅中。此时楼梯间的首层可将走道和门厅等包括在楼梯间内，形成扩大的封闭楼梯间，但应采用乙级防火门等措施与其他走道和房间隔开；

③ 除楼梯间的出入口和门外，楼梯间的墙上不应开设其他门、窗、洞口；

④ 高层建筑、人员密集的公共建筑、人员密集的多层丙类厂房，以及甲、乙类厂房，封闭楼梯间门应采用乙级防火门，并应向疏散方向开启；其他建筑封闭楼梯间的门可采用双向弹簧门。

5.3.4 防烟楼梯间

防烟楼梯间系指在楼梯间入口处设有前室或阳台、凹廊，通向前室、阳台、凹廊和楼梯间的门均为乙级防火门的楼梯间。防烟楼梯间设有两道防火门和防排烟设施，发生火灾时能作为安全疏散通道，是高层建筑中常用的楼梯间形式。

5.3.4.1 防烟楼梯间的类型

（1）带阳台或凹廊的防烟楼梯间　带开敞阳台或凹廊的防烟楼梯间的特点是以阳台或凹廊作为前室，疏散人员须通过开敞的前室和两道防火门才能进入楼梯间内。如图 5-3、图 5-4 所示。

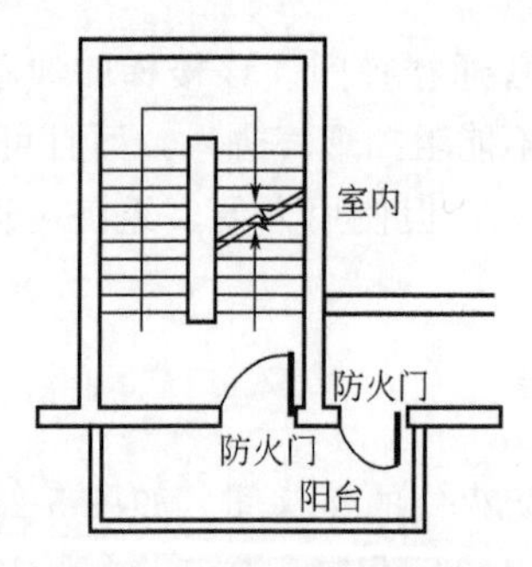

图 5-3　带阳台的防烟楼梯间

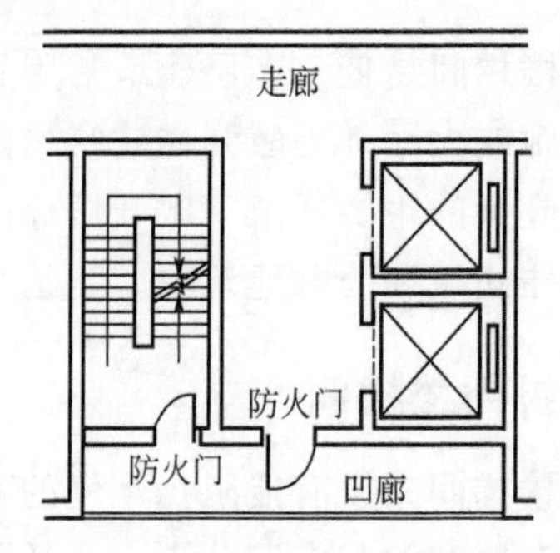

图 5-4　带凹廊的防烟楼梯间

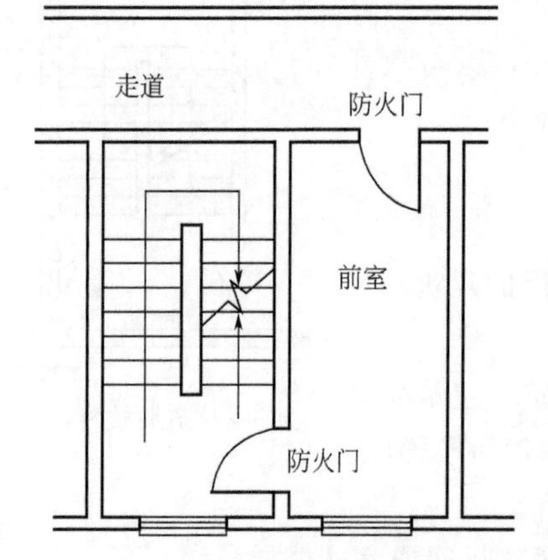

图 5-5　靠外墙的防烟楼梯间

（2）带前室的防烟楼梯间

① 利用自然排烟的防烟楼梯间。在平面布置时，设靠外墙的前室，并在外墙上设有开启面积不小于 $2m^2$ 的窗户，平时可以是关闭状态，但发生火灾时窗户应全部开启。由走道进入前室和由前室进入楼梯间的门必须是乙级防火门，平时及火灾时乙级防火门处于关闭状态。如图 5-5 所示。

② 采用机械防烟的楼梯间。楼梯间位于建筑物的内部，为防止火灾时烟气侵入，采用机械加压方式进行防烟，如图 5-6 所示。加压方式有仅给楼梯间加压［图 5-6 (b)］、分别对楼梯间和前室加压［图 5-6 (a)］以及仅对前室或合用前室加压［图 5-6 (c)］等不同方式。

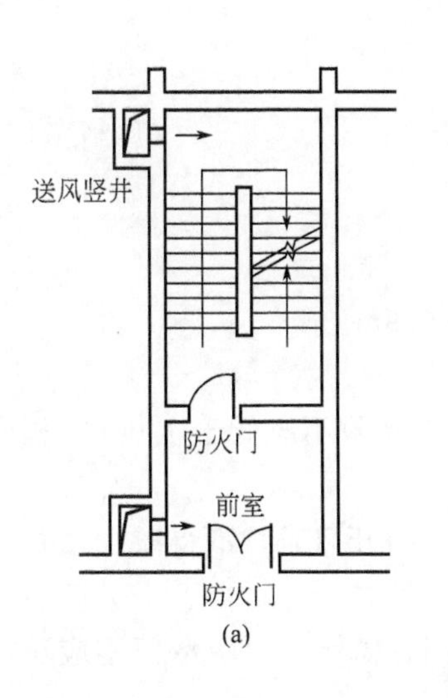

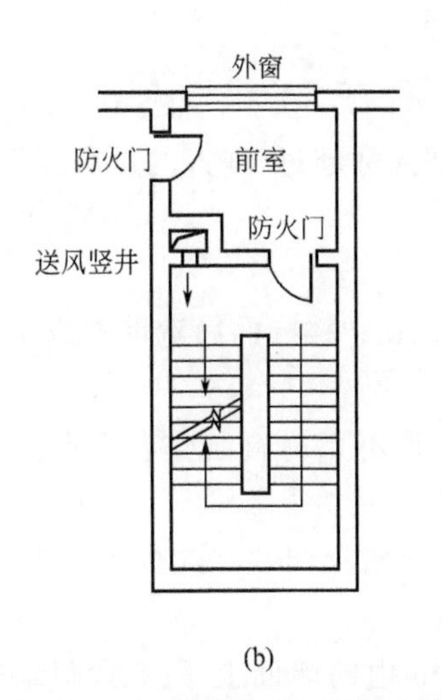

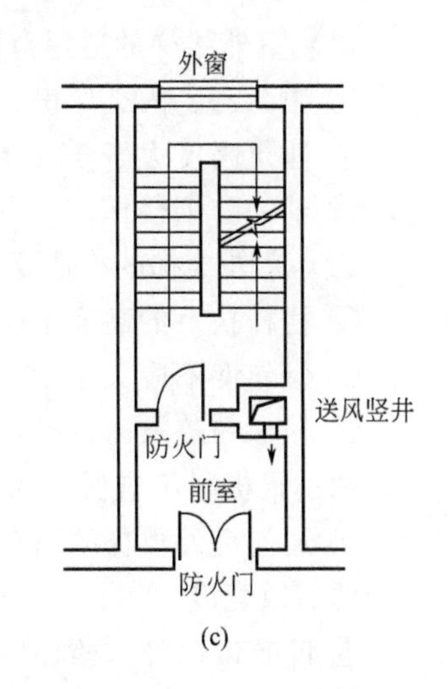

图 5-6 采用机械防烟的楼梯间

5.3.4.2 防烟楼梯间的适用范围

发生火灾时，防烟楼梯间能够保障所在楼层人员安全疏散，是高层和地下建筑中常用的楼梯间形式。在下列情况下应设置防烟楼梯间：

① 一类高层建筑及建筑高度大于32m的二类高层建筑；

② 建筑高度大于33m的住宅建筑；

③ 建筑高度大于32m且任一层人数超过10人的高层厂房；

④ 当地下层数为3层及3层以上，以及地下室内地面与室外出入口地坪高差大于10m时。

5.3.4.3 防烟楼梯间的设置要求

防烟楼梯间除应满足疏散楼梯的设置要求外，还应满足以下要求。

① 当不能天然采光和自然通风时，楼梯间应按规定设置防烟设施。

② 在楼梯间入口处应设置防烟前室、开敞式阳台或凹廊等。前室可与消防电梯间的前室合用。

③ 前室的使用面积：公共建筑不应小于6.0m^2，居住建筑不应小于4.5m^2；合用前室的使用面积：公共建筑、高层厂房以及高层仓库不应小于10.0m^2，居住建筑不应小于6.0m^2。

④ 疏散走道通向前室以及前室通向楼梯间的门应采用乙级防火门，并应向疏散方向开启。

⑤ 除楼梯间和前室的出入口、楼梯间和前室内设置的正压送风口和住宅建筑的楼梯间前室外，防烟楼梯间及其前室的内墙上不应开设其他门窗洞口。

⑥ 楼梯间的首层可将走道和门厅等包括在楼梯间前室内形成的扩大前室，但应采用乙级防火门等与其他走道和房间分隔。

5.3.5 室外疏散楼梯

在建筑的外墙上设置全部敞开的室外楼梯，不易受烟火的威胁，防烟效果和经济性都较好。

(1) 室外楼梯的适用范围

① 甲、乙、丙类厂房。

② 建筑高度大于 32m 且任一层人数超过 10 人的厂房。

③ 辅助防烟楼梯。

(2) 室外楼梯的构造要求

① 栏杆扶手的高度不应小于 1.1m；楼梯的净宽度不应小于 0.9m。

② 倾斜度不应大于 45°。

③ 楼梯和疏散出口平台均应采取不燃材料制作。平台的耐火极限不应低于 1.00h，楼梯段的耐火极限不应低于 0.25h。

④ 通向室外楼梯的门宜采用乙级防火门，并应向室外开启；门开启时，不得减少楼梯平台的有效宽度。

⑤ 除疏散门外，楼梯周围 2.0m 内的墙面上不应设置其他门、窗洞口，疏散门不应正对楼梯段。

高度大于 10m 的三级耐火等级建筑应设置通至屋顶的室外消防梯。室外消防梯不应面对老虎窗，宽度不应小于 0.6m，且宜从离地面 3.0m 高处设置。

5.3.6 剪刀楼梯

剪刀楼梯，又名叠合楼梯或套梯，是在同一个楼梯间内设置了一对相互交叉，又相互隔绝的疏散楼梯。剪刀楼梯在每层楼层之间的梯段一般为单跑梯段。剪刀楼梯的特点是，同一个楼梯间内设有两部疏散楼梯，并构成两个出口，有利于在较为狭窄的空间内组织双向疏散。

剪刀楼梯的两条疏散通道是处在同一空间内，只要有一个出口进烟，就会使整个楼梯间充满烟气，影响人员的安全疏散，为防止出现这种情况应采取下列防火措施：

① 剪刀楼梯应具有良好的防火、防烟能力，应采用防烟楼梯间，并分别设置前室；

② 为确保剪刀楼梯两条疏散通的功能，其梯段之间，应设置耐火极限不低于 1.00h 的实体墙分隔；

③ 楼梯间内的加压送风系统不应合用。

5.4 疏散出口

5.4.1 基本概念

疏散出口包括安全出口和疏散门。疏散门是直接通向疏散走道的房间门、直接开向疏散楼梯间的门（如住宅的户门）或室外的门，不包括套间内的隔间门或住宅套内的房间门。

5.4.2 疏散出口设置基本要求

民用建筑应根据建筑的高度、规模、使用功能和耐火等级等因素合理设置安全疏散设施。安全出口、疏散门的位置、数量和宽度应满足人员安全疏散的要求。

(1) 建筑内的安全出口和疏散门应分散布置，并应符合双向疏散的要求。

（2）公共建筑内各房间疏散门的数量应经计算确定且不应少于 2 个，每个房间相邻 2 个疏散门最近边缘之间的水平距离不应小于 5m。

（3）除托儿所、幼儿园、老年人建筑、医疗建筑、教学建筑内位于走道尽端的房间外，符合下列条件之一的房间可设置 1 个疏散门：

① 位于两个安全出口之间或袋形走道两侧的房间，对于托儿所、幼儿园、老年人建筑，建筑面积不大于 $50m^2$；对于医疗建筑、教学建筑，建筑面积不大于 $75m^2$；对于其他建筑或场所，建筑面积不大于 $120m^2$；

② 位于走道尽端的房间，建筑面积小于 $50m^2$ 且疏散门的净宽度不小于 0.90m，或由房间内任一点至疏散门的直线距离不大于 15m、建筑面积不大于 $200m^2$ 且疏散门的净宽度不小于 1.40m；

③ 歌舞娱乐放映游艺场所内建筑面积不大于 $50m^2$ 且经常停留人数不超过 15 人的厅、室或房间；

④ 建筑面积不大于 $200m^2$ 的地下或半地下设备间；建筑面积不大于 $50m^2$ 且经常停留人数不超过 15 人的其他地下或半地下房间。

对于一些人员密集场所人数众多，如剧院、电影院和礼堂的观众厅，其疏散出口数目应经计算确定，且不应少于两个。为保证安全疏散，应控制通过每个安全出口的人数：即每个疏散出口的平均疏散人数不应超过 250 人；当容纳人数超过 2000 人时，其超过 2000 人的部分，每个疏散出口的平均疏散人数不应超过 400 人。

体育馆的观众厅，其疏散出口数目应经计算确定，且不应少于两个，每个疏散出口的平均疏散人数不宜超过 400～700 人。

高层建筑内设有固定座位的观众厅、会议厅等人员密集场所，观众厅每个疏散出口的平均疏散人数不应超过 250 人。

5.5 避难间

在超高层建筑中专供发生火灾时人员临时避难使用的楼层称为避难层，而作为避难使用的只有几个房间，这几个房间称为避难间。

高层病房楼，应在二层及以上各楼层和洁净手术部设置避难间。避难间应符合下列规定：

① 避难间服务的护理单元不应超过 2 个，其净面积应按每个护理单元不小于 $25m^2$ 确定。

② 避难间兼作其他用途时，应保证人员的避难安全，且不得减少可供避难的净面积。

③ 应靠近楼梯间，并应采用耐火极限不低于 2.00h 的防火隔墙和甲级防火门与其他部位分隔。

④ 应设置消防专线电话和消防应急广播。

⑤ 避难间的入口处应设置明显的指示标志。

⑥ 应设置直接对外的可开启窗口或独立的机械防烟设施，外窗应采用乙级防火窗或耐火完整性不低于 1.00h 的 C 类防火窗。

建筑高度不大于 54m 的住宅建筑，每户应有一间房间靠外墙设置，并应设置可开启外窗；内外墙体的耐火极限不应低于1.00h；该房间的门宜采用乙级防火门，窗宜采用乙级防火窗或耐火完整性不低于1.00h的C类防火窗。

5.6 辅助疏散设施

5.6.1 应急照明

在发生火灾时，为了保证人员的安全疏散以及消防扑救人员的正常工作，必须保持一定的电光源，据此设置的照明总称为火灾应急照明。

5.6.1.1 设置场所

除单、多层住宅外，民用建筑、厂房和丙类仓库的下列部位，应设置疏散应急照明灯具：

① 封闭楼梯间、防烟楼梯间及其前室、消防电梯间的前室或合用前室和避难层（间）；

② 消防控制室、消防水泵房、自备发电机房、配电室、防烟与排烟机房以及发生火灾时仍需正常工作的其他房间；

③ 观众厅、展览厅、多功能厅和建筑面积超过200m^2的营业厅、餐厅、演播室；

④ 建筑面积超过100m^2的地下、半地下建筑或地下室、半地下室中的公共活动场所；

⑤ 公共建筑中的疏散走道；

⑥ 人员密集厂房的生产场所及疏散走道。

5.6.1.2 设置要求

(1) 建筑内消防应急照明灯具的照度应符合下列规定：

① 疏散走道的地面最低水平照度不应低于1.0lx；

② 人员密集场所、避难层（间）内的地面最低水平照度不应低于3.0lx；对于病房楼或手术部的避难间，不应低于10.0lx；

③ 楼梯间、前室或合用前室、避难走道的地面最低水平照度不应低于5.0lx；

④ 消防控制室、消防水泵房、自备发电机房、配电室、防烟与排烟机房以及发生火灾时仍需正常工作的其他房间的消防应急照明，仍应保证正常照明的照度。

(2) 消防应急照明灯具宜设置在墙面的上部、顶棚上或出口的顶部。

5.6.2 应急疏散指示标志

5.6.2.1 设置场所

(1) 公共建筑、建筑高度大于54m的住宅建筑，高层厂房（仓库）及甲、乙、丙类单、多层厂房应沿疏散走道和在安全出口、人员密集场所的疏散门的正上方设置灯光疏散指示标志。

(2) 下列建筑或场所应在其内疏散走道和主要疏散路线的地面上增设能保持视觉连续的灯光疏散指示标志或蓄光疏散指示标志：

① 总建筑面积超过8000m^2的展览建筑；

② 总建筑面积超过5000m^2的地上商店；

③ 总建筑面积超过 500m^2 的地下、半地下商店；

④ 歌舞娱乐放映游艺场所；

⑤ 座位数超过 1500 个的电影院、剧院，座位数超过 3000 个的体育馆、会堂或礼堂。

5.6.2.2 设置要求

(1) 安全出口和疏散门的正上方应采用“安全出口”作为指示标识。

(2) 沿疏散走道设置的灯光疏散指示标志，应设置在疏散走道及其转角处距地面高度 1.0m 以下的墙面上，且灯光疏散指示标志间距不应大于 20.0m；对于袋形走道，不应大于 10.0m；在走道转角区，不应大于 1.0m。疏散指示标志应符合《消防安全标志 第 1 部分：标志》(GB 13495.1—2015) 和《消防应急照明和疏散指示系统》(GB 17945—2010) 的有关规定。

5.6.2.3 应急照明和疏散指示标志的共同要求

(1) 建筑内设置的消防疏散指示标志和消防应急照明灯具，应符合《建筑设计防火规范》(GB 50016)、《消防安全标志 第 1 部分：标志》(GB 13495.1) 和《消防应急照明和疏散指示系统》(GB 17945) 的有关规定。

(2) 应急照明灯和灯光疏散指示标志，应设玻璃或其他不燃烧材料制作的保护罩。

(3) 应急照明和疏散指示标志备用电源的连续供电时间，对于高度超过 100m 的民用建筑不应少于 1.5h，对于医疗建筑、老年人建筑、总建筑面积大于 100000m^2 的公共建筑和总建筑面积大于 20000m^2 的地下、半地下建筑不应少于 1.0h，对于其他建筑不应少于 0.5h。

5.6.3 避难设施

(1) 避难袋 避难袋的构造有三层，最外层由玻璃纤维制成，可耐 800℃的高温；第二层为弹性制动层，束缚下滑的人体和控制下滑的速度；内层张力大而柔软，使人体以舒适的速度向下滑降。

避难袋可用在建筑物内部，也可用于建筑物外部。用于建筑内部时，避难袋设于防火竖井内，人员打开防火门进入按层分段设置的袋中，即可滑到下一层或下几层。用于建筑外部时，装设在低层建筑窗口处的固定设施内，失火后将其取出向窗外打开，通过避难袋滑到室外地面。

(2) 缓降器 缓降器是高层建筑的下滑自救器具，由于其操作简单，下滑平稳，是目前市场上应用最广泛的辅助安全疏散产品。消防队员还可带着一人滑至地面。对于伤员、老人、体弱者或儿童，可由地面人员控制从而安全降至地面。

缓降器由摩擦棒、套筒、自救绳和绳盒等组成，无需其他动力，通过制动机构控制缓降绳索的下降速度，让使用者在保持一定速度平衡的前提下，安全地缓降至地面。有的缓降器用阻燃套袋替代传统的安全带，这种阻燃套袋可以将逃生人员包括头部在内的全身保护起来，以阻挡热辐射，并降低逃生人员下视地面的恐高心理。缓降器根据自救绳的长度分为三种规格。绳长 38m 适用于 6～10 层；绳长 53m 适用于 11～16 层；绳长 74m 适用于 16～20 层。

使用缓降器时将自救绳和安全钩牢固地系在楼内的固定物上，把垫子放在绳子和楼房结构中间，以防自救绳磨损。疏散人员穿戴好安全带和防护手套后，携带好自救绳盒或将盒子抛到楼下，将安全带和缓降器的安全钩挂牢。然后一手握套筒，一手拉住由缓降器下引出的自救绳开始下滑。可用放松或拉紧自救绳的方法控制速度，放松为正常下滑速度，拉紧为减速直到停止。第一个人滑到地面后，第二个人方可开始使用。

(3) 避难滑梯　避难滑梯是一种非常适合病房楼建筑的辅助疏散设施。当发生火灾时病房楼中的伤病员、孕妇等行动缓慢的病人，可在医护人员的帮助下，由外连通阳台进入避难滑梯，靠重力下滑到室外地面或安全区域从而获得逃生。

避难滑梯是一种螺旋形的滑道，节省占地，简便易用、安全可靠、外观别致，能适应各种高度的建筑物，是高层病房楼理想的辅助安全疏散设施。

(4) 室外疏散救援舱　室外疏散救援舱由平时折叠存放在屋顶的一个或多个逃生救援舱和外墙安装的齿轨两部分组成。火灾时专业人员用屋顶安装的绞车将展开后的逃生救援舱引入建筑外墙安装的滑轨，逃生救援舱可以同时与多个楼层走道的窗口对接，将高层建筑内的被困人员送到地面，在上升时又可将消防队员等应急救援人员送到建筑内。

室外疏散救援舱比缩放式滑道和缓降器复杂，一次性投资较大，需要由受过专门训练的人员使用和控制，而且需要定期维护、保养和检查，作为其动力的屋顶绞车必须有可靠的动力保障。其优点是每往复运行一次可以疏散多人，尤其适合于疏散乘坐轮椅的残疾人和其他行动不便的人员，它在向下运行将被困人员送到地面后，还可以在向上运行时将救援人员输送到上部。

(5) 缩放式滑道　采用耐磨、阻燃的尼龙材料和高强度金属圈骨架制作成可缩放式的滑道，平时折叠存放在高层建筑的顶楼或其他楼层。火灾时可打开释放到地面，并将末端固定在地面事先确定的锚固点，被困人员依次进入后，滑降到地面。紧急情况下，也可以用云梯车在贴近高层建筑被困人员所处的窗口展开，甚至可以用直升机投放到高层建筑的屋顶，由消防人员展开后疏散屋顶的被困人员。

此类产品的关键指标是合理设置下滑角度，并通过滑道与使用者身体之间的摩擦控制下滑速度。

【本章小结】

本章主要介绍了疏散时间、疏散距离、百人疏散宽度三个安全疏散指标和建筑物中的主要疏散设施及辅助疏散设施，系统性地总结了火灾过程中，对应于人员安全疏散的建筑物防火要求。

【思考题】

1. 如何确定安全疏散时间?

2. 疏散楼梯间包括哪几类?

第6章 建筑火灾扑救条件及灭火救援设施

【学习要求】

通过本章学习，提高初起灭火救援意识及灭火救援设施。了解建筑灭火救援设施有关概念，掌握消防车道、消防登高面、消防救援窗及屋顶直升机停机坪、消防电梯、消防水泵接合器、消防前室等消防救援设施的设置目的与要求。

【学习内容】

主要包括：概述、消防车道及回车场、火灾扑救面及灭火救援场地、消防码头与消防鹤管、消防水泵接合器、消防前室、消防电梯及消防停机坪等。

6.1 概述

火灾扑救条件是指发生火灾时供消防员扑救火灾和救助人员所需要的无障碍以及灭火救援设施。实践证明，作为建筑防火设计，不仅要考虑建筑防火及建筑消防设施要求，还要考虑为灭火救援需要，消防员能够进入失火建筑内部实施灭火需要为其提供灭火救援工作。

灭火救援设施，主要包括：消防车道与回车场、火灾扑救面（灭火救援场地）、消防水泵接合器、消防前室、消防电梯、消防直升机停机坪等。如图 6-1 所示。

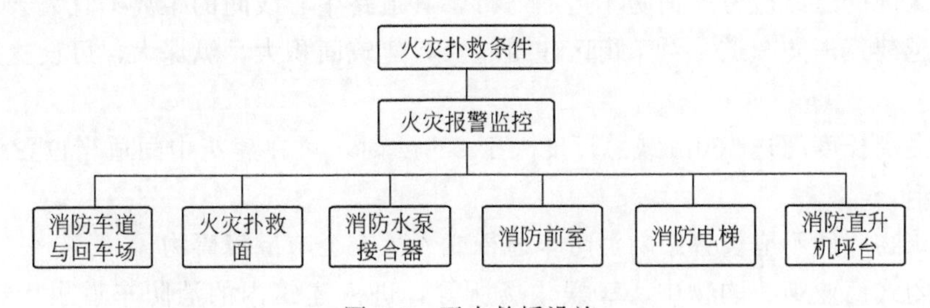

图 6-1　灭火救援设施

6.2 消防车道

消防车道是供消防车灭火时通行的道路。通常，可利用城市交通道路、社区道路等。根据《建筑设计防火规范》规定，消防车道应满足，其净宽度和净高度不应小于 4m 的要求。设置消防车道的目的是为消防车通行，快速到达火场，创造有利条件。

6.2.1 城市道路作为消防车道

城市道路可分为：主干道、次干道、支路三级，各级红线宽度控制：主干道 30～40m，次干道 20～24m，支路 14～18m。

城市道路等级分为四类。

(1) 快速路　城市道路中设有中央分隔带，具有四条以上机动车道，全部或部分采用立体交叉与控制出入，供汽车以较高速度行驶的道路。又称汽车专用道。快速路的设计行车速度为 60～80km/h。

(2) 主干路　连接城市各分区的干路，以交通功能为主。主干路的设计行车速度为 40～60km/h。

(3) 次干路　承担主干路与各分区间的交通集散作用，兼有服务功能。次干路的设计行车速度为 40km/h。

(4) 支路　次干路与街坊路（小区路）的连接线，以服务功能为主。支路的设计行车速度为 30km/h。

6.2.2 消防车道类型

作为专用消防车道，可分为：环形消防车道、穿过建筑消防车道、尽头式消防车道、通向水源地消防车道等。

(1) 环形消防车道　环形消防车道至少应有两处与其他车道连通。

对于工厂、仓库区内应设置消防车道。占地面积大于 $3000m^2$ 的甲、乙、丙类厂房或占地面积大于 $1500m^2$ 的乙、丙类仓库，应设置环形消防车道。确有困难时，应沿建筑物的两个长边设置消防车道。

对于可燃材料露天堆场区，液化石油气储罐区，甲、乙、丙类液体储罐区和可燃气体储罐区，应设置消防车道。

对于街区内的道路应考虑消防车道的通行，其道路中心线间的距离不宜大于 160m。

(2) 穿越建筑消防车道　对于街区建筑超长，建筑面积大，纵深大，可设置穿过建筑的消防车道。

当街区沿街长度超过 150m 或总厂度大于 220m 时，可在建筑中间适当位置设置穿过建筑的消防车道。

穿越建筑物两侧不应设置影响消防车通行或人员安全疏散障碍物。

对于封闭式商业街、购物中心、娱乐场所等，进入建筑内的消防车道出入口不宜少于 2 个。

(3) 尽头式消防车道　当建筑和场所的周边受到环境条件限制，可设置尽头式消防车

道。尽头式消防车道应设回车道，回车场面积不小于 12m×12m；对于高层建筑，不宜小于 15m×15m；供重型消防车使用时，不宜小于 18m×18m。如图 6-2 所示。

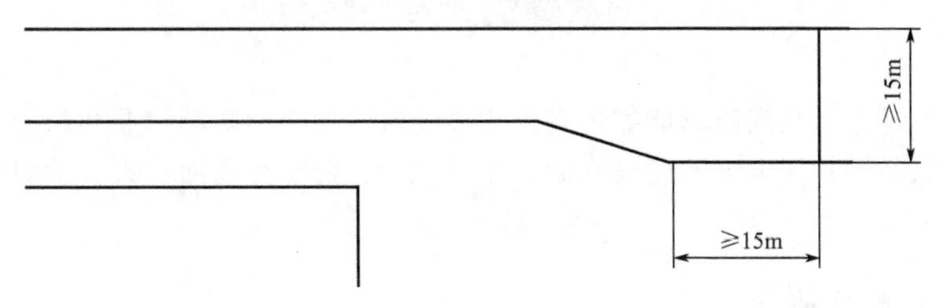

图 6-2 尽头式消防车道

随着消防车辆技术的发展，目前，出现双向消防车头，从而解决尽头式道路不便消防车通行的问题。

(4) 通向水源地消防车道 供消防车取水的天然水源和消防水池应设置消防车道，消防车道边缘距离取水点不宜大于 2m。

消防车道是指供消防车灭火时通行的道路。可利用城市交通道路、厂区道路和住宅小区道路等，但应符合其相应宽度和承重强度等要求。

6.2.3 消防车道设置要求

(1) 消防车道的宽度不应小于 4m，道路上空遇有管架、栈架等障碍物时，其净高不应小于 4m。

(2) 消防车道穿过建筑物的门洞时，其净高和净宽不应小于 4m；门垛之间的净宽不应小于 4m。

由于不同类型消防车其功能不同，其高度各有差异。通常不超过 4m，故对于建筑门洞、桥梁高度等限制高度不应小于 4m。如图 6-3 所示。

图 6-3 消防车辆高度

消防车道需要满足消防扑救工作的开展，因此，消防车道的布置应考虑消防扑救工作的进行，离建筑一定距离是需要的。但具体多少距离，需要根据设计时总平面图综合考虑。例如：石油化工企业消防车道其净宽净高就比普通消防车道略大些。而飞机库则规定消防车道净宽为 6m，净高为 4.5m。

(3) 消防车道上的管道和暗沟应能承受大型消防车的压力。其坡度不得小于 8%。值得一提的是，对于消防车登高操作场地，其坡度应不得小于 3%。

6.3 建筑火灾扑救面

火灾扑救面是指登高消防车能靠近高层主体建筑，便于消防车作业和消防人员进入高层建筑进行抢救人员和扑灭火灾的建筑立面。主要包括：消防登高面、灭火救援窗、消防救援场地等。

6.3.1 火灾扑救面概念

(1) 消防登高面　对于高层建筑，登高消防车靠近主体建筑，供消防作业和消防员进入建筑的建筑立面，又称火灾扑救面。

(2) 灭火救援窗　大部分建筑火灾，消防队到场后均已发展到较大规模，正常出入口由于被烟雾封堵不能进入，为此，有必要在外墙上设置灭火救援用入口。

对于厂房、仓库、公共建筑的外墙应每层设置可供消防救援人员进入的窗口，窗口净高和净宽分别不应小于 0.8m 和 1.0m。

(3) 消防救援场地　对于举高消防车，车长 15m，支腿横向跨距不超过 6m。消防救援场地最小操作场地长度和宽度不宜小于 15m×8m。

6.3.2 火灾扑救面设置要求

(1) 消防车道与厂房（仓库）、民用建筑之间不应设置妨碍消防车作业的障碍物，如绿化植被、广告牌、架空管线等。如图 6-4 所示。

(2) 建筑四周围不得设置金属广告牌、脚手架、绿化植被等障碍物，以免妨碍和影响火灾扑救及救助。

(3) 高层建筑裙房应留出作为举高车救助空间，以免妨碍和影响火灾扑救及救助。

(4) 破拆灭火救援窗。在火场上，由于各种障碍影响火灾扑救，消防队员除使用消防斧和电锯等破拆外，使用消防破拆车辆，如多功能强臂式消防破拆车。如图 6-5 所示。

图 6-4　妨碍消防车作业障碍物

图 6-5　多功能强臂式消防破拆车

多功能强臂式消防破拆车可以伸出并突破屋顶和墙壁并安全地直接深入火源，吊臂的伸缩长度为15.8m，并可向左右方向做至少各110度旋转。多功能炮位置在吊臂顶端，可适用于水及泡沫，可做旋转、俯仰运功，水流可从直流调至开花，流量为3000 L /min，在任何角度均可打出最大排量的水/泡沫液。炮头上配备的穿刺型钻头用于破拆玻璃、墙壁、屋顶等建筑物。该车还装有德国原产特勤、破拆器材，在特殊情况下，可代替抢险救援车进行各项操作，属于多功能特种消防车。

6.4 消防水泵接合器

消防水泵接合器是指火灾时消防车向室内消防管网供水的接口。水泵接合器是由法兰接管、弯管、止回阀、放水阀、安全阀、闸阀、消防接口、本体等部件组成。

6.4.1 消防水泵接合器类型

消防水泵接合器按安装型式可分为：地上式、地下式、墙壁式和多用式。接合器出口的公称通径可分为100mm和150mm两种。接合器公称压力可分为1.6MPa、2.5MPa和4.0MPa等多种。接合器连接方式可分为法兰式和螺纹式。如图6-6所示。

(a) 多用式消防水泵接合器

(b) 墙壁式水泵接合器

(c) 地上式水泵接合器

(d) 地下式水泵接合器

图6-6 消防水泵接合器

6.4.2 消防水泵接合器设置范围

下列场所的室内消火栓给水系统应设置消防水泵接合器：

① 高层民用建筑；

② 设有消防给水的住宅、超过五层的气体多层民用建筑；

③ 超过2层或建筑面积大于10000m^{2}的地下或半地下建筑（室），室内消火栓设计流量大于10L/s平战结合的人防工程；

④ 高层工业建筑和超过四层的多层工业建筑；

⑤ 城市交通隧道。

对于自动喷水灭火系统、水喷雾灭火系统、泡沫灭火系统和固定消防炮灭火系统等水灭火系统，均应设置消防水泵接合器。

6.4.3 不同建筑消防水泵接合器设置要求

① 高层建筑设置要求　室内消火栓系统和自动喷水灭火系统应设水泵接合器。

② 人防工程设置要求　当消防用水总量大于10L/s时，应在人防工程外设置水泵结合器，并应设置室外消火栓。

③ 汽车库设置要求　4层以上的多层汽车库、高层汽车库和地下、半地下汽车库，其室内消防给水管网应设置水泵接合器。水泵接合器的数量应按室内消防用水量计算确

定，每个水泵接合器的流量应按 10～15L/s 计算。水泵接合器应设置明显的标志，并应设置在便于消防车停靠和安全使用的地点，其周围 15～40m 范围内应设室外消火栓或消防水池。

④ 墙壁式水泵接合器设置要求　安装高度距地面宜为 0.70m，与墙面上的门、窗、孔、洞的净距离不应小于 2.0m，且不宜安装在玻璃幕墙下方。

地下消防水泵接合器的安装，应使进水口与井盖底面的距离不大于 0.40m，且不应小于井盖的半径。

6.4.4　消防水泵接合器设置数量要求

消防水泵接合器的给水流量宜按每个 10～15L/s 计算。每种水灭火系统的消防水泵接合器设置的数量应按系统设计流量经计算确定，但当计算数量超过 3h，可根据供水可靠性适当减少。

6.4.5　消防水泵接合器设置标志要求

水泵接合器处应设置永久性标志铭牌，并应表明供水系统、供水范围和额定压力。如图 6-7 所示。

图 6-7　消防水泵接合器标志

6.5　消防前室

消防前室是指设置在人流进入消防电梯、防烟楼梯间或者没有自然通风的封闭楼梯间之前的过渡空间。可分为：楼梯前室、电梯前室等。如图 6-8 所示。

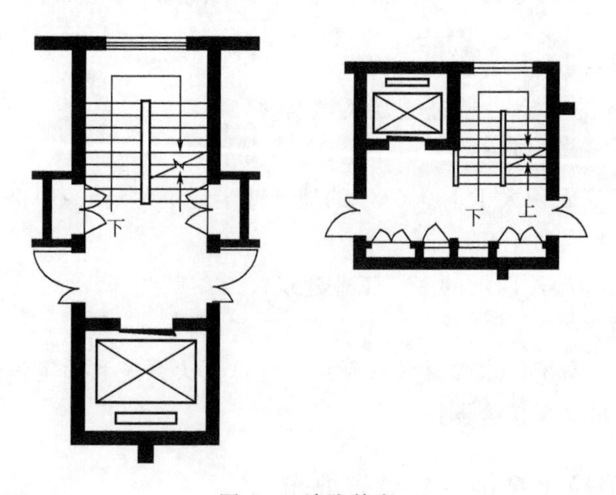

图 6-8　消防前室

具体讲，设置在高层建筑疏散走道与楼梯间或消防电梯间之间的具有防火、防烟、缓解疏散压力和方便实施灭火战斗展开的空间，其与疏散走道和楼梯间之间用乙级防火门分隔，空间面积通常在 4.5～10m² 之间，空间内需安装正压送风和消火栓等消防设施小房间。

6.6 消防电梯

消防电梯是指专供消防人员灭火时用来向高层建筑运送消防人员及灭火救援设施，并可自动升降的设施。可设置专用或兼用消防电梯。如图 6-9 所示。

(1) 消防电梯设置　根据《建筑设计防火规范》规定，下列建筑应设置消防电梯：

① 建筑高度大于 33m 住宅建筑；

② 一类高层公共建筑和建筑高度大于 32m 的二类高层公共建筑；

③ 设置消防电梯的建筑的地下或半地下室，埋深大于 10m 的且总建筑面积大于 $3000m^2$ 的其他地下或半地下建筑（室）。

图 6-9　消防电梯

《建设设计防火规范》规定消防电梯应分别设置在不同的防火分区内，且每个防火分区不应少于 1 台，相邻两个防火分区可共用 1 台消防电梯。

(2) 消防电梯类型　电梯的主要类型有乘客电梯、服务电梯、观光电梯、自动扶梯、食梯和消防电梯，消防电梯一般与客梯等工作电梯兼用。例如：被撞毁的美国世贸中心的两幢大厦中就有 208 部电梯。

(3) 消防电梯作用　工作电梯在发生火灾时常常因为断电和不防烟火等而停止使用，因此设置消防电梯很有必要，其主要作用是：供消防人员携带灭火器材进入高层灭火；抢救疏散受伤或老弱病残人员；避免消防人员与疏散逃生人员在疏散楼梯上形成“对撞”，既延误灭火战机，又影响人员疏散；防止消防人员通过楼梯登高时间长，消耗大，体力不够，不能保证迅速投入战斗。

(4) 消防体能测试　由于普通电梯无法供消防队员扑救火灾。若消防队员攀登楼梯扑救火灾，对其实际登高能力，又没有资料可参考。例如《高层民间建筑设计防火规范》编制组和北京市消防总队，于 1980 年 6 月 28 日，在北京市长椿街 203 号楼进行实地消防队员攀登楼梯的能力测试。测试情况如下：

203 号住宅楼共十二层，每层高 2.90m，总高度为 34.80m。当天气温 32℃。

参加登高测试消防队员的体质为中等水平，共 15 人分为 3 组。身着战斗服装，脚穿战斗靴，手提两盘水带及 19mm 水枪一支。从首层楼梯口起跑，到规定楼层后铺设 65mm 水带两盘，并接上水枪成射水姿势（不出水）。

测试楼层为八层、九层、十一层，相应高分别为 20.39m、23.20m、29m。每个组登一个层/次。这次测试的 15 人登高前后的实际心率、呼吸次数，与一般短跑运动员允许的正常心率（180 次/min）、呼吸次数（40 次/min）数值相比，简要情况如下。

① 攀登上八层的一组，其中有两名战士心率超过 180 次/min，一名战士的呼吸数超过 40 次/min。心率和呼吸次数分别有 40％和 20％超过允许值。两项平均则有 30％的战士超过允许值，不能坚持正常的灭火战斗。

② 攀登上九层的一组，其中有两名战士心率超过 180 次/min，有 3 名战士的呼吸次数超过 40 次/min。心率和呼吸次数分别有 40%和 60%超过允许值。两项平均则有 50%的战士超过允许值，不能坚持正常的灭火战斗。

③ 攀登上十一层的一组，其中有 4 名战士心率超过 180 次/min，5 名战士的呼吸次数全部超过 40 次/min，心率和呼吸次数分别有 80%和 100%超过允许值。徒步登上十一层的消防队员，都不能坚持正常的灭火战斗。

以上采用的是运动场竞技方式测试。实际火场的环境要恶劣得多，条件也会更复杂，消防队员的心理状态也会大不相同。即使被测试数据在允许数值以下的消防队员，如在高层建筑火灾现场，难以想象都能顺利投入紧张的灭火战斗。目前还没有更科学的资料或测试方法比较参考。现场观察消防队员登上测试楼层的情况看，个个大汗淋漓、气喘吁吁，紧张地攀登，有的几乎是站立不住。

从实际测试来看，消防队员徒步登高能力有限。有 50%的消防队员带着水带、水枪攀八层、九层还可以，对扑灭高层建筑火灾，这很不够。因此，高层建筑应设消防电梯。

(5) 消防电梯设置要求

① 消防电梯必须设置前室。前室的面积居住建筑不应小于 4.5m^2，公共建筑不应小于 6m^2。前室与走道之间应设乙级防火门或具有停滞功能的防火卷帘，还应设有消防专用电话、专用操纵按钮和事故照明。在前室门外走道上应该设置消火栓和紧急用插座。

② 消防电梯间前室宜靠外墙设置，在首层应设直通室外的出口或经过长度不超过 30m 的通道向室外。

③ 消防电梯的井壁、机房隔墙的耐火极限应不低于 2h，井道顶部要有排烟措施。

④ 消防电梯应有备用电源，使之不受火灾时断电的影响。

⑤ 消防电梯前室门口宜设挡水设施，井底应有排除积水的设施。

⑥ 由于火灾并非经常发生，所以平时应将消防电梯与服务电梯兼用，但必须满足消防电梯的要求。另外，在控制系统中要设置转换装置，以便在发生火灾时能迅速改变使用条件。

6.7 消防直升机停机坪

消防直升机停机坪是指发生火灾时供消防直升机救援屋顶平台上的避难人员时停靠的设施。如图 6-10 所示。

图 6-10 消防直升机坪平台

(1) 设置范围 根据《建筑设计防火规范》规定，建筑高度超过 100m，且标准层面积超过 2000m^2 的公共建筑，宜在屋顶设置升机停机坪或供直升机救助的设施。

(2) 设置要求

① 起降区（直升机起飞和着陆的场地）面积应为直升机机全长的 1.5～2 倍，并在该区域周围 5m 范围内，不得设置高出屋顶的塔楼烟囱、旗杆、航标灯杆、金属天线、水箱间、电梯机房等障碍物；

② 起降区场地应能承受直升机动荷载和静荷载的要求；

③ 停机坪安全出口不应少于两个，且宽度不应小于0.9m；

④ 停机坪应设应急照明；

⑤ 停机坪设有边界灯、导航灯、起降场嵌入灯等，并符合有关规定要求；

⑥ 停机坪上应有明显标志，采用国际通用符号“H”白色标志；

⑦ 停机坪应设置消火栓或消防水喉（卷盘）等灭火设施。

其他灭火救援设施，还有消防码头、消防鹤管等。

消防码头是在水库、江河湖泊、大型消防水池等沿岸修建的供消防车取水码头，一般建设有离心泵供水系统，消防车也可以用消防车的自吸泵吸水，使消防车在灭火救援中可赢得更多的时间。供消防车取水的天然水源和消防水池应设置消防车道。

消防水鹤是指消防车在扑火过程中进行加水补给时，为了能够有效地完成灭火任务，所需的一种消防给水设备。消防水鹤能在各种天气条件下，通过消防专用工具的操作，对消防车进行快速补水。其供水速度优于消火栓供水。

【典型案例】长春天元商厦火灾

2010年3月28日20时40分，位于长春天元商厦日杂批发商城发生火灾，为一层二区斯舒郎精品店仓库，疑似电气短路。火灾造成1人（巡更值班员）死亡，直接财产损失近2亿元。先后出动18个消防队、72部消防车，440名消防员，整座商厦1～4层全部过火，大火扑救32小时，过火面积12300m²，消防实际用水量9020吨，疏散住宿18人（当日气象：晴；－7～7℃；偏西风2～3级转东南风3～4级）。

（1）基本情况　天元商厦，建筑高度18.2m，一共四层，一层经营不锈钢制品及日杂制品；二层经营塑料制品；三层为家具商场；四层及地下一层是库房。建筑面积14500m²（一、二、三层均为4000m²，四层1400m²，地下1100m²），共有商户276家，该商场为消防安全重点单位，设有火灾报警和自动灭火系统，还设有消防远程监控系统。

（2）灭火情况　由于天元商厦四周都挂着巨幅广告牌，最大的有两层楼高。封堵了窗口，影响了对火势的控制，随后，又通过市政部门调运3台挖掘机和2台铲车，用了2个多小时才将一处广告牌拆除，由此，失去了最佳灭火时机，也是导致此次火灾严重损失重要原因。如图6-11所示。

图6-11　长春天元商厦日杂批发商城火灾

（3）消防点评　该商厦虽设有火灾报警系统、自动喷水灭火系统、防火分隔设施、火灾远程监控系统等由于未能有效使用是导致此次火灾主要原因。而该商厦周围设置金属广告牌，直接影响火灾扑救是导致火灾难以扑救和火灾扩大的重要原因。

此类火灾说明，建筑火灾扑救条件及灭火救援设施，对于建筑火灾扑救至关重要，最新建筑设计防火规范中，主要包括：消防车道、火灾扑救面、消防电梯、消防直升机坪台等，根据消防实践，不同功能的消防车辆，大型灭火装备，使得灭火救援要求随之提高，还应包括：灭火救援场地、消防码头、消防鹤管、消防水泵接合器、消防前室等。都应作为灭火救援设施，也就是说，当建筑发生火灾时，影响灭火救援的因素越小，灭火成功概率就越大。

【本章小结】

本章主要介绍消防车道与回车场、火灾扑救面及救援场地、消防码头和消防鹤管、消防水泵接合器、消防前室、消防电梯、消防直升机坪台等。作为火灾扑救条件及灭火救援设施，对于早期扑救初期火灾至关重要。

【思考题】

1.什么是火灾扑救条件？高层建筑灭火救援场地是如何要求的？

2.消防水泵接合器为何要设置止回阀？其用何种方式供水？

3.消防前室、消防电梯、消防直升机坪台设置有哪些要求？

第7章 建筑灭火器配置

【学习要求】

通过本章学习，了解灭火器的分类与基本参数，掌握常用灭火器的基本构造与灭火机理，各类灭火器的适用范围、灭火器配置计算以及选择及设置要求。

【学习内容】

主要包括：建筑灭火器级别与选择、建筑灭火器设置基准与计算、建筑灭火器检查维护与报废等。

7.1 概述

(1) 概念

① 定义　灭火器是指靠人力能够移动，且具有独立灭火作用，通过自身内部压力作用下，能够喷出所充装灭火剂的灭火器材，专用名称为建筑灭火器。

② 灭火器种类　主要包括水基、泡沫、干粉、二氧化碳等。

③ 灭火器特点　能够扑救初起火灾，操作简单、携带方便、灭火迅速、经济实用。

(2) 火灾类型与危险等级

① 火灾类型　根据《建筑灭火器配置设计规范》(GB 50140—2005)，将火灾分为七类：A类：固体火灾；B类：液体火灾；C类：气体火灾；D类：金属火灾；E类：电气火灾；F类：厨房油脂火灾。

② 建筑火灾危险等级　建筑火灾危险等级分为严重危险级、中危险级和轻危险级，如表7-1所示。

表 7-1 危险等级

危险等级	主要特征
严重危险级	火灾危险性大，可燃物多，起火后蔓延迅速或容易造成重大火灾损失的场所
中危险级	火灾危险性较大，可燃物较大，起火后蔓延缓慢的场所
轻危险级	火灾危险性较小，可燃物较少，起火后蔓延较缓慢的场所

7.2 建筑灭火器种类与选择

7.2.1 灭火器种类

(1) 水型灭火器　分为清水灭火器、强化液灭火器等；具有冷却作用、稀释作用和冲击作用。水型灭火器一般不用来扑救可燃液体火灾、可燃气体火灾、带电设备火灾和轻金属火灾。水型灭火器也不宜用来扑救图书资料、文物档案、艺术作品、技术文献等物质的火灾。

(2) 泡沫灭火器　蛋白泡沫（P）、氟蛋白泡沫（FP）、水成膜泡沫（S）、抗溶泡沫（AR）灭火器；具有窒息作用、冷却作用。泡沫灭火器 MP 型手提式和 MPT 型推车式两种类型。泡沫灭火器除了能扑救一般固体物质火灾外，还能扑救油类等可燃液体火灾，但不能扑救带电设备和醇、酮、酯、醚等有机溶剂火灾。

(3) 干粉灭火器　碳酸氢钠、磷酸氨盐灭火剂；干粉粉粒具有吸附火焰活性基团形成不活泼的水，从而抑制火焰活性基团的作用。干粉灭火器是利用二氧化碳气体或氮气气体作为动力，将筒内的干粉喷出灭火的。干粉灭火器主要用来扑救石油及其产品、有机溶剂等易燃液体、可燃气体和电气设备的初起火灾。

(4) 二氧化碳灭火器　当空气中达到 30%～35%就会使火焰熄灭等。

7.2.2 灭火器选择

灭火器选择，如表 7-2 所示。

表 7-2 不同火灾种类的灭火器的选择

火灾种类	灭火器选择	备注
A 类火灾	水型灭火器、磷酸铵盐干粉灭火器、泡沫灭火器或卤代烷灭火器	非必要场所不应配置卤代烷灭火器
B 类火灾	泡沫灭火器、磷酸氢钠干粉灭火器、磷酸铵盐干粉灭火器、二氧化碳灭火器	灭 B 类火灾水型灭火器或卤代烷灭火器；极性溶剂 B 类火灾用 B 类火灾抗溶性灭火器
C 类火灾	磷酸铵盐干粉灭火器、磷酸氢钠干粉灭火器、二氧化碳灭火器、卤代烷灭火器	非必要场所不应配置卤代烷灭火器
D 类火灾	金属火灾专用灭火器	
E 类火灾	磷酸铵盐干粉灭火器、磷酸氢钠干粉灭火器、卤代烷灭火器或二氧化碳灭火器	不得选用装有金属喇叭筒二氧化碳灭火器；非必要场所不应配置卤代烷灭火器

7.3　建筑灭火器级别

表示灭火器能够扑灭不同种类火灾的效能。目前，国际标准仅有A类、B（C）类两大系列级别。我国现行标准系列级别为：1A～10A；21B～297B；

7.4　建筑灭火器配置计算

（1）一般设置要求

① 灭火器应设置在位置明显和便于取用的地点，且不得影响安全疏散。

② 对有视线障碍的灭火器设置点，应设置指示其位置的发光标志。

③ 灭火器摆放应稳固，其标牌应朝外。手提式灭火器宜设置在灭火器箱内或挂钩、托架上，其顶部离地面高度不应大于1.50m，底部离地面高度不宜小于0.08m。灭火器箱不得上锁。

④ 灭火器不宜设置在潮湿或强腐蚀性地点，当必须设置时，应有相应的保护措施。

⑤ 灭火器设置在室外时，应有相应的保护措施。不得设置在超出其使用温度范围的地点。

（2）灭火器最大保护距离　灭火器保护距离指灭火器配置场所内，灭火器设置点到最不利点的直线行走距离（单位为m）。

① 设置在A类火灾场所。如表7-3所示。

表7-3　A类火灾场所灭火器最大保护距离

灭火器型式 危险等级	手提式灭火器	推车式灭火器
严重危险级	15mm	30mm
中危险级	20mm	40mm
轻危险级	25mm	50mm

② 设置在B、C类火灾场所。如表7-4所示。

表7-4　B、C类火灾场所灭火器最大保护距离

灭火器型式 危险等级	手提式灭火器	推车式灭火器
严重危险级	9mm	18mm
中危险级	12mm	24mm
轻危险级	15mm	30mm

③ D类火灾场所灭火器，其最大保护距离应根据具体情况而定；E类火灾场所灭火器，其最大保护距离不应低于该场所内A类或B类火灾的规定。

（3）灭火器、灭火剂设计图例，如表7-5～表7-7所示。

表 7-5　手提式、推车式灭火器图例

序号	图例	中英文名称
1	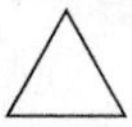	手提式灭火器 Portable fire extinguisher
2	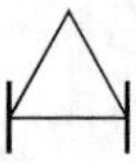	推车式灭火器 Wheeled fire extinguisher

表 7-6　灭火剂种类图例

序号	图例	中英文名称
1		水 Water
2		泡沫 Poam
3	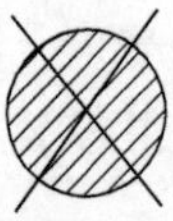	含有添加剂水 Woter with addtive
4		BC 类干粉 BC powder
5		ABC 类干粉 ABC powder
6	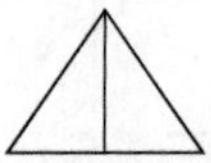	卤代烷 Halon
7		二氧化碳 Carbon dioxide (CO_2)
8		非卤代烷和二氧化碳灭火剂 Extinguishing gas other than Halon or CO_2

表 7-7　灭火器图例

序号	图例	中英文名称
1		手提式清水灭火器 Water Portable extinguisher
2		手提式 ABC 类干粉灭火器 ABC powder Portable extinguisher

续表

序号	图例	中英文名称
3		手提式二氧化碳灭火器 Carbon doxide Portable extinguisher
4		推车式 BC 类干粉灭火器 Wbeeled BC powber extinguisher

(4) 灭火器一般配置规定

① 一个计算单元内配置的灭火器数量不得少于 2 具。

② 每个设置点的灭火器数量不宜多于 5 具。

③ 当住宅楼每层的公共部位建筑面积超过 $100m^2$ 时，应配置 1 具 1A 的手提式灭火器；每增加 $100m^2$ 时，增配 1 具 1A 的手提式灭火器。

(5) 灭火器最低配置基准，如表 7-8，表 7-9 所示。

表 7-8　A 类火灾场所灭火器的最低配置基准

危险等级	严重危险级	中危险级	轻危险级
单具灭火器最小配置灭火级别	3A	2A	1A
单位灭火级别最大保护面积/(m^2/A)	50	75	100

表 7-9　B、C 类火灾场所灭火器的最低配置基准

危险等级	严重危险级	中危险级	轻危险级
单具灭火器最小配置灭火级别	89B	55B	21B
单位灭火级别最大保护面积/(m^2/B)	0.5	1.0	1.5

(6) 灭火器设计计算程序

① 确定灭火器配置场所火灾种类和危险等级。

② 划分计算单元，计算各计算单元的保护面积。

③ 计算各计算单元的最小需配灭火级别。

④ 确定各计算单元中的灭火器设置的位置和数量。

⑤ 计算每个灭火器设置点的最小需配灭火级别。

⑥ 确定每个设置点灭火器类型、规格与数量。

⑦ 确定每具灭火器的设置方式和要求。

⑧ 在工程设计图上用灭火器图例和文字标明灭火器型号、数量与设置位置。

(7) 灭火器灭火级别计算

① 地上场所计算公式：

$$Q_{上}=K\times S/U$$

式中　$Q_{上}$——计算单元中每个灭火器设置点最小需配灭火级别；

S——计算单元保护面积，m^2；

U——A 类或 B 类火灾场所单位灭火级别最大保护面积，m^2/A 或 m^2/B；

K——修正系数，如表 7-10 所示。

表 7-10 修正系数 K

计算单元	K
未设室内消火栓系统和灭火系统	1.0
设有室内消火栓系统	0.9
设有灭火系统	0.7
设有室内消火栓系统和灭火系统	0.5
可燃物露天堆场 甲、乙、丙类液体储罐区 可燃气体储罐区	0.3

② 地下场所计算公式：

$$Q_{下}=1.3K\times S/U$$

注：该公式适用于歌舞娱乐放映游艺场所、网吧、商场、寺庙及地下场所。

③ 灭火器数量计算公式：

$$Q_{e}=Q/N$$

式中 N——计算单元中灭火器设置点数，具；

Q_{e}——计算单元最小需配灭火器灭火级别（A 或 B）；

Q——计算单元中每个灭火器设置点最小需配灭火级别，如表 7-11 所示。

表 7-11 手提式灭火器类型、规格和灭火级别

灭火器类型	灭火剂充装量（规格）		灭火器类型规格代码（型号）	灭火级别（Q）	
	L	kg		A 类	B 类
水型	3	—	MS/Q3	1A	—
			MS/T3		55B
	6	—	MS/Q6	1A	—
			MS/T6		55B
	9	—	MS/Q9	2A	—
			MS/T9		89B
泡沫	3	—	MP3、MP/AR3	1A	55B
	4	—	MP4、MP/AR4	1A	55B
	6	—	MP6、MP/AR6	1A	55B
	9	—	MP9、MP/AR9	2A	89B
干粉（碳酸氢钠）	—	1	MF1	—	21B
	—	2	MF2	—	21B
	—	3	MF3	—	34B
	—	4	MF4	—	55B
	—	5	MF5	—	89B
	—	6	MF6	—	89B
	—	8	MF8	—	144B
	—	10	MF10	—	144B

续表

灭火器类型	灭火剂充装量（规格）		灭火器类型规格代码（型号）	灭火级别（Q）	
	L	kg		A类	B类
干粉（磷酸铵盐）	—	1	MF/ABC1	1A	21B
	—	2	MF/ABC2	1A	21B
	—	3	MF/ABC3	2A	34B
	—	4	MF/ABC4	2A	55B
	—	5	MF/ABC5	3A	89B
	—	6	MF/ABC6	3A	89B
	—	8	MF/ABC8	4A	144B
	—	10	MF/ABC10	6A	144B

7.5 建筑灭火器检查与报废

（1）灭火器检查　根据《建筑灭火器配置设计规范》（GB 50140），对灭火器日常检查，可通过编制灭火器检查表，检查系统、全面，可避免遗留，职责分明，同时，又可作为备案记录。如表 7-12 所示。

表 7-12　建筑灭火器检查表

检查单位：　　　　检查日期：

序号	检查内容	可判分数
1	建筑灭火器设置在位置明显和便于取用的地点，且不得影响安全疏散	0-1-3-5
2	建筑灭火器的摆放应稳固，其铭牌应朝外	0-1-3-5
3	手提式灭火器宜设置在灭火器箱内或挂钩、托架上，其顶部离地面不应小于1.5m；底部离地面不宜小于0.08m；灭火器箱不得上锁	0-1-2-3
4	灭火器压力表指针应在规定绿色区域	0-1-3-5
5	对有视线障碍的灭火器设置点，应设置指示其位置的发光标志	0-1-3-5
6	灭火器不宜设置在潮湿或强腐蚀性的地点，当必须设置时，应有相应的保护措施	0-1-2-3
7	灭火器设置在室外时，应有相应的保护措施	0-1-3-5
8	灭火器不得设置在超出其使用温度范围的地点（干粉灭火器－10～55℃；二氧化碳－10～55℃）	0-1-3-5
9	在同一灭火器配置场所，宜选用相同类型和操作方法相同的灭火器	0-1-2-3
10	当同一灭火器配置场所存在不同火灾种类时，应选用通用灭火器	0-1-3-5
11	一个计算单元内配置的灭火器数量不得少于2具	0-1-3-5
12	每个设置点的灭火器数量不宜多于5具	0-1-2-3
13	当住宅楼每层的公用部位建筑面积超过100m² 时，应配置1具1A的手提式灭火器；每增加100m² 时，增配1具1A的手提式灭火器	0-1-3-5
14	灭火器药剂不宜超过规定的使用期限（1年）	0-1-2-3
	计算公式：判给分数/可判分数×100	60

被检查人签字：　　　　检查人签字：

（2）灭火器构造

① 手提式灭火器构造　手提式灭火器主要由筒体、瓶头阀、喷射软管（喷嘴）等组成，如灭火剂为碳酸氢钠（ABC型为磷酸铵盐）灭火剂，驱动气体为二氧化碳，常温下其工作压力为1.5MPa。如图7-1所示。

② 推车式灭火器构造　推车式灭火器主要由筒体、器头总成、喷管总成、车架总成等部分组成，如灭火剂为碳酸氢钠（ABC型为磷酸铵盐）干粉灭火剂，驱动气体为氮气，常温下其工作压力为1.5MPa。推车式灭火器，如图7-2所示。

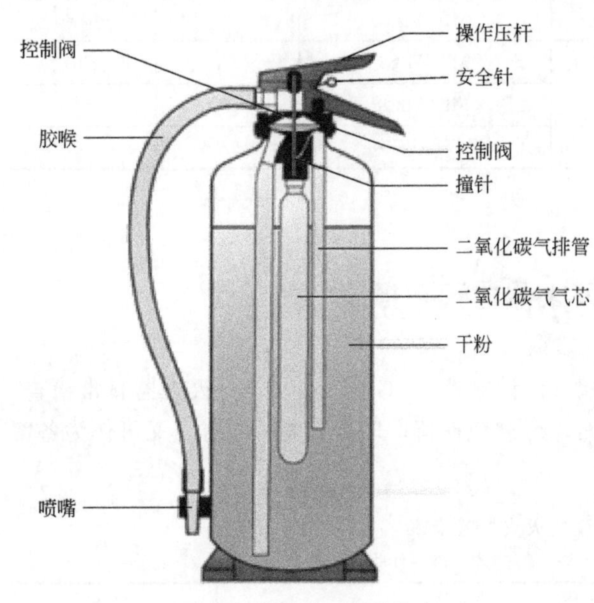

图7-1　手提式灭火器构造

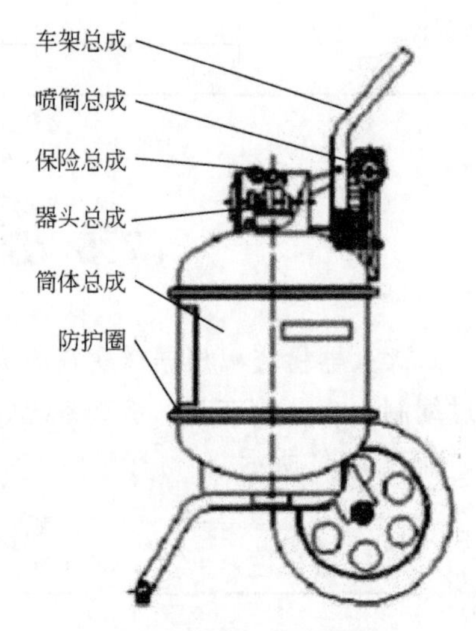

图7-2　推车式干粉灭火器

（3）灭火器报废年限　灭火器年检是一种对灭火器维修进行规范的行业标准，标准适用于手提式灭火器、推车式灭火器的维修、报废，适用于对灭火器维修单位的维修条件和维修能力的评价。其他类型灭火器的维修与报废可参照标准执行。

应报废的灭火器或贮气瓶，必须在筒身或瓶体上打孔，并且用不干胶贴上“报废”的明显标志，内容如下：“报废”二字，字体最小为25mm×25mm；报废年、月；维修单位名称；检验员签章。灭火器应每年至少进行一次维护检查。

从出厂日期算起，达到如下年限的必须报废。

手提式化学泡沫灭火器：5年。

手提式酸碱灭火器：5年。

手提式清水灭火器：6年。

手提式干粉灭火器（贮气瓶式）：8年。

手提贮压式干粉灭火器：10年。

手提式1211灭火器：10年。

手提式二氧化碳灭火器：12年。

推车式化学泡沫灭火器：8年。

推车式干粉灭火器（贮气瓶式）：10年。

推车贮压式干粉灭火器：12年。

推车式1211灭火器：10年。

推车式二氧化碳灭火器：12年。

【本章小结】

建筑灭火器是扑救初期火灾的有效灭火工具，由于灭火器不能替代固定灭火设施，又是初期灭火不可或缺的灭火工具，灭火器配置不仅要考虑配置场所的灭火对象不同选择相应灭火器，同时，还要考虑灭火器配置数量，通过灭火器配置数量计算，以确定最基本配置数量，可以降低成本。

【思考题】

1. 灭火剂是如何分类的？其作用是什么？
2. 哪些场所不能使用干粉灭火器？
3. 地下场所应如何选用和配置灭火器？

第8章 建筑消防给水及消火栓灭火系统

【学习要求】

通过本章学习，熟悉建筑消防给水及消火栓灭火系统的设置范围及系统组成，掌握室内与室外消防给水管网的布置要求，掌握室内与室外消火栓的设置要求，熟悉消防水源及消防水泵的设计规范和应用要求。

【学习内容】

主要包括：建筑消防给水及消火栓灭火系统的设置范围及系统组成、室内室外消防给水管网的设计与布置、室内室外消火栓的分类与设置、消防水源及消防水泵的设计规范与应用。

建筑消火栓给水灭火系统的任务是将市政给水工程所收集、处理并输送到市政给水管网中的水，根据消防对水量、水压、水质的要求，输送到设置在建筑物内部的灭火设备处。

建筑消火栓给水灭火系统是以建筑物外墙为界进行划分，主要包括室外消火栓给水系统和室内消火栓给水系统两大部分。主要由消防水源、消防给水基础设施、消防给水管网、室内灭火设备、报警控制装置以及系统附件等所组成。

① 消防水源　建筑消防给水系统的消防水源分为天然水源和人工水源两大类。

② 消防给水基础设施　为确保建筑消防给水系统在任何时候都能提供足够的消防水量和水压，通常需要设置下列消防给水基础设施：消防水泵、消防水箱、增压稳压设备、水泵接合器等。

③ 消防给水管网　建筑物内的各种消防给水管系。

④ 室内灭火设备　包括消火栓、消防水喉、自动喷水、水幕、水喷雾和泡沫灭火设备等。

⑤ 报警控制装置　由报警控制器、监测器和报警器组成。

⑥ 系统附件　包括各种阀门、试水装置等。

8.1 设置范围

《建筑设计防火规范》(GB 50016) 对消火栓给水系统设置范围规定如下。

除符合“存有与水接触能引起燃烧爆炸的物品的建筑物和室内没有生产、生活给水管道，室外消防用水取自贮水池且建筑体积小于或等于 $5000m^3$ 的其他建筑可不设置室内消火

栓”条件外的下列建筑应设置 $DN65$ 的室内消火栓。

① 建筑占地面积大于 300m² 的厂房和仓库。

② 高层公共建筑和建筑高度大于 21m 的住宅建筑。

注：建筑高度不大于 27m 的住宅建筑，设置室内消火栓系统确有困难时，可只设置干式消防竖管和不带消火栓箱的 $DN65$ 的室内消火栓。

③ 体积大于 5000m³ 的车站、码头、机场的候车（船、机）建筑、展览建筑、商店建筑、旅馆建筑、医疗建筑和图书馆建筑等单、多层建筑。

④ 特等、甲等剧场，超过 800 个座位的其他等级的剧场和电影院等以及超过 1200 个座位的礼堂、体育馆等单、多层建筑。

⑤ 建筑高度大于 15m 或体积大于 1000m³ 的办公建筑、教学建筑和其他民用建筑。

注：耐火等级为一、二级且可燃物较少的单层、多层丁、戊类厂房（仓库），耐火等级为三、四级，且建筑体积不大于 3000m³ 的丁类厂房和建筑体积不大于 5000m³ 的戊类厂房（仓库），以及粮食仓库、金库等，可不设置室内消火栓。

8.2 系统组成与操作

消火栓给水系统分为室外消火栓给水系统和室内消火栓给水系统。室外消火栓给水系统由水源、加压泵站、室外管网和室外消火栓组成。

室内消火栓给水系统一般由水源（消防水池及消防给水加压设备）、室内消火栓给水管网（给水干管、立管、横干管、支管等）、室内消火栓（普通单出口消火栓、双出口消火栓、减压稳压消火栓、特殊功能消火栓等）、系统附件（一般阀门、减压阀、泄压阀、多功能水泵控制阀、排气阀、水泵接合器、压力表等）、屋顶水箱及稳压设备组成。具体组成根据相关防火规范设计的系统来决定。如图 8-1 所示。

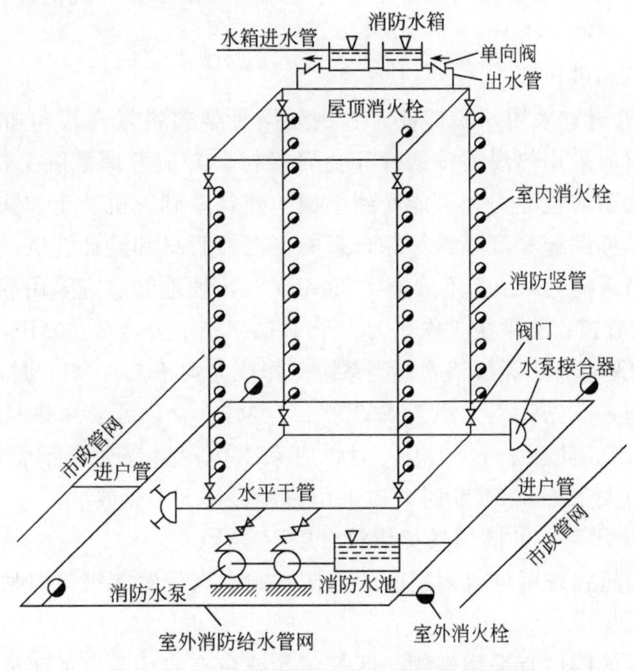

图 8-1 室内消火栓给水系统组成示意图

8.3 消防给水管网

给水管网的主要作用是传输消防用水。管道系统由管子、管件、配件、阀门以及相关设备共同组成。它们通过一定的连接方式连接起来，形成一套封闭的流体传输系统。

管道的连接形式与管道的材质、系统工作压力、温度、介质的理化特性、敷设方式等条件相适应。

给水管网包括室外管网和室内管网，包括消火栓给水管道、自动喷水灭火系统管道、泡沫灭火系统的给水管道、室内的水喷雾灭火系统管道等。

8.3.1 室外消防给水管网

（1）室外消防给水管网的布置要求

① 室外消防给水采用两路消防供水时，应布置成环状，但当采用一路消防供水时，可布置成枝状。

② 建筑物室外宜采用低压消防给水系统，室外消火栓应由市政给水管网直接供水，同时采用两路消防供水。除建筑物高度超过 54m 的住宅外，室外消火栓设计流量小于等于 20L/s 时可采用一路消防供水。

③ 向环状管网输水的进水管不应少于两条，当其中一条发生故障时，其余的进水管应能满足消防用水总量的供给要求。

④ 消防给水管道应采用阀门分成若干个独立段，且每段内室外消火栓的数量不宜超过 5 个。

⑤ 管道的直径应根据流量、流速和压力要求经计算确定。但不应小于 $DN100$，有条件的应不小于 $DN150$。

⑥ 室外消防给水管道设置的其他要求应符合《室外给水设计规范》(GB 50013) 的有关规定。

（2）管材、阀门和敷设要求

① 管材　埋地管道宜采用球墨铸铁管、钢丝网骨架塑料复合管和加强防腐的钢管等管材，室内外架空管道应采用热浸镀锌钢管等金属管材，并应考虑系统工作压力、覆土深度、土壤的性质、管道的耐腐蚀能力，可能受到土壤、建筑基础、机动车和铁路等其他附加荷载的影响以及管道穿越伸缩缝和沉降缝等综合影响，选择管材和设计管道。

a. 埋地管道　当系统工作压力不大于 1.20MPa 时，埋地管道宜采用球墨铸铁管或钢丝网骨架塑料复合管给水管道；当系统工作压力大于 1.20MPa 且小于 1.60MPa 时，宜采用钢丝网骨架塑料复合管、加厚钢管和无缝钢管；当系统工作压力大于 1.60MPa 时，宜采用无缝钢管。

b. 架空管道　当系统工作压力小于或等于 1.20MPa 时，可采用热浸镀锌钢管，当系统工作压力大于 1.20MPa 且小于 1.60MPa 时，应采用热浸镀锌加厚钢管或热浸镀锌无缝钢管；当系统工作压力大于 1.60MPa 时，应采用热浸镀锌无缝钢管。

② 阀门　消防给水系统的阀门选择应符合以下要求。

a. 埋地管道的阀门宜采用带启闭刻度的暗杆闸阀。当设置在阀门内时可采用耐腐蚀的明杆闸阀。

b. 室内架空管道的阀门宜采用蝶阀、明杆闸阀或带有启闭刻度的暗杆闸阀等。

c. 室外架空管道宜采用带启闭刻度的暗杆闸阀或耐腐蚀的明杆闸阀。

③ 敷设 埋地管道的地基、基础、垫层、回填土压实度等的要求，应根据刚性管或柔性管管材的性质，结合管道埋设处的具体情况，按《给水排水管道工程施工及验收规范》（GB 50268）和《给水排水工程管道结构设计规范》（GB 50332）的有关规定执行。当埋地管道直径不小于 $DN100$ 时，应在管道弯头、三通和堵头等位置设置钢筋混凝土支墩。消防给水管道不宜穿越建筑基础，当必须穿越时，应采取防护套等保护措施。埋地钢管和铸铁管，应根据土壤和地下水腐蚀性等因素确定管外壁防腐措施；海边、空气潮湿等空气中含有腐蚀性介质的场所的架空管道外壁应采取相应的防腐措施。

8.3.2 室内消防给水管网

（1）室内消防给水管网的布置要求 应符合《消防给水及消火栓系统技术规范》（GB 50974）

① 室内消火栓系统管网应布置成环状，当室外消火栓设计流量不大于 20L/s，且室内消火栓不超过 10 个时，可布置成枝状。

② 当由室外生产生活消防合用系统直接供水时，合用系统除应满足室外消防给水设计流量以及生产和生活最大小时设计流量的要求外，还应满足室内消防给水系统的设计流量和压力要求。

③ 室内消防管道管径应根据系统设计流量、流速和压力要求经计算确定；室内消火栓竖管管径应根据竖管最低经计算确定，但不应小于 $DN100$。

④ 室内消火栓环状给水管道检修时应符合以下规定：室内消火栓竖管应保证检修管道时关闭停用的竖管不超过 1 根，当竖管超过 4 根时，可关闭不相邻的 2 根；每根竖管与供水横干管相接处应设置阀门。

⑤ 室内消火栓给水管网宜与自动喷水等其他水灭火系统的臂网分开设置；当合用消防泵时，供水管路沿水流方向应在报警阀前分开设置。

⑥ 消防给水管道的设计流速不宜大于 2.5m/s，自动喷水灭火系统管道设计流速应符合《自动喷水灭火系统设计规范》（GB 50084）、《泡沫灭火系统设计规范》（GB 50151）、《水喷雾灭火系统设计规范》（GB 50219）和《固定消防炮灭火系统设计规范》（GB 50338）的有关规定，但任何消防管道的给水流速不应大于 7m/s。

（2）阀门的布置要求 应在每根立管上下两端与供水干管相连处设置阀门；水平环状管网干管宜按防火分区设置阀门，且阀门间同层消火栓的数量不超过 5 个（不含两端设有阀门的立管上连接的消火栓）；任何情况下关闭阀门应使每个防火分区至少有 1 个消火栓能正常使用；消防给水立管最高点处宜设置自动排气阀。

8.4 室内外消火栓

8.4.1 室外消火栓

室外消火栓系统是设置在建筑外的供水设施，主要供消防车取水，经增压后向建筑内的供水管网供水或实施灭火，也可以直接连接水带、水枪出水灭火。室外消火栓系统主要由市

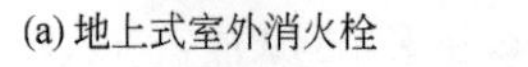

(a) 地上式室外消火栓　(b) 地下式室外消火栓

图 8-2　室外消火栓

政供水管网或室外消防给水管网、消防水池、消防水泵和室外消火栓组成。

8.4.1.1　室外消火栓的分类

按安装形式不同可分为：地上式消火栓、地下式消火栓。如图 8-2 所示。地上消火栓适用于温度较高的地方，地下消火栓适用于寒冷地区。

按其进水口连接形式可分为承插式和法兰式两种，即消火栓的进水口与城市自来水管网的连接方式。

按其进水口的公称通径可分为 100mm 和 150mm 两种。进水口公称通径为 100mm 的消火栓，其吸水管出水口应选用规格为 100mm 消防接口，水带出水口应选用规格为 65mm 的消防接口。进水口公称通径为 150mm 的消火栓，其吸水管出水口应选用规格为 150mm 消防接口，水带出水口应选用规格为 80mm 的消防接口。

按其公称压力可分为 1.0MPa 和 1.6MPa 两种。其中承插式的消火栓为 1.0MPa、法兰式的消火栓为 1.6MPa。

8.4.1.2　室外消火栓的设置要求

（1）市政消火栓

① 市政消火栓宜采用地上式室外消火栓；在严寒、寒冷等冬季结冰地区宜采用干式地上式室外消火栓，严寒地区宜增设消防水鹤。当采用地下式室外消火栓时，地下消火栓井的直径不宜小于 1.5m，且当地下式室外消火栓的取水口在冰冻线以上时，应采取保温措施。地下式市政消火栓应有明显的永久性标志。

② 市政消火栓宜采用直径 $DN150$ 的室外消火栓，并应符合下列要求：室外地上式消火栓应有一个直径为 150mm 或 100mm 和两个直径为 65mm 的栓口；室外地下式消火栓应有直径为 100mm 和 65mm 的栓口各一个。

③ 市政消火栓宜在道路的一侧设置，并宜靠近十字路口，但当市政道路宽度超过 60.0m 时，应在道路两侧交叉错落设置市政消火栓，市政桥桥头和城市交通隧道出入口等市政公用设施处，应设置市政消火栓，其保护半径不应超过 150m，间距不应大于 120m。

④ 市政消火栓应布置在消防车易于接近的人行道和绿地等地点，且不应妨碍交通。应避免设置在机械易撞击的地点，确有困难时，应采取防撞措施。距路边不宜小于 0.5m，并不应大于 2.0m，距建筑外墙或外墙边缘不宜小于 5.0m。

⑤ 当市政给水管网设有市政消火栓时，其平时运行工作压力不应小于 0.14MPa，火灾时水力最不利市政消火栓的出流量不应小于 15L/s，且供水压力从地面算起不应小于 0.10MPa。

⑥ 严寒地区在城市主要干道上设置消防水鹤的布置间距宜为 1000m，连接消防水鹤的市政给水管的管径不宜小于 $DN200$，火灾时消防水鹤的出流量不宜低于 30L/s，且供水压力从地面算起不应小于 0.10MPa。

（2）室外消火栓

① 建筑室外消火栓的布置除应符合下述规定外，同时还应符合上述市政消火栓的有关规定。

② 建筑室外消火栓的数量应根据室外消火栓设计流量和保护半径，并经计算确定。保

护半径不应大于150.0m，每个室外消火栓的出流量宜按10～15L/s计算，室外消火栓宜沿建筑周围均匀布置，且不宜集中布置在建筑一侧；建筑消防扑救面一侧的室外消火栓数量不宜少于2个。

③ 人防工程、地下工程等建筑应在出入口附近设置室外消火栓，距出入口的距离不宜小于5m，并不宜大于40m；停车场的室外消火栓宜沿停车场周边设置，与最近一排汽车的距离不宜小于7m，距加油站或油库不宜小于15m。

④ 甲、乙、丙类液体储罐区和液化烃罐罐区等构筑物的室外消火栓，应设在防火堤或防护墙外，数量应根据每个罐的设计流量经计算确定，但距罐壁15m范围内的消火栓，不应计算在该罐可使用的数量内。

⑤ 工艺装置区等采用高压或临时高压消防给水系统的场所，其周围应设置室外消火栓，数量应根据设计流量经计算确定，且间距不应大于60.0m。当工艺装置区宽度大于120.0m时，宜在该装置区内的路边设置室外消火栓。当工艺装置区、罐区、堆场、可燃气体和液体码头等构筑物的面积较大或高度较高，室外消火栓的充实水柱无法完全覆盖时，宜在适当部位设置室外固定消防炮。当工艺装置区、罐区、堆场等构筑物采用高压或临时高压消防给水系统时，其室外消火栓处宜配置消防水带和消防水枪，工艺装置区等需要设置室内消火栓的场所，应设置在工艺装置休息平台处。

⑥ 室外消防给水引入管当设有倒流防止器且火灾时因其水头损失导致室外消火栓不能满足《消防给水及消火栓系统技术规范》(GB 50974) 要求，应在该倒流防止器前设置一个室外消火栓。

8.4.2　室内消火栓

室内消火栓是扑救建筑内火灾的主要设施，通常安装在消火栓箱内，与消防水带和水枪等器材配套使用，是使用最普遍的消防设施之一，在消防灭火的使用中因性能可靠、成本低廉而被广泛采用。

(1) 室内消火栓的分类

① 按出水口型式可分为：单出口室内消火栓和双出口室内消火栓，如图8-3所示。

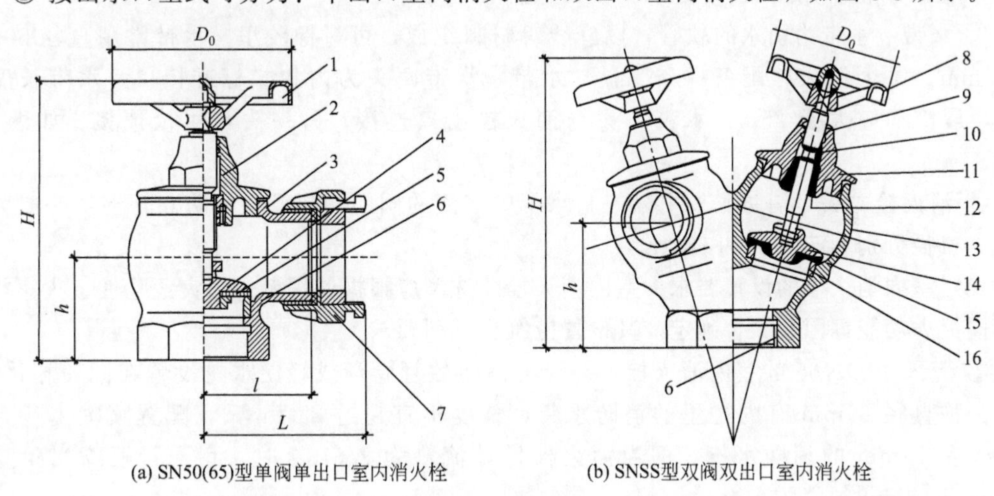

(a) SN50(65)型单阀单出口室内消火栓　　(b) SNSS型双阀双出口室内消火栓

图8-3　消火栓

1—手轮；2—阀盖；3—阀体；4—阀瓣；5—密封装置；6—阀座；7—固定接口；8—手轮；9—O形密封圈；10—阀杆；11—阀盖；12—阀杆螺母；13—阀体；14—阀瓣；15—密封垫；16—阀座

② 按栓阀数量可分为：单栓阀（以下称单阀）室内消火栓（如图 8-4 所示），双栓阀（以下称双阀）室内消火栓（如图 8-5 所示）。

图 8-4　单阀双出口室内消火栓

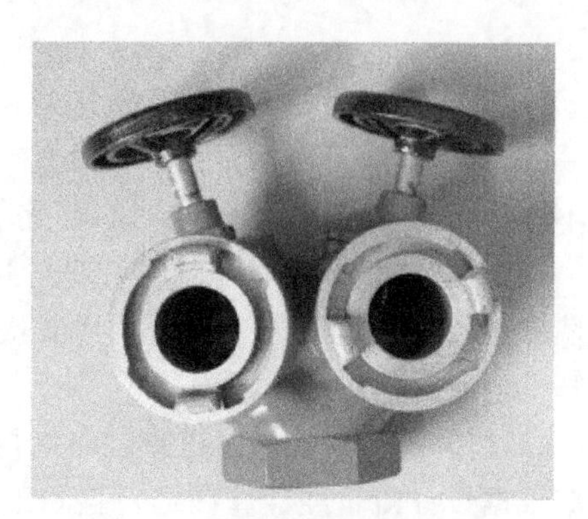

图 8-5　双阀双出口室内消火栓

图 8-6　减压稳压型室内消火栓

③ 按结构型式可分为：直角出口型室内消火栓、45°出口型室内消火栓、旋转型室内消火栓、减压型室内消火栓、旋转减压型室内消火栓、减压稳压型室内消火栓（如图 8-6 所示）、旋转减压稳压型室内消火栓等。

(2) 室内消火栓的组成　室内消火栓是由水枪、水带、消防龙头组成，设于有玻璃门的室内消火栓箱中，如图 8-7 所示。

① 水枪　水枪是灭火的主要工具，其作用在于收缩水流，增加流速，产生击灭火焰的充实水柱，水枪喷口直径有 13mm、16mm、19mm 三种，多用不锈蚀材料制作，如铜、铝合金及尼龙塑料等。13mm 消防水枪与 50mm 水带配套；16mm 消防水枪与 50mm 或 65mm 的水带配套；19mm 水枪与 65mm 水带配套。一般情况下，当每支水枪最小流量不大于 5L/s 时，可选用口径 16mm 以下水枪；当每支水枪最小流量大于 5L/s 时，宜选用口径 19mm 水枪。如图 8-8 所示。

② 水带　水带为引水的软管，以麻线等材料织成，可衬橡胶里。水带常用直径 50mm 和 65mm，每个消火栓配备一条（盘）水带，水带两头为内扣式标准接口，水带长度为 20m，最长不应大于 25m，水带一头与消火栓出口连接，另一头与水枪连接。如图 8-9 所示。

③ 消火栓龙头　消防龙头用以控制水带中水流的阀门，装设在消防立管上，一般为铜制成，口径分别为 50mm 和 65mm。

(3) 室内消火栓的设置要求　室内消火栓的选型应根据使用者、火灾危险性、火灾类型和不同灭火功能等因素综合确定。其设置应符合下列要求。

① 应采用 *DN*65 的室内消火栓，并可与消防软管卷盘或轻便水龙设置在同一箱体内。配置公称直径 65mm 有内衬里的消防水带，长度不宜超过 25.0m，宜配置喷嘴当量直径 16mm 或 19mm 的消防水枪，但当消火栓设计流量为 2.5L/s 时，宜配置喷嘴当量直径 11mm 或 13mm 的消防水枪。

② 设置室内消火栓的建筑，包括设备层在内的各层均应设置消火栓。

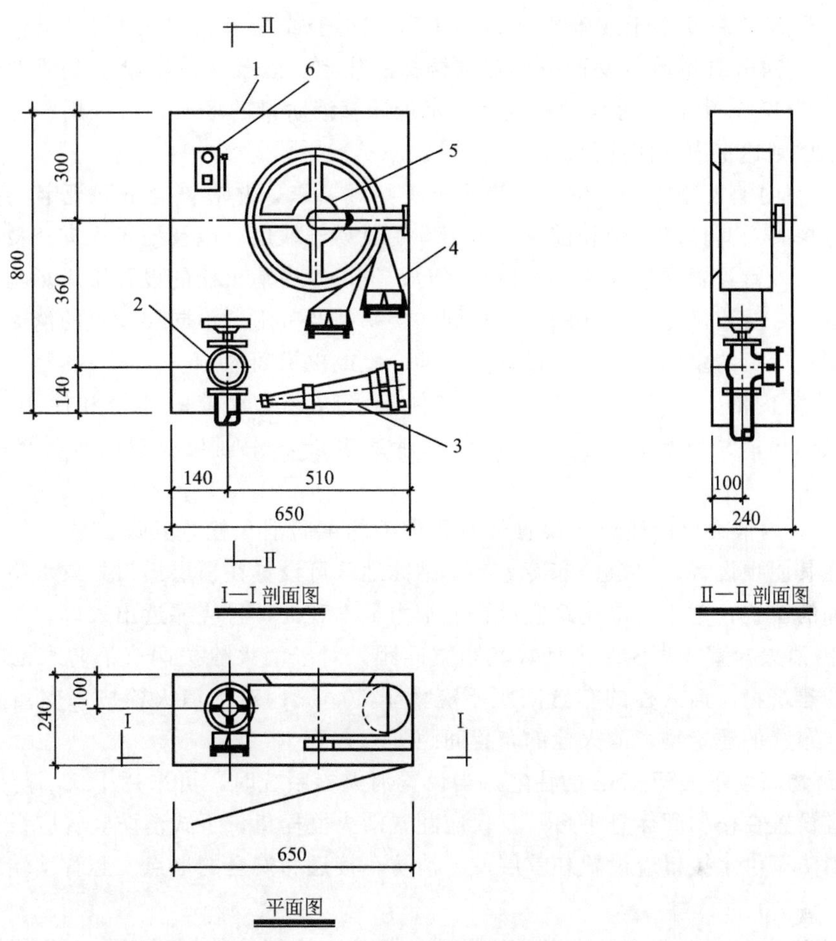

图 8-7 甲型单栓室内消火栓箱

1—消火栓箱；2—消火栓；3—水枪；4—水带；5—水带卷盘；6—消防按钮

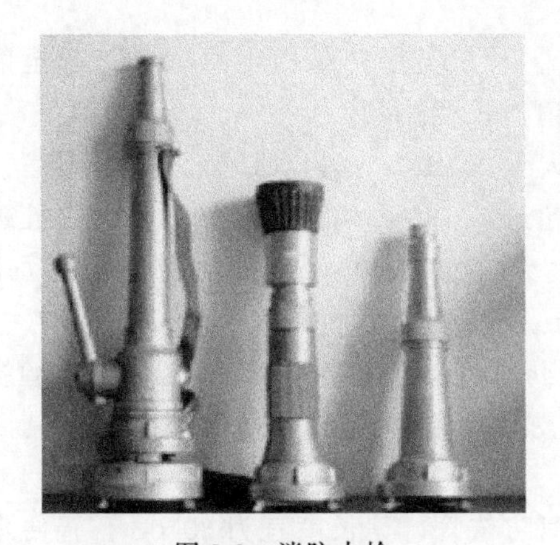

图 8-8 消防水枪

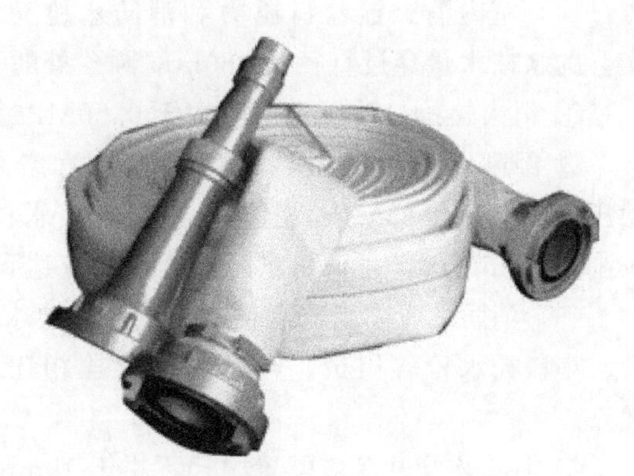

图 8-9 水带

③ 屋顶设有直升机停机坪的建筑，应在停机坪出入口处或非电气设备机房处设置消火栓，且距停机坪机位边缘的距离不应小于 5.0m。

④ 消防电梯前室应设置室内消火栓，并应计入消火栓使用数量。

⑤ 室内消火栓的布置应满足同一平面有 2 支消防水枪的 2 股充实水柱同时达到任何部

位的要求，但建筑高度小于或等于 24.0m 且体积小于或等于 5000m³ 的多层仓库、建筑高度小于或等于 54m 且每单元设置一部疏散楼梯的住宅，以及《消防给水及消火栓系统技术规范》（GB 50974）中规定可采用一支消防水枪计算消防量的场所，可采用一支消防水枪的一股充实水柱到达室内任何部位。

⑥ 建筑室内消火栓的设置位置应满足火灾扑救要求，并应符合下列规定：室内消火栓应设置在楼梯间及其休息平台和前室、走道等明显易于取用，以及便于火灾扑救的位置；住宅的室内消火栓宜设置在楼梯间及其休息平台；汽车库内消火栓的设置不应影响汽车的通行和车位的设置，并应确保消火栓的开启；同一楼梯间及其附近不同层设置的消火栓，其平面位置宜相同；冷库的室内消火栓应设置在常温穿堂或楼梯间内。

⑦ 建筑室内消火栓栓口的安装高度应便于消防尼龙水带的连接和使用，其距地面高度宜为 1.1m；其出水方向应便于消防水带的敷设，并宜与设置消火栓的墙面成 90°或向下。

⑧ 设有室内消火栓的建筑应设置带有压力表的试验消火栓，其设置位置对于多层和高层建筑应在其屋顶设置，严寒、寒冷等冬季结冰地区可设置在顶层出口处或水箱间内等便于操作和防冻的位置；对于单层建筑宜设置在水力最不利处，且应靠近出入口。

⑨ 室内消火栓宜按直线距离计算其布置间距，对于消火栓按两支消防水枪的两股充实水柱布置的建筑物，消火栓的布置间距不应大于 30.0m；对于消火栓按一支消防水枪的一股充实水柱布置的建筑物，消火栓的布置间距不应大于 50.0m。

⑩ 建筑物高度不大于 27m 的住宅，当设置消火栓系统时，可采用干式消防竖管。干式消防竖管宜设置在楼梯间休息平台，且仅应配置消火栓栓口，干式消防竖管应设置消防车供水接口，消防车供水接口应设置在首层便于消防车接近和安全的地点，竖管顶端应设置自动排气阀。

⑪ 住宅户内宜在生活给水管道上预留一个接 *DN*15 消防软管或轻便水龙的接口。跃层住宅和商业网点的室内消火栓应至少满足一股充实水柱到底室内任何部位，并宜设置在户门附近。

(4) 室内消火栓栓口压力和消防水枪充实水柱　充实水柱是指由水枪喷嘴起至射流 90%的水柱水量穿过直径为 380mm 圆孔处的一段射流长度。

① 消火栓栓口动压力不应大于 0.50MPa，当大于 0.70MPa 时，必须设置减压装置。

② 经高层建筑、厂房、库房和室内净空高度超过 8m 的民用建筑等场所，消火栓栓口动压不应小于 0.35MPa，且消防水枪充实水柱应达到 13m；其他场所的消火栓栓口动压不应小于 0.25MPa，且消防水枪充实水柱应达到 10m。

(5) 消防软管卷盘和轻便水龙的设置要求　消防软管卷盘由小口径消火栓、输水缠绕软管、小口径水枪等组成。与室内消火栓相比，消防软管卷盘具有操作简便，机动灵活等优点。

① 消防软管卷盘应配置内径不小于 19mm 的消防软管，其长度宜为 30.0m，轻便水龙应配置公称直径 25mm 有内衬里的消防水带，长度宜为 30.0m。消防软管卷盘和轻便水龙应配置当量喷嘴直径为 6mm 的消防水枪。

② 消防软管卷盘和轻便水龙的用水量可不计入消防用水总量。

③ 剧院、会堂闷顶内的消防软管卷盘应设在马道入口处，以方便工作人员使用。

8.5 消防水池、水箱

8.5.1 消防水池

消防水池是一种由人工建造的消防水源，并与市政消防给水管网连接，水池采用砖体混凝土结构、金属结构、玻璃钢结构等。

（1）设置消防水池的条件

① 当生产、生活用水量达到最大时，市政给水管网或引入管不能满足室内、外消防用水量时。

② 当采用一路消防供水或只有一条引入管，且室外消火栓设计流量大于 20L/s 或建筑高度大于 50m 时。

③ 市政消防给水设计流量小于建筑的消防给水设计流量时。

（2）消防水池设计

① 当市政给水管网能保证室外消防用水量时，消防水池的有效容积应满足在火灾延续时间内消防用水量的要求。当市政给水管网不能保证室外消防用水量时，消防水池的有效容积应满足火灾延续时间内室内消防用水量与室外消防用水量不足部分之和的要求。

② 补水量应经计算确定，当消防水池有两路补水管时，其有效容积可以减去火灾延续时间内补充的水量，补充水量应按进水量较小的补水管计算。当室外给水管无资料时，补水量可按水池补水管（管径小的）管径在流速为 1m/s 时的流量计算，且补水管的设计流速不宜大于 2.5m/s。

③ 消防水池的补水时间不宜超过 48h，但当消防水池有效容积大于 $2000m^3$ 时，不应大于 96h。消防水池进水管管径应经计算确定，且不应小于 $DN100$。

④ 当消防水池采用两路供水且在火灾情况下连续补水能满足消防要求时，消防水池的有效容积应根据计算确定，但不应小于 $100m^3$，当仅设有消火栓系统时不应小于 $50m^3$。

⑤ 消防水池的总蓄水有效容积大于 $500m^3$ 时，宜设 2 个能独立使用的消防水池，并应设置满足最低有效水位的连通管；但当大于 $1000m^3$ 时，应设置能独立使用的两座消防水池，每座消防水池应设置独立的出水管，并应设置满足最低有效水位的连通管。

⑥ 消防水池应与生活水池分开设置，但小区室外消防给水宜与小区给水水池合用。合用水池应有保证消防水不被动用的技术措施。

⑦ 消防水池应设置就地水位显示装置，并应在消防控制中心或值班室等地点设置显示消防水池水位的装置，同时应有最高和最低水位报警。

⑧ 消防水池的出水管应保证消防水池的有效容积能被全部利用，应设置溢流水管和排水设施，并应采用间接排水。

⑨ 消防水池应设置通气管，消防水池通气管、呼吸管和溢流水管等应采取防止虫鼠等进入消防水池的技术措施。

⑩ 储存有室外消防用水的供消防车取水的消防水池，应设供消防车取水的取水口或取水井，吸水高度不应大于 6m；取水口或取水井与被保护建筑物（水泵房除外）的外墙距离

不宜小于 15m；与甲、乙、丙类一体储罐的距离不宜小于 40m；与液化石油气储罐的距离不宜小于 60m，当采取防止辐射热的保护措施时，可为 40m。

⑪ 在寒冷地区的室外消防水池应有防冻措施，消防水池必须有盖板，盖板上应覆土保温；人孔和取水口设双层保温井盖。

（3）消防水池有效容积计算　消防水池的容积分为有效容积（储水容积）和无效容积（附加容积），其总容积为有效容积与无效容积之和。其中消防水池的有效容积为：

$$V_a = \sum Q_{pj} t_i - Q_b T_b \tag{8-1}$$

式中　V_a——消防水池的有效容积，m^3；

Q_{pj}——建筑物内各种水消防灭火的设计流量，m^3/h；

t_i——建筑物内各种水消防灭火的火灾延续时间，h；

Q_b——在火灾延续时间内可连续补充的水量，m^3/h；

T_b——民用建筑物内各种水消防灭火的火灾延续时间的最大值，h。

（4）消防水池（箱）的有效水深　消防水池（箱）的有效水深是设计最高水位至消防水池（箱）最低有效水位之间的距离。消防水池（箱）最低有效水位是消防水泵吸水喇叭口或出水管喇叭口以上 0.6m 水位，当消防水泵吸水管或消防水箱出水管上设置防止旋流器时，最低有效水位为防止旋流器顶部以上 0.15m。

8.5.2　消防水箱

消防水箱由箱体、进水管、出水管、溢水管、泄水管、通气管及信号管等组成。建筑中的消防水箱主要有三种：高位水箱、减压水箱和转输水箱。本部分仅介绍高位水箱。

（1）设置场所　除常高压消防给水系统和设置干式消防竖管的给水系统外，所有建筑均应设置高位水箱。

（2）有效容积和设置高度

① 一类高层公共建筑不应小于 $36m^3$，但当建筑高度大于 100m 时不应小于 $50m^3$，当建筑高度大于 150m 时不应小于 $100m^3$。

② 多层公共建筑、二类高层公共建筑和一类高层居住建筑不应小于 $18m^3$，当一类住宅建筑高度超过 100m 时不应小于 $36m^3$。

③ 二类高层住宅不应小于 $12m^3$。

④ 建筑高度大于 21m 的多层住宅建筑不应小于 $6m^3$。

⑤ 工业建筑室内消防给水设计流量当小于等于 25L/s 时不应小于 $12m^3$，大于 25L/s 时不应小于 $18m^3$。

⑥ 总建筑面积大于 $10000m^2$ 且小于 $30000m^2$ 的商店建筑不应小于 $36m^3$，总建筑面积大于 $30000m^2$ 的商店不应小于 $50m^3$。

（3）高位消防水箱设置时最不利点处静水压力　高位消防水箱的设置位置应高于其所服务的水灭火设施，且最低有效水位应满足水灭火设施最不利点处的静水压力，并应按下列规定确定：

① 一类高层公共建筑，不应低于 0.1MPa，但当建筑的高度超过 100m 时，不应低于 0.15MPa。

② 高层住宅、二类高层公共建筑、多层公共建筑，不应低于0.07MPa，多层住宅确有困难时可适当降低。

③ 工业建筑不应低于0.1MPa，当建筑体积小于20000m^{3}时，不宜低于0.07MPa。

④ 自动喷水灭火系统等应根据喷头灭火需求压力确定，但最小不应小于0.1MPa。

(4) 高位水箱设置注意事项　重力自流的消防水箱应设置在建筑的最高部位；消防水箱应储存10min的消防用水量。设有高位消防水箱的消防给水系统，当其设增压设施时应符合下列规定：增压水泵的出水量，对消火栓给水系统不应大于5L/s；对自动喷水灭火系统不应大于1L/s；气压水罐的调节水容量宜为450L。

① 高位水箱材质可采用钢筋混凝土、热浸镀锌钢板，也可采用不锈钢水箱等建造。

② 高位水箱应设在通风良好并防冻的水箱间，水箱和墙壁的间距为：有管道侧净距不小于1.0m，无管道侧净距不小于0.7m，上方净空不小于0.8m，下方净空不小于0.6m。

③ 当高位消防水箱在屋顶露天设置时，水箱的人孔、以及进出水管的阀门等应采取锁具或阀门箱等保护措施。严寒、寒冷等冬季冰冻地区的消防水箱应设置在消防水箱间内，其他地区宜设置在室内，当必须在屋顶露天设置时，应采取防冻隔热等安全措施。

④ 进水管径不应小于*DN*32同时应满足8h充水要求，进水管宜设置液位阀或浮球阀。进水管进水高度应高于溢流管位置，若为淹没出流，则应采取防倒流措施。

⑤ 出水管应满足设计流量要求并不应小于*DN*100，其上应设止回阀防止消防加压水进入水箱，止回阀阻力不应影响水箱出水最低压力，出水管口应高于水箱底板（50～100mm）。

⑥ 溢流管的直径不应小于进水管直径的2倍，且不应小于*DN*100，溢流管的喇叭口直径不应小于溢流管直径的1.5～2.5倍。

⑦ 溢流管和放空管应间接排水。

⑧ 水箱所有与外界相通的孔洞及管道均需防虫。

⑨ 高位消防水箱的进、出水管应设置带有指示启闭装置的阀门。

⑩ 不推荐消防高位水箱和其他水箱合用，若合用，则应防止消防用水不被挪作他用。

8.6 消防泵、稳压装置

8.6.1 消防泵

消防泵是指安装在消防车、固定灭火系统或其他消防设施上，用作输送水或泡沫溶液等液体灭火剂的专用泵。

消防泵的选择及设置要求如下。

① 临时高压消防给水系统的消防水泵应采用一用一备或多用一备，但工作泵不应大于3台；备用消防泵的工作能力不应小于其中最大一台消防工作泵的供水能力。建筑高度小于54m的住宅，室外消防给水设计流量≤25L/s的建筑，室内消防给水设计流量≤10L/s的建筑，可不设置备用泵。

② 当为多用一备时，应考虑多台消防泵并联时，流量叠加对消防泵出口压力的影响。

③ 选择消防泵时，其水泵性能曲线应平滑无驼峰，消防泵零流量时的压力不应超过系统设计额定压力的140%且不宜小于设计额定压力的120%；当水泵流量为额定流量的150%时，此时消防泵的压力不应低于额定压力的65%。

④ 消防泵电机轴功率应满足水泵流量扬程曲线上任一点的工作要求。

⑤ 消防水泵的吸水管上应设置明杆闸阀或带自锁装置的蝶阀，但当设置暗杆阀门时应设有开启刻度和标志；当管径超过 $DN300$ 时，宜设置电动阀门。

⑥ 消防水泵的出水管上应设止回阀、明杆闸阀；当采用蝶阀时，应带有自锁装置；当管径大于 $DN300$ 时，宜设置电动阀门。

⑦ 消防泵吸水管的流速可采用1～1.2m/s（$<DN250$）或1.2～1.6m/s（$\geqslant DN250$）。水泵出水管的流速可采用1.5～2.0m/s。

⑧ 消防泵出水管的止回阀前应装设试验和检查用压力表和 $DN65$ 的放水阀门；或在消防水泵房内统一设置检测消防水泵供水能力的压力表和流量计。压力表的量程宜为消防泵额定压力的3倍，流量计的最大量程应不小于消防泵额定流量的1.75倍。

8.6.2 消防稳压（增压）装置

消防增压设备一般由隔膜式气压罐、稳压泵、管道附件及控制装置组成。

分为上置式消防增压稳压设备和下置式消防增压稳压设备。一个是与高位水箱在一起设置；另一个是设置在底层消防水泵房内。

隔膜式气压罐内有四个压力控制点，分别与四个压力继电器相连接，用以控制增压稳压设备工作。如图8-10。P_1 为气压罐设计最小工作压力、P_2 为消防水泵启动压力、P_{S1} 为稳压泵启动压力、P_{S2} 为稳压泵停泵压力（压缩空气）。

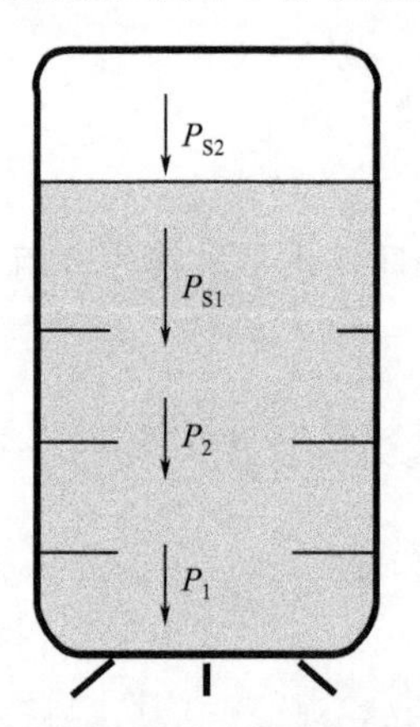

图8-10 消防气压罐及稳压系统

当罐内压力为 P_{S2}，消防给水管网处于较高压力状态，稳压泵与消防泵均处于停止状态，随着管网渗漏或其他原因造成泄压，罐内压力从 P_{S2} 降至 P_{S1} 时，便自动启动稳压泵，向气压罐补水，直到罐内压力达到 P_{S2}，稳压泵则停止运转，从而保证气压罐内消防储水要求。

若建筑内发生火灾，随着灭火设备开启用水，使气压罐内水量减少，压力不断下降，当从 P_{S2} 降至 P_{S1} 时，稳压泵启动，但由于稳压泵流量较小，其供水全部提供给灭火设备使用。气压罐得不到补水，罐内压力继续下降，降至 P_2 时，在发出报警声响得同时，输出信号到消防控制中心，自动启动消防泵向消防给水管网供水。当消防水泵启动后稳压罐自动停止运转，消防增压稳压功能完成，灭火后手动恢复，使设备处于正常控制状态。

设置要求：环境温度宜为5～40℃；具有自动、手动功能，并与消防控制中心或消防水泵联网；稳压泵应为两台（一用一备）；稳压设备与墙面或其他设备之间应留有足够间距，一般不小于0.7m，与水箱距离应大于0.5m。

消防减压设备用于调节平衡消防给水系统压力作用。常用有：减压孔板、节流管、减压阀等，以防止过压导致设备损坏，延长其使用寿命。

8.7 消防水泵房

凡担任消防供水任务的水泵房均称为消防水泵房。消防水泵房，按作用分为取水泵房、送水泵房和加压泵房；按使用目的分为生活、生产、消防合用泵房（如水厂内），生产、消防合用泵房（如工业企业内部），生活、消防合用泵房（如民用建筑物内）、独立的消防水泵房（如油罐区）。

8.7.1 消防水泵房的设计和布置要点

（1）附设在建筑内的消防控制室、灭火设备室、消防水泵房和通风空气调节机房、变配电室等，应采用耐火极限不低于2.00h的防火隔墙和1.50h的楼板与其他部位分隔。

（2）单独建造的消防水泵房，其耐火等级不应低于二级；附设在建筑内的消防水泵房，不应设置在地下三层及以下或室内地面与室外出入口地坪高差大于10m的地下楼层；疏散门应直通室外或安全出口，且开向疏散走道的门应采用甲级防火门。

（3）消防水泵房和消防控制室应采取防水淹的技术措施。

（4）独立的消防水泵房地面层的地坪至屋盖或天花板等的突出构件底部间的净高，除应按通风采光等条件确定外，且应符合下列规定：

① 当采用固定吊钩或移动吊架时，其值不应小于3.0m；

② 当采用单轨起重机时，应保持吊起物底部与吊运所越过物体顶部之间有0.50m以上的净距；

③ 当采用桁架式起重机时，除应符合②的规定外，还应另外增加起重机安装和检修空间的高度。

（5）消防水泵房应至少有一个可以搬运最大设备的门。

（6）消防水泵不宜设在有防振或有安静要求房间的上一层、下一层和毗邻位置，当必须时，应采取下列降噪减振措施：消防水泵应采用低噪声水泵；消防水泵机组应设隔振装置；消防水泵吸水管和出水管上应设隔振装置；消防水泵房内管道支架和管道穿墙和穿楼板处，应采取防止固体传声的措施；在消防水泵房内墙应采取隔声吸音的技术措施。

（7）当采用柴油机消防水泵时宜设置独立消防水泵房，并应设置满足柴油机运行的通风、排烟和阻火设施。

（8）消防水泵房应采取防水淹没的技术措施。

（9）消防水泵和控制柜应采取安全保护措施。

（10）消防水泵房应设置起重设施，并应符合下列规定：

① 消防水泵的重量小于0.5t时，宜设置固定吊钩或移动吊架；

② 消防水泵的重量为0.5～3t时，宜设置手动起重设备；

③ 消防水泵的重量大于3t时，应设置电动起重设备。

（11）消防水泵机组的布置应符合下列规定：

① 相邻两个机组及机组至墙壁间的净距，当电机容量小于22kW时，不宜小于0.60m；当电动机容量不小于22kW，且不大于55kW时，不宜小于0.8m；当电动机容量大于55kW且小于255kW时，不宜小于1.2m；当电动机容量大于255kW时，不宜小于1.5m；

② 当消防水泵就地检修时，应至少在每个机组一侧设消防水泵机组宽度加 0.5m 的通道，并应保证消防水泵轴和电动机转子在检修时能拆卸；

③ 消防水泵房的主要通道宽度不应小于 1.2m。

(12) 当消防水泵房内设有集中检修场地时，其面积应根据水泵或电动机外形尺寸确定，并应在周围留有宽度不小于 0.7m 的通道。地下式泵房宜利用空间设集中检修场地。对于装有深井水泵的湿式竖井泵房，还应设堆放泵管的场地。

(13) 消防水泵房内的架空水管道，不应阻碍通道和跨越电气设备，当必须跨越时，应采取保证通道畅通和保护电气设备的措施。

(14) 消防水泵房的设计应根据具体情况设计相应的采暖、通风和排水设施，并应符合下列规定：

① 严寒、寒冷等冬季结冰地区采暖温度不应低于 10℃，但当无人值守时不应低于 5℃；

② 消防水泵房的通风宜按 6 次/h 设计；

③ 消防水泵房应设置排水设施。

8.7.2 消防水泵房的管理

消防泵房是提供消防用水的关键部位，是直接关系到财产安全的重要部位，为管理好水泵房，明确职责，制定如下制度：

(1) 泵房及地下水池、消防系统全部机电设备由设备、消防人员负责监控，定期检查保养、维护及清洁清扫，并做记录。解决不了的问题及时上报整改。

(2) 泵房内机电设备由设备、消防人员负责，其他人员不得不操作，无关人员不得进入泵房。

(3) 泵房内所有设备在正常运转下，开关应设置在自动位置，所有操作标志简单明确。

(4) 消防泵、喷淋泵每天进行检查，并进行一次“自动、手动”操作检查，每季度进行一次全面维保。

(5) 泵房控制回路电源应每月进行检查，检查备用水泵能否在主机出现故障的情况下，自动运行。

(6) 污水池卫生常清扫，水泵、管道常保养。

【本章小结】

本章结合《消防给水及消火栓系统技术规范》(GB 50974)、《建筑设计防火规范》(GB 50016) 等相关规定，对建筑室内外消火栓给水系统及其使用范围，给水系统形式及设置，消火栓系统图式，适用场所，消火栓给水系统设计原则和方法，系统供水及安全设备选型计算等进行了详细介绍，以方便读者对消火栓系统设计的相关基础理论、基本公式、基本方法的掌握。

【思考题】

1. 室外消火栓灭火系统是如何设置的？
2. 室内消火栓灭火系统是如何设置的？
3. 消防水池、消防水箱的作用分别是什么？

第9章 建筑自动喷水灭火系统

【学习要求】

通过本章学习，熟悉建筑自动喷水灭火系统的设置范围，了解建筑自动喷水灭火系统的系统分类和组成，掌握各类自动喷水灭火系统的工作原理、适用范围和应用要求。

【学习内容】

主要包括：建筑自动喷水灭火系统的设置范围、建筑自动喷水灭火系统的系统分类和组成、各类自动喷水灭火系统的组成、工作原理及适用范围。

9.1 设置范围

自动喷水灭火系统是目前国际公认最有效的自救灭火设施，具有安全可靠、经济实用、灭火成功率高等特点，其扑灭初期火灾的效率高达96%，被广泛应用于工业和民用建筑。

9.1.1 厂房或生产部位

根据《建筑设计防火规范》(GB50016)，除该规范另有规定和不宜用水保护或灭火的场所外，下列厂房或生产部位应设置自动灭火系统，并宜采用自动喷水灭火系统：

① 不小于50000纱锭的棉纺厂的开包、清花车间，不小于5000纱锭的麻纺厂的分级、梳麻车间，火柴厂的烤梗、筛选部位；

② 占地面积大于1500m^{2}或总建筑面积大于3000m^{2}的单、多层制鞋、制衣、玩具及电子等类似生产的厂房；

③ 占地面积大于1500m^{2}的木器厂房；

④ 泡沫塑料厂的预发、成型、切片、压花部位；

⑤ 高层乙、丙、丁类厂房；

⑥ 建筑面积大于500m^2，的地下或半地下丙类厂房。

9.1.2 仓库

根据《建筑设计防火规范》，除该规范另有规定和不宜用水保护或灭火的仓库外，下列仓库应设置自动灭火系统，并宜采用自动喷水灭火系统：

① 每座占地面积大于1000m² 的棉、毛、丝、麻、化纤、毛皮及其制品的仓库；

注：单层占地面积不大于2000m² 的棉花库房，可不设置自动喷水灭火系统。

② 每座占地面积大于600m² 的火柴仓库；

③ 邮政建筑内建筑面积大于500m² 的空邮袋库；

④ 储存可燃、难燃物品的高架仓库和高层仓库；

⑤ 设计温度高于0℃的高架冷库，设计温度高于0℃且每个防火分区建筑面积大于1500m² 的非高架冷库；

⑥ 总建筑面积大于500m² 的可燃物品地下仓库；

⑦ 每座占地面积大于1500m² 或总建筑面积大于3000m² 的其他单层或多层丙类物品仓库。

9.1.3 高层民用建筑或场所

根据《建筑设计防火规范》，除该规范另有规定和不宜用水保护或灭火的场所外，下列高层民用建筑或场所应设置自动灭火系统，并宜采用自动喷水灭火系统：

① 一类高层公共建筑（除游泳池、溜冰场外）及其地下、半地下室；

② 二类高层公共建筑及其地下、半地下室的公共活动用房、走道、办公室和旅馆的客房、可燃物品库房、自动扶梯底部；

③ 高层民用建筑内的歌舞娱乐放映游艺场所；

④ 建筑高度大于100m 的住宅建筑。

9.1.4 单、多层民用建筑或场所

根据《建筑设计防火规范》，除该规范另有规定和不宜用水保护或灭火的场所外，下列单、多层民用建筑或场所应设置自动灭火系统，并宜采用自动喷水灭火系统：

① 特等、甲等剧场，超过1500个座位的其他等级的剧场，超过2000个座位的会堂或礼堂，超过3000个座位的体育馆，超过5000人的体育场的室内人员休息室与器材间等；

② 任一层建筑面积大于1500m² 或总建筑面积大于3000m² 的展览、商店、餐饮和旅馆建筑以及医院中同样建筑规模的病房楼、门诊楼和手术部；

③ 设置送回风道（管）的集中空气调节系统且总建筑面积大于3000m² 的办公建筑等；

④ 藏书量超过50万册的图书馆；

⑤ 大、中型幼儿园，总建筑面积大于500m² 的老年人建筑；

⑥ 总建筑面积大于500m² 的地下或半地下商店；

⑦ 设置在地下或半地下或地上四层及以上楼层的歌舞娱乐放映游艺场所（除游泳场所外），设置在首层、二层和三层且任一层建筑面积大于300m² 的地上歌舞娱乐放映游艺场所（除游泳场所外）。

注：根据GB 50016要求难以设置自动喷水灭火系统的展览厅、观众厅等人员密集的场所和丙类生产车间、库房等高大空间场所，应设置其他自动灭火系统，并宜采用固定消防炮等灭火系统。

9.1.5 水幕自动喷水灭火系统

根据《建筑设计防火规范》，下列部位宜设置水幕系统：

① 特等、甲等剧场、超过1500个座位的其他等级的剧场、超过2000个座位的会堂或礼堂和高层民用建筑内超过800个座位的剧场或礼堂的舞台口及上述场所内与舞台相连的侧台、后台的洞口；

② 应设置防火墙等防火分隔物而无法设置的局部开口部位；

③ 需要防护冷却的防火卷帘或防火幕的上部。

注：舞台口也可采用防火幕进行分隔，侧台、后台的较小洞口宜设置乙级防火门、窗。

9.1.6 雨淋自动喷水灭火系统

根据《建筑设计防火规范》，下列建筑或部位应设置雨淋自动喷水灭火系统：

① 火柴厂的氯酸钾压碾厂房，建筑面积大于100m² 且生产或使用硝化棉、喷漆棉、火胶棉、赛璐珞胶片、硝化纤维的厂房；

② 乒乓球厂的轧坯、切片、磨球、分球检验部位；

③ 建筑面积大于60m² 或储存最大于2t的硝化棉、喷漆棉、火胶棉、赛璐珞胶片、硝化纤维的仓库；

④ 日装瓶数量大于3000瓶的液化石油气储配站的灌瓶间、实瓶库；

⑤ 特等、甲等剧场、超过1500个座位的其他等级剧场和超过2000个座位的会堂或礼堂的舞台葡萄架下部；

⑥ 建筑面积不小于400m² 的演播室，建筑面积不小于500m² 的电影摄影棚。

9.1.7 水喷雾自动喷水灭火系统

根据《建筑设计防火规范》，下列建筑或部位应设置自动灭火系统，并宜采用水喷雾灭火系统：

① 单台容量在40MV·A及以上的厂矿企业油浸变压器，单台容量90MV·A及以上的电厂油浸变压器，单台容量在125MV·A及以上的独立变电站油浸变压器；

② 飞机发动机试验台的试车部位；

③ 充可燃油井设置在高层民用建筑内的高压电容器和多油开关室。

注：设置在室内的油浸变压器、充可燃油的高压电容器和多油开关室，可采用细水雾灭火系统。

9.2 系统分类和组成及设置要求

自动喷水灭火系统一般由洒水喷头、报警阀组、水流指示器或压力开关等组件，以及管道、供水设置组成。

9.2.1 系统分类

自动喷水灭火系统根据所使用喷头的型式，分为闭式自动喷水灭火系统和开式自动喷水灭火系统两大类；根据系统的用途和配置状况，自动喷水灭火系统又分为湿式系统、干式系统、雨淋系统、水幕系统、自动喷水-泡沫联用系统等。自动喷水灭火系统的分类如图9-1所示。

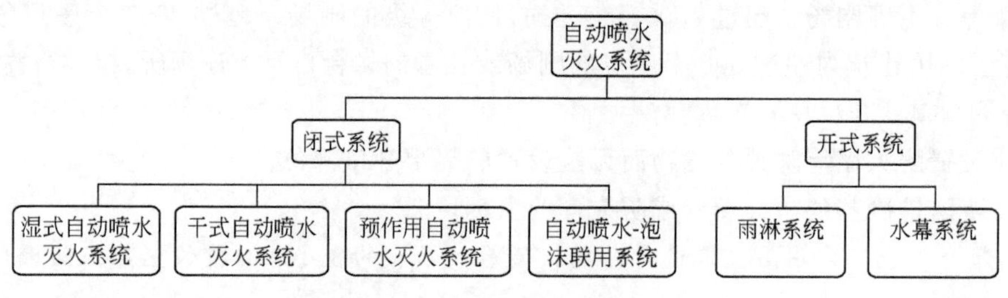

图 9-1　自动喷水灭火系统分类

9.2.2　系统组成

自动喷水灭火系统主要由喷淋泵、报警阀组、自动喷头及连通管线（阀门）等组成。

9.2.2.1　喷头

自动喷水灭火喷头是灭火的关键组件，具有探测火灾、启动系统和喷水灭火等功能。按开启方式分为玻璃球喷头、易熔合金喷头等。按喷洒方式分为上喷喷头、下喷喷头、侧喷喷头等。按保护对象分为普通喷头、水幕喷头、水雾喷头、快速响应喷头等。

图 9-2　普通型玻璃球洒水喷头

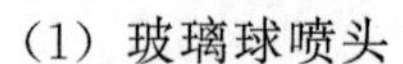

（1）玻璃球喷头

① 普通型玻璃球洒水喷头　可分为普通型、下垂型（下喷）、直立型（上喷）、边墙型（侧喷）、隐蔽型等。如图 9-2 所示。

普通型玻璃球喷头是自动灭火系统中关键的组成部件。用来探测火灾并通过自动喷水来控制或扑灭火灾。广泛用于保护餐厅、宾馆、商店、商厦、仓储库房、地下车库、服装厂等轻、中危险级，也可保护严重危险级的建筑物。玻璃球喷头动作温度和颜色标志见表 9-1。

表 9-1　玻璃球喷头动作温度和颜色标志

玻璃球喷水喷头		易熔元件喷水喷头	
公称动作温度/℃	工作液色标志	公称动作温度/℃	支撑臂色标志
57	橙色	57～77	本色
68	红色	80～107	白色
79	黄色	121～149	蓝色
93	绿色		
100	灰色		
121	天蓝色		
141	蓝色		

② 下垂型（直立型）玻璃球洒水喷头　下垂型玻璃球喷头是自动灭火系统中关键的组成部件。用来探测火灾并通过自动喷水来控制或扑灭火灾。广泛用于保护餐厅、宾馆、商店、商厦、仓储库房、地下车库、服装厂等轻、中危险级，也可保护严重危险级的建筑物。如图 9-3 所示。

③ 侧喷型玻璃球洒水喷头　这种喷头带有定向的溅水盘，可以靠墙壁安装，喷水形状呈半抛物状，将85%水量喷向喷头方向，其余水喷向后面墙上。安装分为立式、水平式。这种喷头适合安装在层高小的走廊、房间或不便在房间中央顶部设置喷头的场所。如图9-4所示。

图9-3　下垂型（直立型）玻璃球洒水喷头

图9-4　侧喷型玻璃球洒水喷头

④ 隐蔽型玻璃球洒水喷头　适用于安装在装饰豪华，外观要求美化的场所，如商场、高级宾馆、酒店、娱乐中心等。亦适用于因装潢、空调等因素使得天花板标高太低净空受限的场所，以及在人流密集、货物搬运频繁、随时都能碰撞到外露喷头，以避免造成人为因素而误动作等场所均等。该产品由玻璃球喷头、罩、外壳、底盖组成。喷头和罩一起安装在管路管件上，再安装外壳。外壳和底盖由易熔合金焊接成一体，当发生火灾时，环境温度升高，达到易熔合金的熔点时，底盖自动脱落，溅水盘下移。随着温度继续升高，罩内喷头玻璃球因温度敏感液体膨胀而破碎喷水。如图9-5所示。

（2）易熔合金喷头　易熔合金喷头是采用易熔合金为温感元件一种喷头，和其他喷头一样广泛用于宾馆、商厦、餐厅、仓储库房、地下车库、服装厂等轻、中危险等级、也可用于保护严重危险等级的场所。如图9-6所示。

图9-5　隐蔽型玻璃球洒水喷头

图9-6　旋转式喷头与易熔合金喷头

（3）水幕喷头　水幕喷头是自动或手动水幕系统中的一个重要部件。适用于需要用水幕保护的建筑物、构筑物中大空间的水幕隔断。用来对窗口，檐口和燃烧体构造的墙面以及建筑物内所设防火卷帘进行保护等。如图9-7所示。

(4) 水雾喷头　水雾喷头是水雾灭火系统中的主要部件，用来保护闪点在66℃以上的易燃液体、气体和固体危险区，水流通过此喷头后迅速雾化喷射，提高了灭火效能。在火灾期间该喷头对火灾区附近各种建筑物的外露吸热表面连续喷射水雾，防止外露表面吸热和火灾蔓延，以保护各种建筑物的安全。如图9-8所示。

(5) 快速响应早期抑制洒水喷头　快速响应早期抑制洒水喷头是响应时间指数（RTI）≤28±8(m.s)0.5，用于保护高堆垛与高货架仓库的大流量特种洒水喷头，是专门为应对高危险度的仓库火灾而设计的。如图9-9所示。

图9-7　水幕喷头

图9-8　水雾喷头

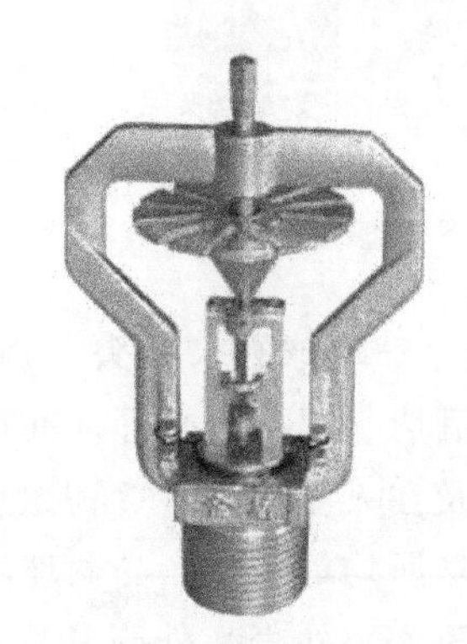

图9-9　快速响应喷头

9.2.2.2　报警阀组

报警阀具有接通或切断水源，开启报警器及报警联动系统的装置。一般可分为湿式报警阀、干式报警阀、预作用报警阀和雨淋式报警阀等。

(1) 湿式报警阀　自动喷水灭火系统湿式报警阀是湿式自动喷水灭火系统的一个重要组成部件，主要由报警阀、水力警铃、延迟器、压力开关、压力表、排水阀、试验球阀等组成。如图9-10所示。

图9-10　湿式报警阀

在自动灭火系统中，湿式自动喷水灭火系统是应用最广泛的一种系统。适用于环境温度为4～70℃，且能用水灭火的建筑物或构筑物内。如车间、仓库、宾馆、商场、娱乐场所、医院、影剧院、办公楼及车库等类似场所。

(2) 干式报警阀　自动喷水灭火系统中的一种控制阀门。它是在其出口侧充以压缩气体，当气压低于某一定值时能使水自动流入喷水系统并进行报警的单向阀。如图9-11。

(3) 预作用报警阀 预作用报警阀一般应用在闭式管网系统，如图 9-12 所示。预作用阀组主要由雨淋阀和湿式阀上、下串接而成，启动作原理与雨淋阀类似。平时靠供水压力为锁定机构提供动力，将阀瓣扣住。探测器或探测喷头动作后，锁定机构上作用的供水压力迅速降低，从而使阀板脱口、开启，供水进入消防管网。预作用报警阀组主要由预作用阀、水力警铃、压力开关、空压机、控制阀、启动装置构成。

(4) 雨淋式报警阀 雨淋式报警阀是通过湿式、干式、电气或手动等控制方式进行启动，使水能够自动单方向流入喷水系统同时进行报警的一种单向阀。广泛用于雨淋系统、预作用系统、水雾系统和水幕系统。如图 9-13 所示。

图 9-11 干式报警阀

图 9-12 预作用报警阀

图 9-13 雨淋式报警阀

9.2.2.3 报警阀相关组件

(1) 监测器 是用来对系统的工作状态进行监测设施。分为水流指示器、阀门限位器、压力监测器、气压保持器和水位监视器等。

(2) 报警器 是用来发出声响报警信号的装置。分为水力警铃和压力开关等。

压力开关安装在水力报警信号管路上，用于监测管网内的水压状态，并自动连锁开启消防水泵。平时报警阀关闭，报警信号管路呈无压状态，系统一旦开启，报警阀将被打开，报警信号管路充有压力水，压力开关动作，向消防控制中心发送电信号。消防控制中心接到压力开关的信号后，便自动控制开启消防水泵。

(3) 水流指示器 是自动喷水灭火系统的一个组成部件，通常安装于管网配水干管或配水管的始端，用于显示火警发生区域，启动各种电报警装置或消防水泵等电气设备。适用于湿式、干式及预作用等自动喷水灭火系统。

水流指示器由本体、微型开关、桨片及法兰底座等组成。它竖直安装在系统配水管网的水平管路上或各分区的分支管上。发生火灾时，喷头开启喷水，当有水流过装有水流指示器的管道时，流动的水推动桨片，使电接点接通，将水流信号转换为电信号，输出电动报警信号到消防控制中心。其用于检测自动喷水灭火系统运行状况及确定火灾发生区域和部位。

（4）管道系统　自动喷水系统的管道，若以报警阀为单元划分，报警阀前的管道称为供水管道，报警阀后的管道称为配水管道。自动喷水灭火系统设有2个及2个以上报警阀组时，其供水管道应设置成环状。

（5）末端试水装置　末端试水装置专用于测试系统能否在开放一只喷头的最不利条件下可靠报警并正常启动，并对水流指示器、报警阀、压力开关、水力警铃的动作是否正常，配水管道是否畅通，以及最不利点处的工作压力进行综合检验。

9.2.2.4　供水设施

自动喷水灭火系统水源及相关设施、水泵及水泵接合器和消防水箱的设置要求，符合现行有关国家标准的规定。

采用临时高压给水系统的自动喷水灭火系统，应设置高位消防水箱，其储水量符合现行有关国家标准的规定。消防水箱的供水，应满足系统最不利点处喷头的最低工作压力和喷水强度。消防竖向的出水管应符合以下规定：

① 应设置止回阀，并应与报警阀入口前管道连接；

② 轻危险级、中危险级场所的系统，管径不应小于80mm，严重危险级和仓库危险级不应小于100mm。

9.2.3　系统操作与控制

自动喷水灭火系统操作与控制要求如下。

① 湿式自动喷水灭火系统、干式自动喷水灭火系统的喷头动作后，应有压力开关直接连锁自动启动供水泵。

② 预作用系统、雨淋系统和自动控制的水幕系统应在火灾报警系统发出警报后，立即自动向配水管道供水。此外，应同时具备以下三种启动供水泵和开启雨淋阀的控制方式：自动控制、消防控制室（盘）手动远程控制、水泵房现场应急操作。其中，雨淋阀的自动控制方式，可采用电动、液（水）动或气动。当雨淋阀采用液（水）传动管自动控制室，闭式喷头与雨淋阀之间的高承插应根据雨淋阀的性能确定。

③ 快速排气阀入口前方的电动阀，应在供水泵启动的同时开启。

④ 消防控制室（盘）应能显示水流指示器、压力开关、信号阀、水泵、消防水池及水箱水位、有压气体管道气压，电源和备用动力等是否处于正常状态的反馈信号，并应具备控制水泵、电磁阀、电动阀等操作。

9.2.4　系统组件布设与安装

（1）喷头布设　如表9-2所示。

（2）报警阀组布设　如图9-14所示。

① 自动喷水灭火系统应设报警阀组。

② 串联接入湿式系统配水干管的气体自动喷水灭火系统，应分别设置独立报警阀组，其控制的喷头数计入湿式阀组控制的喷头总数。

表 9-2 喷头布置

建筑危险等级		标准喷头（口径 15mm）		边墙型喷头与边墙的水平距离/m
		最大水平距离/m	最大墙挂距离/m	
轻级危险		4.6	2.3	4.6
中级危险		3.6	1.8	3.6
严重危险级	生产	2.8	1.4	
	储存	2.3	1.1	

③ 报警阀组宜设在安全及易于操作的地点，不宜设置在消防控制中心。

④ 每个报警阀组供水的最高与最低位置喷头，其高程差不宜大于 50m。

⑤ 当高层建筑中有多个报警阀时，宜分层设置，且在每个报警阀上注明相应的编号。

⑥ 当雨淋系统的流量超过直径 150mm 雨淋阀的供水能力时，可采用几个雨淋阀并联安装来满足要求。

图 9-14 报警阀组

(3) 水流指示器布设 分为 *DN*50、*DN*70、*DN*80、*DN*100、*DN*125、*DN*150、*DN*200 七种规格。每个防火分区及楼层均应设置水流指示器，如：仓库内顶板下喷头与货架内喷头应分别设置水流指示器；当一个报警阀组仅控制一个防火分区或一个层面的喷头时，可布设水流指示器；水流指示器入口前应设置信号阀；水流指示器宜安装在管道井中，以便维护管理。

水流指示器设置要求：

① 仓库内顶板下喷头与货架内喷头应分别设置水流指示器；

② 水流指示器入口前应设置信号阀；

③ 水流指示器宜安装在管道井中，以便于维护管理。

(4) 末端放水装置布设 末端试水装置在喷洒系统中起到了监测和检测作用。由试水阀、压力表、试水接头、排水漏斗等组成。在系统每个报警阀组控制的最不利点喷头处，应设置末端试水装置。

(5) 系统管线布设 可分为配水干管、配水管和配水支管。管道采用镀锌热镀金属管，*DN*100 以上采用法兰或沟槽连接。支管最小直径不得小于 25mm，每根支管设置喷头不得超过 8 支（严重危险级和仓库危险级不超过 6 支）。配水管道工作压力不大于 1.2MPa。

9.3 湿式自动喷水灭火系统

湿式自动喷水灭火系统是指准工作状态时，在报警阀的上下管道中始终充满着用于启动系统的有压力水的闭式系统。它是自动喷水灭火系统中最基本的系统方式。

9.3.1 系统组成

该系统由闭式喷头、配水管、湿式报警阀、水流指示器、水泵、水池、压力开关、水力警铃、延迟器、末端试水装置、总控制阀、湿式报警控制箱等组成。如图 9-15 所示。

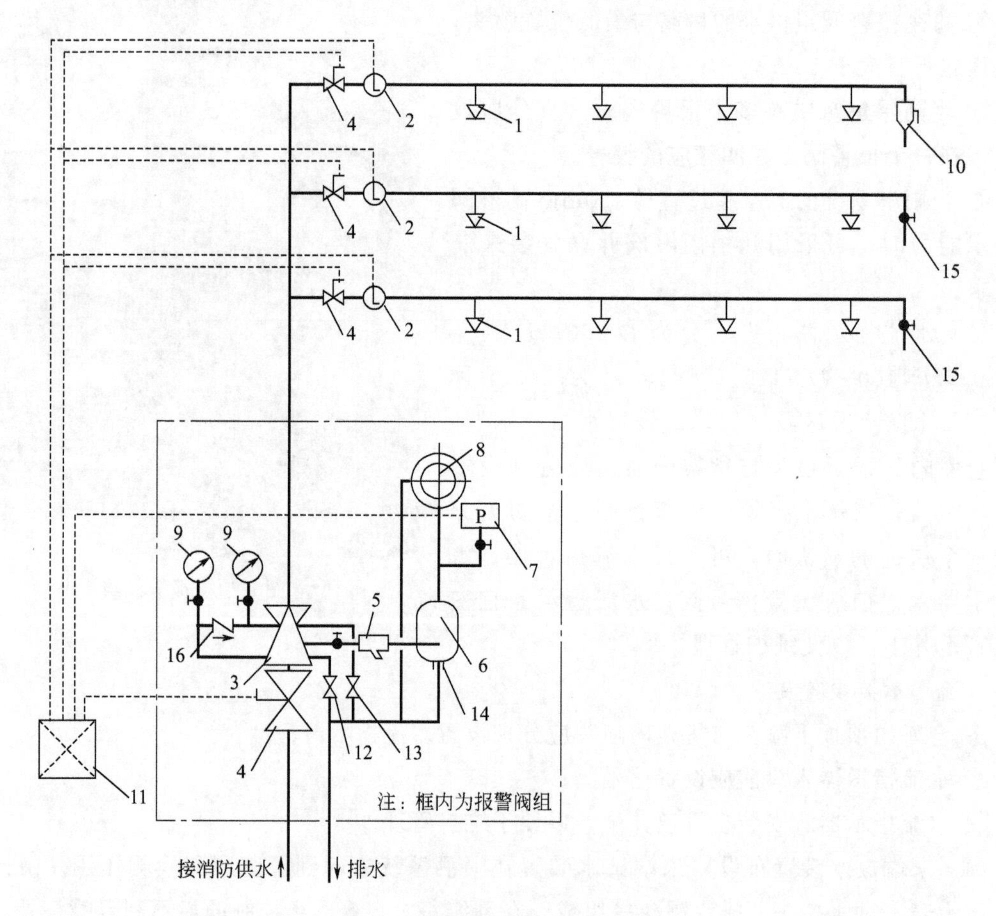

图 9-15 湿式自动喷水灭火系统

1—闭式喷头；2—水流指示器；3—湿式报警阀；4—信号阀；5—过滤器；6—延迟器；7—压力开关；8—水力警铃；9—压力表；10—末端试水装置；11—火灾报警控制器；12—泄水阀；13—试验阀；14—节流器；15—试水阀；16—止回阀

9.3.2 系统工作原理

在正常状态时，由高位水箱或稳压设备（气压罐）等保持系统内带水状态的工作压力，湿式报警阀阀瓣因自重而处于关闭状态。一旦发生火灾，温度上升至喷头动作温度（喷头耐受温度可选定一般为68℃）时，玻璃球炸裂而出水，使系统一侧水压下降，阀瓣因压差而开启供水，另一侧水向供水干管上的水流指示器供水，水流指示器开始动作并发出声光报警信号传递到湿式报警控制箱，显示火灾区域（也就是常说的水喷淋系统还具有报警功能）；同时，另一侧水流入报警管路通过延时器（可延时5～90s），这时连接的水力警铃开始发出持续铃声，压力开关动作，也向报警控制箱传送信号，报警控制箱控制喷淋泵动作，向干管供水，压力水流向配水管路上的喷头，保持喷水状态。

9.3.3 系统适用范围

湿式系统是应用最为广泛的自动喷水灭火系统，适合在环境温度不低于4℃并不高于70℃的环境中使用。如果在低于4℃的场所使用湿式系统，可能出现系统管道和组件内充水冰冻的危险；在高于70℃的场所采用湿式系统，可能出现系统管道和组件内充水蒸气压升高而破坏管道的危险。

9.4 干式自动喷水灭火系统

干式自动喷水灭火系统是指准工作状态时，报警阀后的配水管道内平时没有水，充满着用于启动系统的有压气体的闭式系统。

9.4.1 系统组成

干式自动喷水灭火系统由闭式喷头、配水管、干式报警阀、水泵、水池、末端试水装置、总控制阀等组成。如图9-16所示。

9.4.2 系统工作原理

平时管线及喷头充满有压气体，干式报警阀处于关闭状态。当火灾发生时，喷头破裂后先喷出气体，使报警阀后的压力下降，水压力作用将干式报警阀打开，阀瓣因压差而开启供水，一侧水向供水干管上的水流指示器供水，水流指示器开始动作并发出声光报警信号传递到湿式报警控制箱，显示火灾区域（也就是常说的水喷淋系统还具有报警功能）；同时另一侧水流入报警管路通过延时器（可延时5～90s），这时连接的水力警铃开始发出持续铃声，压力开关动作，也向报警控制箱传送信号，报警控制箱控制喷淋泵动作，向干管供水，压力水流向配水管路上的喷头，保持喷水状态。如图9-17所示。

9.4.3 系统适用范围

干式自动喷水灭火系统适用于环境温度低于4℃，或高于70℃的场所。干式自动喷水灭火系统虽然解决了湿式自动喷水灭火系统不适用于高、低温环境场所的问题，但由于干式自动喷水灭火系统在准工作状态时配水管道内没有水，喷头动作、系统启动时必须经过一个管道排气充水的过程，因此会出现滞后喷水现象，不利于系统及时控火、灭火。

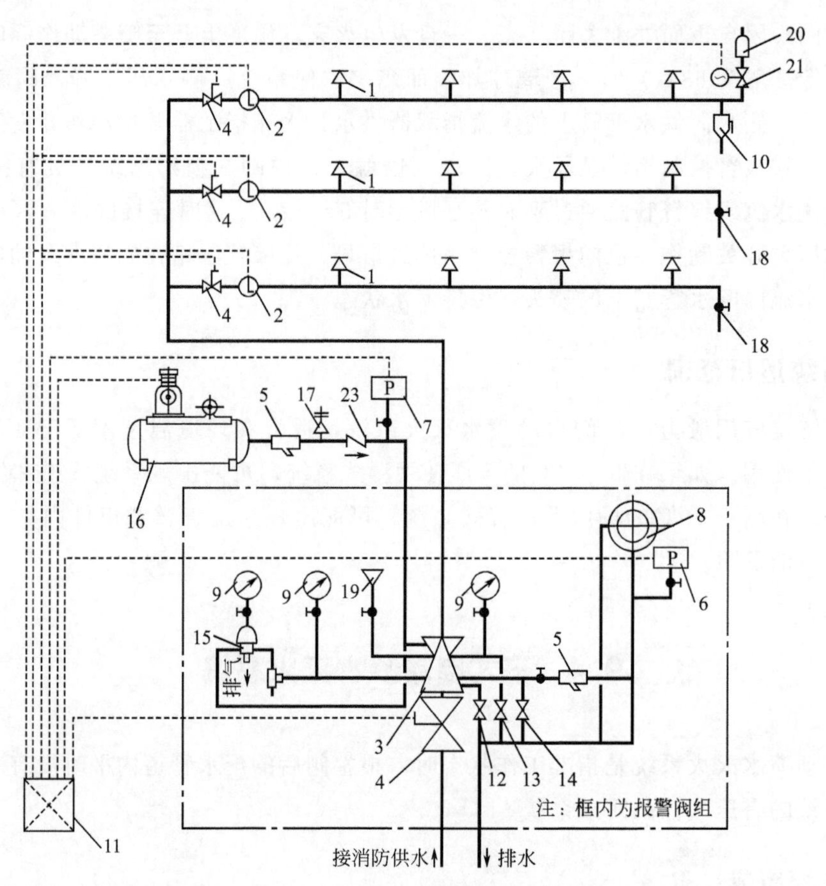

图 9-16 干式自动喷水灭火系统

1—闭式喷头；2—水流指示器；3—干式报警阀；4—信号阀；5—过滤器；6，7—压力开关；8—水力警铃；9—压力表；10—末端试水装置；11—火灾报警控制器；12—泄水阀；13—试验阀；14—自动滴水球阀；15—加速器；16—空气压缩机；17—安全阀；18—试水阀；19—注水口；20—快速排气阀；21—电动阀；22—止回阀

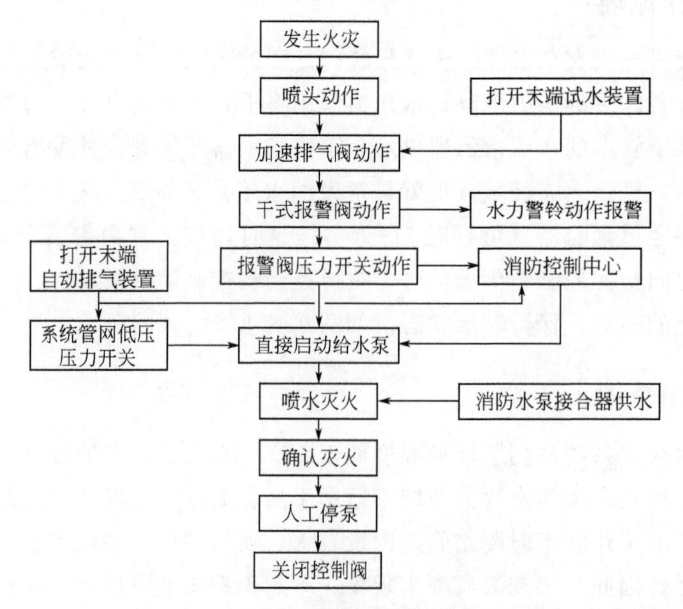

图 9-17 干式自动喷水灭火系统工作原理

9.5 预作用自动喷水灭火系统

预作用系统是指准工作状态时配水管道内不充水，由火灾自动报警系统自动开启雨淋报警阀后，转换为湿式系统的闭式系统。

9.5.1 系统组成

该系统由闭式喷头、配水管、自动排水阀、水流指示器、消防泵、高位水箱、压力罐、水力警铃、末端试水装置、水泵接合器、感烟探测器、感温探测器、报警器、雨淋阀、进水管、排水管、空气压缩机组成等。如图 9-18 所示。

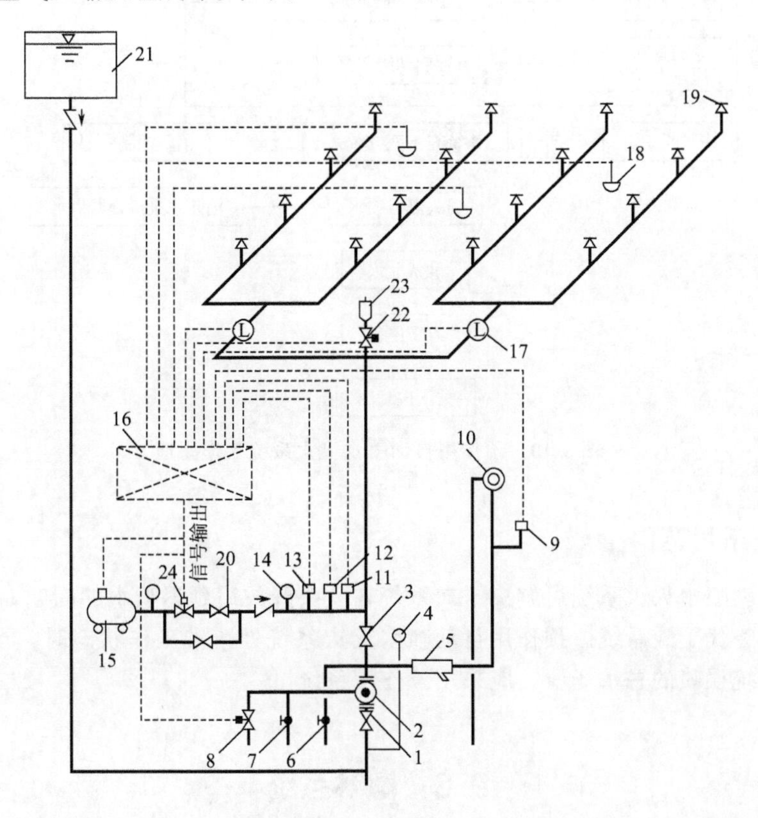

图 9-18 预作用自动喷水灭火系统

1—总控制阀；2—预作用阀；3—检修闸阀；4—压力表（阀后水压）；5—过滤器；6—泄放试验阀；7—手动阀（应急操作）；8—电磁阀（自动）；9—压力开关（启泵）；10—水力警铃；11—压力开关（停机）；12—压力开关（开机）；13—压力开关（低气压报警）；14—压力表（管网气压）；15—空气压缩机；16—火灾报警控制箱；17—水流指示器；18—火灾探测器；19—闭式喷头；20—气体流量调节阀；21—高位水箱；22—排气电磁阀；23—自动放气阀；24—电磁阀或电动阀

9.5.2 系统工作原理

该系统在报警阀后的管道内平时无水状态，充以有压或无压气体（空气），呈干式，发生火灾时，保护区火灾探测器，发出报警信号，由报警控制器控制电磁阀自动排气，这时报警阀随即打开，使压力水迅速充满管道，由原来干式系统转变为湿式系统，从而完成预作用过程。如图 9-19 所示。

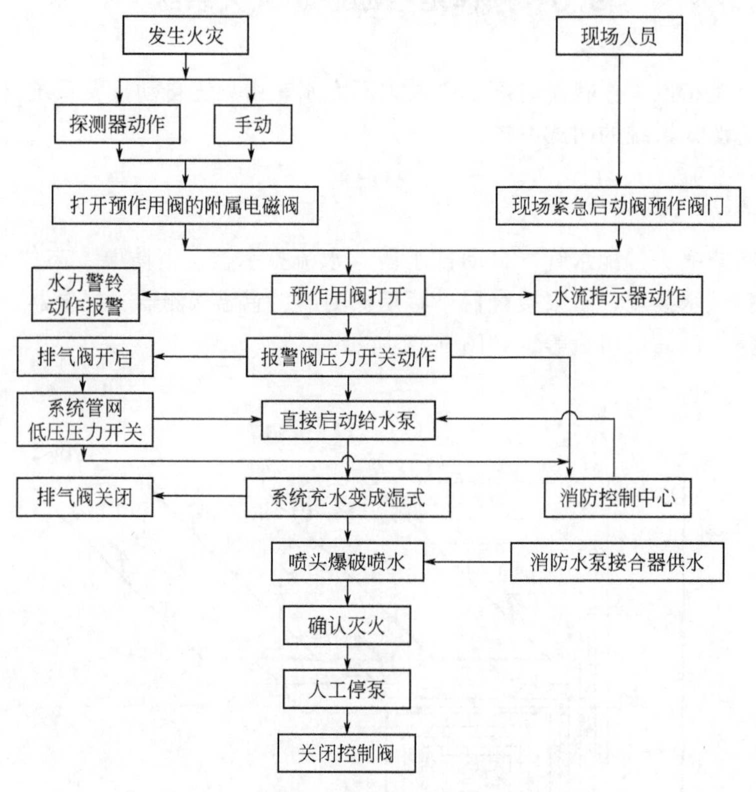

图 9-19　预作用自动喷水灭火系统工作原理

9.5.3　系统适用范围

预作用自动喷水灭火系统可解决干式系统在喷头开放后延迟喷水的问题，因此可在低温和高温环境中替代干式系统。预作用自动喷水灭火系统处于准工作状态时，严禁管道漏水。此外，严禁系统误喷的忌水场所，应采用预作用系统。

9.6　雨淋系统

雨淋系统是指由火灾自动报警系统或传动管控制，自动开启雨淋报警阀和启动供水泵后，向开式洒水喷头供水的开式系统。发生火灾时，系统保护区域内的所有开式喷头同时喷水灭火，可以在瞬间喷出大量的水，覆盖或阻隔整个火区，从而提供一种整体保护，用以对付和控制来势凶猛、蔓延迅速的火灾。

9.6.1　系统组成

该系统由开式喷头、雨淋阀组、水流报警装置、供水与配水管道以及供水设施等组成。雨淋系统由火灾自动报警探测控制系统与雨淋报警阀开式系统组成，在形式上同预作用系统。如图 9-20 所示。

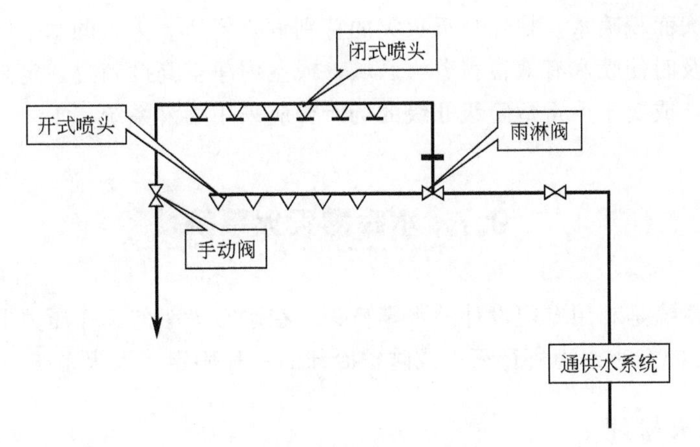

图 9-20 雨淋系统组成示意图

9.6.2 系统工作原理

系统处于准工作状态时，由消防水箱或稳压泵、气压给水设备等稳压设施维持雨淋阀入口前管道内充水的压力。发生火灾时，由火灾自动报警系统或传动管控制，自动开启雨淋报警阀和供水泵，向系统管网供水，由雨淋阀控制的开式喷头同时喷水。如图 9-21 所示。

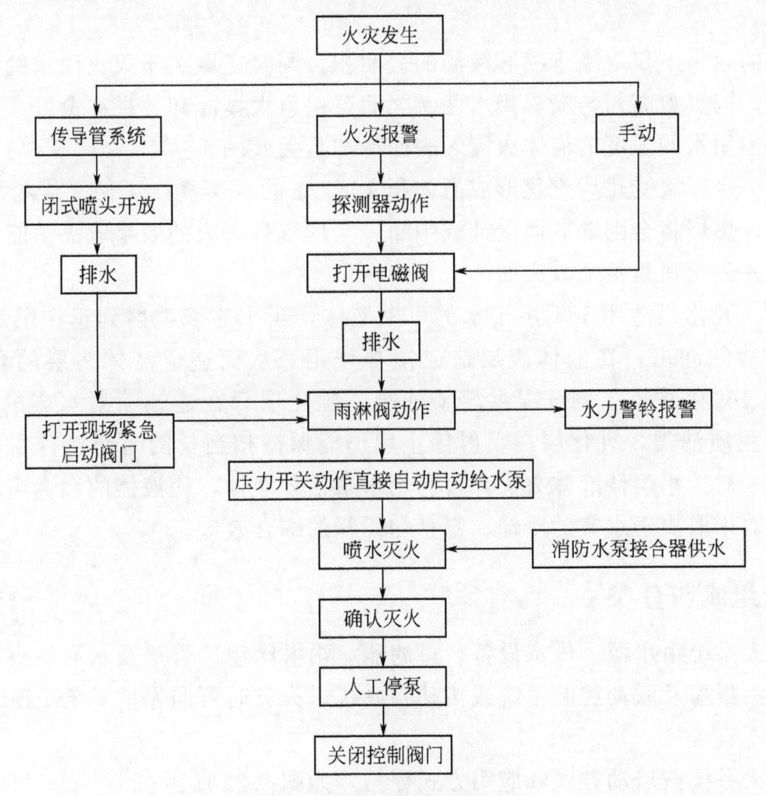

图 9-21 雨淋系统工作原理

9.6.3 系统适用范围

雨淋系统的喷水范围由雨淋阀控制，因此在系统启动后立即大面积喷水。因此，雨淋系统主要适用于需大面积喷水、快速扑灭火灾的特别危险场所。火灾的水平蔓延速度快、闭式喷头的开放不能及时使喷水有效覆盖着火区域，或室内净空高度超过一定高度，且必须迅速扑救初期火灾的，或属于严重危险级Ⅱ级的场所，应采用雨淋系统。

9.7 水喷雾灭火系统

水喷雾灭火系统是利用专门设计的水雾喷头，在水雾喷头的工作压力下，将水流分解成粒径不超过 1mm 的细小水滴进行灭火或防护冷却的一种固定式灭火系统。

9.7.1 系统灭火机理

水喷雾系统通过改变水的物理状态，通过水雾喷头使水从连续的洒水状态转变成不连续的细小水雾滴，而喷射出来。它具有较高的电绝缘性能和良好的灭火性能。水喷雾的灭火机理主要是表面冷却、窒息、乳化和稀释作用。

(1) 表面冷却　水喷雾系统以水雾滴形态喷出水雾时比直射流形态喷出时的表面积要大几百倍，当水雾滴喷射到燃烧表面时，因换热面积大而会吸收大量的热能并迅速汽化，使燃烧物质表面温度迅速降到物质热分解所需要的温度以下，使热分解中断，燃烧即终止。

表面冷却的效果不仅取决于喷雾液滴的表面积，同时还取决于灭火用水的温度与可燃物闪点的温度差，闪点愈高，与喷雾用水两者之间温差愈大，冷却效果亦愈好。对于气体和闪点低于灭火所使用水的温度的液体火灾，表面冷却是无效的。

(2) 窒息　水雾滴受热后汽化形成原体积 1680 倍的水蒸气，可使燃烧物质周围空气中的氧含量降低，燃烧将会因缺氧而受抑或中断。实现窒息灭火的效果取决于能否在瞬间生成足够的水蒸气并完全覆盖整个着火面。

(3) 乳化　乳化只适用于不溶于水的可燃液体，当水雾滴喷射到正在燃烧的液体表面时，由于水雾滴的冲击，在液体表层造成搅拌作用，从而造成液体表层的乳化，由于乳化层的不燃性使燃烧中断。对于某些轻质油类，乳化层只在连续喷射水雾的条件下存在，但对黏度大的重质油类，乳化层在喷射停止后仍能保持相当长的时间，有利于防止复燃。

(4) 稀释　对于水溶性液体火灾，可利用水来稀释液体，使液体的燃烧速度降低而较易扑灭。灭火的效果取决于水雾的冷却、窒息和稀释的综合效应。

9.7.2 系统组成与分类

水喷雾灭火系统由水源、供水设备、过滤器、雨淋阀组、管道及水雾喷头等组成，并配套设置火灾探测报警及联动控制系统或传动管系统，火灾时可向保护对象喷射水雾灭火或进行防护冷却。

水喷雾灭火系统按启动方式和应用方式分类，如图 9-22 所示。

9.7.3 系统工作原理

水喷雾系统的工作原理是：当系统的火灾探测器发现火灾后，自动或由手动打开雨淋报警阀组，同时发出火灾报警信号给报警控制器，并启动消防水泵，通过供水管网到达水雾喷

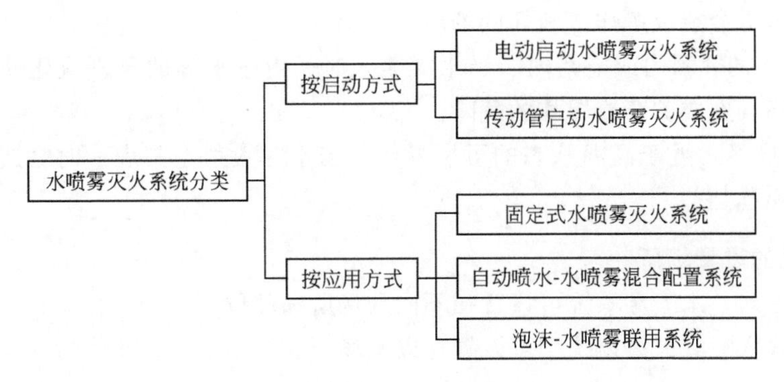

图 9-22 水喷雾灭火系统分类

头，水雾喷头喷水灭火。如图 9-23 所示。

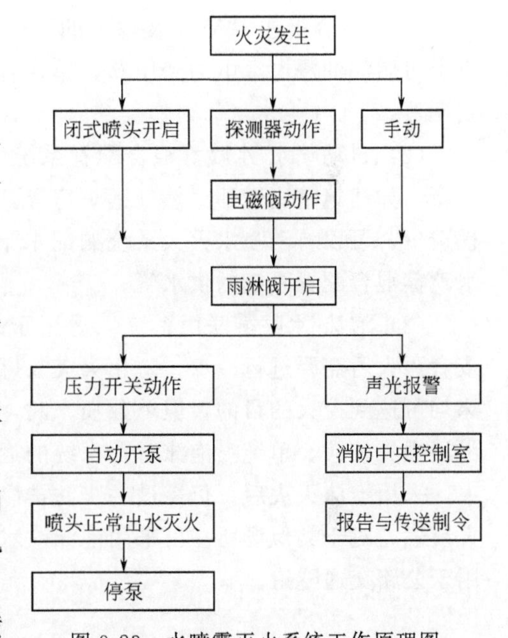

图 9-23 水喷雾灭火系统工作原理图

9.7.4 系统适用范围

水喷雾灭火系统按防护目的主要分为灭火和防护冷却两大类，其适用范围随不同的防护目的而设定。

9.7.4.1 灭火的适用范围

以灭火为目的的水喷雾系统主要适用于以下范围。

（1）固体火灾 水喷雾系统适用于扑救固体火灾。

（2）可燃液体火灾 水喷雾系统可用于扑救闪点高于 60℃的可燃液体火灾，如燃油锅炉、发电机油箱、输油管道火灾等。

（3）电气火灾 水喷雾系统的离心雾化喷头喷出的水雾具有良好的电气绝缘性，因此水喷雾系统可以用于扑灭油浸式电力变压器、电缆隧道、电缆沟、电缆井、电缆夹层等电气火灾。

9.7.4.2 防护冷却的适用范围

以防护冷却为目的的水喷雾系统主要适用于以下范围。

（1）可燃气体和甲、乙、丙类液体的生产、储存、装卸、使用设施和装置的防护冷却。

（2）火灾危险性大的化工装置及管道，如加热器、反应器、蒸馏塔等的冷却防护。

9.7.4.3 不适用范围

（1）不适宜用水扑救的物质

① 过氧化物 如过氧化钾、过氧化钠、过氧化钡、过氧化镁等。这类物质遇水后会发生剧烈分解反应，放出反应热并生成氧气。当与某些有机物、易燃物、可燃物、轻金属及其盐类化合物接触能引起剧烈的分解反应，由于反应速度过快可能引起爆炸或燃烧。

② 遇水燃烧物质 金属钾、金属钠、碳化钙（电石）、碳化铝、碳化钠、碳化钾等。这类物质遇水反应，并放出热量和产生可燃气体，造成燃烧或爆炸的严重后果。

(2) 使用水雾会造成爆炸或破坏的场所

① 高温密闭的容器内或空间内　当水雾喷入时，由于水雾的急剧汽化使容器或空间内的压力急剧升高，造成破坏或爆炸的危险。

② 表面温度经常处于高温状态的可燃液体　当水雾喷射至其表面时会造成可燃液体的飞溅，致使火灾蔓延。

9.7.4.4　常见的设置场所

根据应用方式，水喷雾系统可设置在不同的场所和部位。

(1) 固定式水喷雾灭火系统　可设置在以下场所。

① 建筑内燃油、燃气的锅炉房，可燃油油浸式变压器室，充可燃油的高压电容器和多油开关室，自备发电机房。

② 单台容量在40MW及以上的厂矿企业可燃油油浸电力变压器，单台容量在90MW及以上可燃油油浸电厂电力变压器，单台容量在125MW及以上的独立变电所可燃油油浸电力变压器。

(2) 自动喷水-水喷雾混合配置系统　适用于用水量比较少，保护对象比较单一的室内场所，如建筑室内燃油、燃气锅炉房等。对于设置有自动喷水灭火系统的建筑，为了降低工程造价，可以自动喷水灭火系统的配水干管或配水管作为建筑内局部场所应用的自动喷水-水喷雾混合配置系统的供水管。

(3) 泡沫-水喷雾联用系统　适用于采用泡沫灭火比采用水灭火效果更好的某些对象，或者灭火后需要进行冷却，防止火灾复燃的场所。如某些水溶性液体火灾，采用喷水和喷泡沫均可达到控火的目的，但单独喷水时，虽控火效果比较好，但灭火时间长，造成的火灾及水渍损失较大。单纯喷泡沫时，系统的运行维护费用又较高。又如，金属构件周围发生的火灾，采用泡沫灭火后，仍需进一步防护冷却，防止泡沫灭火后因金属构件温度较高而导致火灾复燃，对于类似场所，可采用泡沫—水喷雾联用系统。目前，泡沫—水喷雾联用系统主要用于公路交通隧道。

9.8　细水雾灭火系统

细水雾灭火系统由供水装置、过滤装置、控制阀、细水雾喷头等组件，以及供水管道组成，能自动和人工启动并喷放细水雾进行灭火的固定灭火系统。细水雾灭火系统见图9-24。

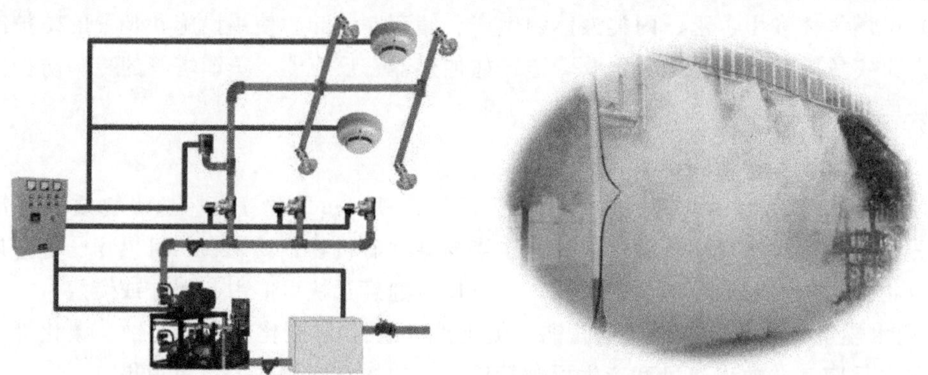

图9-24　细水雾灭火系统

9.8.1 系统特性

细水雾灭火系统的特性主要有以下三点。

(1) 节能环保性　细水雾对人体无害，对环境无影响，不会在高温下产生有害的分解物质。由于它具有高效的冷却作用和明显的吸收烟尘作用，更加有利于火灾现场人员的逃生与扑救。

细水雾灭火系统与其他水基灭火系统相比，用水量减少。通常而言，常规水喷雾灭火系统用水量是自动喷水灭火系统的70%～90%，而细水雾灭火系统的用水量又是常规水喷雾灭火系统的20%以下。因此，细水雾灭火系统大大减少了系统管材，大大降低了系统能耗，大大减小了消防水箱的容积。

(2) 电气绝缘性　细水雾的滴粒径小，喷雾时水呈不连续性，所以电气绝缘性能比较好。带电喷放细水雾的试验表明，细水雾具有良好的电绝缘性能。细水雾喷头喷射雾束的交流电耐压性能试验结果表明：雾束在220kV、110kV、35kV三个电压等级下不发生工频交流闪络，所以细水雾灭火系统具有良好的电气绝缘性能。

(3) 烟雾消除作用　细水雾蒸发后，体积膨胀而充满整个火场空间，细小的水蒸气颗粒极易与燃烧形成的游离碳结合，从而对火场环境起到很强的洗涤、降尘、净化效果，可以有效消除烟雾中的腐蚀性及有毒物质，有利于人员疏散和消防员的灭火救援工作。

9.8.2 系统灭火机理

细水雾是指在最小设计工作压力下，经喷头喷出并在喷头轴线下方1.0m处的平面上形成的雾滴粒径Dv0.50小于200μm，Dv0.99小于400μm的水雾滴。

(1) 细水雾的成雾原理

① 单流体系统射流成雾原理

a. 液体以很高的速度被释放出来，由于液体与周围空气的速度差而被撕碎成为细水雾；

b. 液体射流被冲击到一个固定的表面，由于冲击力将液体打散成细水雾；

c. 两股成分类似的液体射流相互碰撞，将液体射流打散成细水雾；

d. 超声波和静电雾化器将射流液体振动或电子粉碎成细水雾；

e. 液体在压力容器中被加热到高于沸点，突然被释放到大气压力状态形成细水雾。

② 双流体异管系统射流成雾原理　由一套管道向喷头提供灭火介质，另外一套管道提供雾化介质，两种在分离管道系统中传输的物质在喷头处混合，相互碰撞，从而产生细水雾。

③ 双流体同管系统射流成雾原理　雾化介质与灭火介质在一套管道内混合，其成雾原理同单流体系统。

(2) 细水雾的灭火机理　主要是表面冷却、窒息、辐射热阻隔和浸湿作用。除此之外，细水雾还具有乳化等作用，而在灭火过程中，往往会有几种作用同时发生，从而有效灭火。

① 吸热冷却　细小水滴在受热后易于汽化，在气、液相态变化过程中从燃烧物质表面或火灾区域吸收大量的热量。物质表面温度迅速下降后，会使热分解中断，燃烧随即终止。实验表明，雾滴直径越小，表面积就越大，汽化所需要的时间也越短，吸热作用和效率就越高。对于相同的水量，细水雾雾滴所形成的表面积至少比传统水喷淋喷头（包括水喷雾喷

头）喷出的水滴大100倍，因此细水雾灭火系统的冷却作用是非常明显的。

② 隔氧窒息　水雾滴在受热后汽化形成原体积1680倍的水蒸气，最大限度地排斥火场的空气，使燃烧物质周围的氧含量降低，燃烧即会因缺氧而受抑制或中断。系统启动后形成水蒸气在完全覆盖整个着火面的情况下，时间越短，窒息作用越明显。

③ 辐射热阻隔　细水雾喷入火场后，形成的水蒸气迅速将燃烧物、火焰和烟羽笼罩，对火焰的辐射热具有极佳的阻隔能力，能够有效抑制辐射热引燃周围其他物品，达到防止火焰蔓延的效果。

④ 浸湿作用　颗粒大冲量大的雾滴会冲击到燃烧物表面，从而使燃烧物得到浸湿，阻止固体挥发可燃气体的进一步产生。另外系统还可以充分将着火位置以外的燃烧物浸湿，从而抑制火灾的蔓延和发展。

9.8.3　系统组成与分类

细水雾系统主要按工作压力、应用方式、动作方式、雾化介质和供水方式进行分类。如图9-25所示。

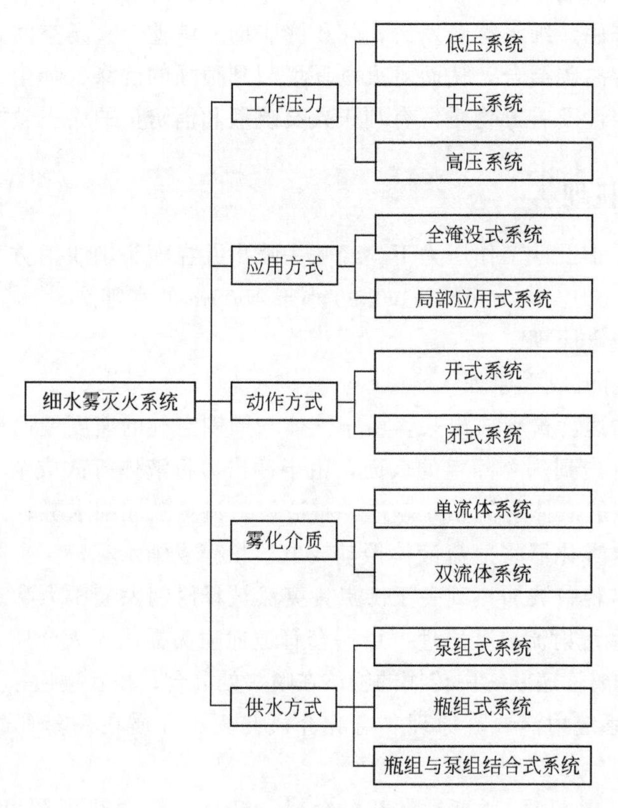

图9-25　细水雾灭火系统的分类

9.8.4　系统工作原理

(1) 细水雾开式灭火系统　是采用开式细水雾喷头，由配套的火灾自动报警系统自动连锁或远控、手动启动后，控制一组喷头同时喷水的自动细水雾灭火系统。

细水雾开式灭火系统的工作原理如图9-26所示。火灾发生后，火灾探测器动作，报警控制器得到报警信号，向消防控制中心发出灭火指令，在得到控制中心灭火指令或启动信息后，联动关闭防火门、防火阀、通风及空调等影响系统灭火效果的开口，并启动控制阀组和消防水泵，向系统管网供水，水雾喷头喷出细水雾，实施灭火。

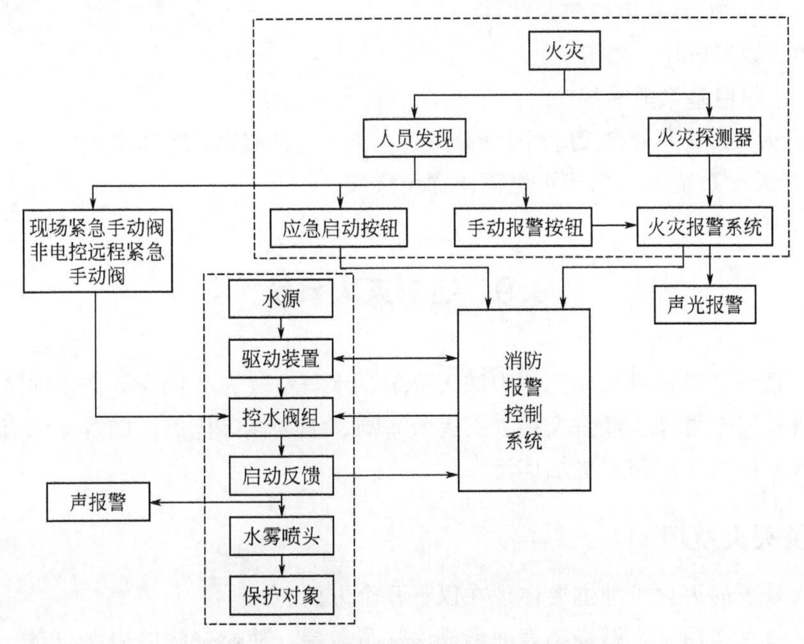

图 9-26 细水雾开式灭火系统工作原理图

(2) 细水雾闭式灭火系统 采用闭式细水雾喷头，根据使用场所的不同，闭式细水雾灭火系统又可以分为湿式系统、干式系统和预作用系统三种形式。

除喷头不同外，细水雾闭式灭火系统的工作原理与闭式自动喷水灭火系统相同。细水雾闭式灭火系统适宜于采用非密集柜存储的图书库、资料库和档案库等保护对象。

9.8.5 细水雾灭火系统适用范围

(1) 细水雾灭火系统适用范围

① 可燃固体火灾（A 类） 可以有效扑救相对封闭空间内可燃固体表面火灾，包括纸张、木材、纺织品和塑料泡沫、橡胶等固体火灾等。

② 可燃液体火灾（B 类） 可以有效扑救相对封闭空间内的可燃液体火灾，包括正庚烷或汽油等低闪点可燃液体和润滑油、液压油等中、高闪点可燃液体火灾。

③ 电气火灾（E 类） 可以有效扑救电气火灾，包括电缆、控制柜等电子、电气设备火灾和变压器火灾等。

(2) 细水雾灭火系统不适用范围

① 不能直接用于能与水发生剧烈反应或产生大量有害物质的活泼金属及其化合物火灾，包括：

a. 活性金属，如锂、钠、钾、镁、钛、锆、铀、钚等；

b. 金属醇盐，如甲醇钠等；

c. 金属氨基化合物，如氨基钠等；

d. 碳化物，如碳化钙等；

e. 卤化物，如氯化甲酰，氯化铝等；

f. 氢化物，如氢化铝锂等；

g. 卤氧化物，如三溴氧化磷等；

h. 硅烷，如三氯-氟化甲烷等；

i. 硫化物，如五硫化二磷等；

j. 氰酸盐，如甲基氰酸盐等。

② 细水雾灭火系统不能直接应用于可燃气体火灾，包括液化天然气等低温液化气体的场合。

③ 细水雾灭火系统不适用于可燃固体深位火灾。

9.9 泡沫灭火系统

泡沫灭火系统是通过机械作用将泡沫灭火剂、水与空气充分混合并产生泡沫实施灭火的灭火系统，具有安全可靠、经济实用、灭火效率高、无毒性等优点。随着泡沫灭火技术的发展，泡沫灭火系统的应用领域更加广泛。

9.9.1 系统灭火机理

泡沫灭火系统的灭火机理主要体现在以下几个方面。

(1) 隔氧窒息作用　在燃烧物表面形成泡沫覆盖层，使燃烧物的表面与空气隔绝，同时泡沫受热蒸发产生的水蒸气可以降低燃烧物附近氧气的浓度，起到窒息灭火作用。

(2) 辐射热阻隔作用　泡沫层能阻止燃烧区的热量作用于燃烧物质的表面，因此可防止可燃物本身和附近可燃物质的蒸发。

(3) 吸热冷却作用　泡沫析出的水对燃烧物表面进行冷却。

9.9.2 泡沫液组分及类型

(1) 泡沫液的基本组分　泡沫液的基本组分为发泡剂、稳泡剂、耐液添加剂、助溶剂与抗冻剂等。

① 发泡剂　泡沫液中的基本组分，多为各种类型的表面活性物质，作用是使泡沫液的水溶液易于发泡。

② 稳泡剂　多为一些持水性强的大分子或高分子物质，它能提高泡沫的持水时间，增强泡沫的稳定性。

③ 耐液添加剂　多为既疏水又疏油的表面活性剂和某些抗醇性高分子化合物，使泡沫有良好的耐燃料破坏性。

④ 助溶剂与抗冻剂　一般为一些醇类或醇醚类物质，使泡沫液体系稳定、泡沫均匀、抗冻性好。

⑤ 其他添加剂　还有泡沫改进剂、防腐蚀剂、防腐败剂等添加剂。

(2) 泡沫液的类型　泡沫液的类型按照发泡机制分为化学泡沫液与空气泡沫液。

按发泡倍数分为低倍数泡沫液、中倍数泡沫液、高倍数泡沫液。

按性质不同分为蛋白泡沫液、氟蛋白泡沫液（FP）、成膜氟蛋白泡沫液（FFFP）、抗溶成膜氟蛋白泡沫液（FFFP/AR）、水成膜泡沫液（AFFF）等。如图 9-27，图 9-28 所示。

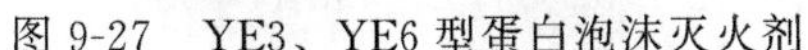
图 9-27 YE3、YE6 型蛋白泡沫灭火剂

图 9-28 空气泡沫枪

(3) 泡沫液的主要性能

泡沫液的主要性能指标有：泡沫发泡倍数、析液时间、灭火时间、燃烧时间等。

(4) 泡沫液的选择

① 低倍数泡沫灭火系统的泡沫液选择应符合下列要求。

a. 对非水溶性甲、乙、丙类液体储罐，当采用液上喷射泡沫灭火时，可选用蛋白、氟蛋白、水成膜或成膜氟蛋白泡沫液。

b. 保护非水溶性甲、乙、丙类液体的泡沫喷淋系统、泡沫枪系统、泡沫炮系统，当采用泡沫喷头、泡沫枪、泡沫炮等吸气型泡沫产生装置时，可选用蛋白、氟蛋白、水成膜或成膜氟蛋白泡沫液；当采用水喷头、水枪、水炮等非吸气型喷射装置时，应选用水成膜或成膜氟蛋白泡沫液。

c. 对水溶性甲、乙、丙类液体和含氧添加剂含量体积比超过 10% 的无铅汽油，以及用一套泡沫灭火系统同时保护水溶性和非水溶性甲、乙、丙类液体的，必须选用抗溶性泡沫液。

② 高倍数泡沫灭火系统的泡沫液选择应符合下列要求。

a. 当利用新鲜空气发泡时，应根据系统所采用的水源，选择淡水型或耐海水型高倍数泡沫液。

b. 当利用热烟气发泡时，应采用耐温耐烟型高倍数泡沫液。

c. 系统宜选用混合比为 3% 型的泡沫液。

③ 中倍数泡沫灭火系统的泡沫液选择应符合下列要求。

a. 应根据系统所采用的水源，选择淡水型或耐海水型高倍数泡沫液，亦可选用淡水海水通用型中倍数泡沫液。

b. 选用中倍数泡沫液时，宜选用混合比为 6% 型的泡沫液。

9.9.3 系统设计依据及设置范围

(1) 设计依据

①《泡沫灭火系统设计规范》(GB 50151—2010)

②《泡沫灭火系统施工及验收规范》(GB50281—2006)

(2) 系统设置范围

① 易燃、可燃物资仓库。

② 易燃液体储罐。

③ 有火灾危险的工业厂房。

④ 地下建筑工程、地下仓库、地下车库、地下铁道、煤矿矿井、地下商店、地下电缆沟等。

⑤ 各种船舶的机舱、泵舱和货舱等。

⑥ 可燃易燃液体和液化石油气、天然气的流淌火灾。

⑦ 中倍数泡沫可用于立式油罐火灾。

⑧ 高、中倍数泡沫不得扑救以下火灾：

a. 硝化纤维、炸药等无空气（氧气）能迅速氧化的化学物质与强氧化剂；

b. 钾钠镁钛等活泼金属火灾；

c. 五氧化二磷等与水起反应的化学物质；

d. 未封闭的带电设备等。

9.9.4 系统分类组成及其适用范围

泡沫灭火系统根据喷射方式、系统结构、发泡倍数、系统形式进行分类，如图 9-29 所示。

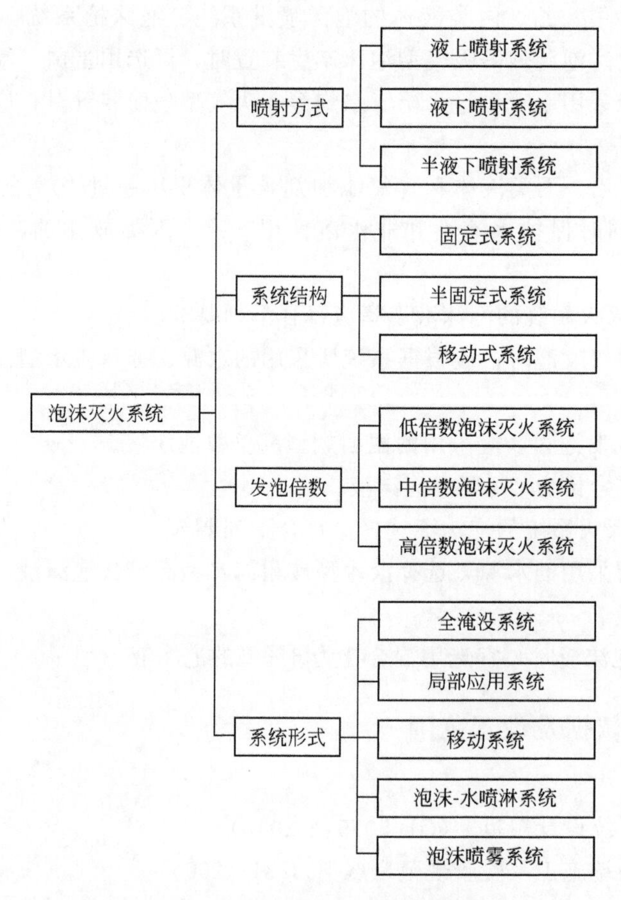

图 9-29 泡沫灭火系统分类

泡沫灭火系统的组件由水源、泡沫消防泵（泡沫消防水泵、泡沫混合液泵、泡沫液泵）、泡沫液储罐、泡沫比例混合装置、泡沫产生装置、阀门、管道及其他附件组成。系统组件必须采用经国家级产品质量监督检验机构检验合格，并且必须符合设计用途。

（1）固定式泡沫灭火系统

① 系统的组成和特点　固定式泡沫灭火系统由消防水源、泡沫消防泵、泡沫比例混合器、泡沫产生装置和管道组成，永久安装在使用场所，当被保护场所发生火灾需要使用时，不需要其他临时设备配合的泡沫灭火系统。

目前，固定式泡沫灭火系统多设计为手动控制系统，即手动启动泡沫消防泵和有关阀门，向保护场所内排放泡沫实施灭火；也有少数自动控制系统，即首先靠火灾自动报警及联动控制系统自动启动泡沫消防泵及有关阀门向保护场所内排放泡沫实施灭火，自动操纵出现故障时，由手动启动系统。

固定式泡沫灭火系统具有启动及时、安全可靠，且操作方便及自动化程度高等优点，但系统的投资大，设备的利用率低、平时维护管理负责。如图9-30所示。

② 适用范围　适用于独立建造的甲、乙、丙类液体储罐区和机动消防设施不足的企业附属甲、乙、丙类液体储罐区。

（2）半固定式泡沫灭火系统

① 系统的组成和特点　半固定式泡沫灭火系统是指由固定的泡沫产生装置、部分泡沫混合液管道和固定接口、泡沫消防车或机动泵、用水带连接组成的灭火系统。

半固定式泡沫灭火系统由于没有固定设置的泡沫混合液泵、泡沫液储罐等设施，所以从维护、管理方面来看有一定的优越性，但它需要一定数量的消防车和消防人员，而这种条件不是一般单位能具有的。

② 系统适用范围　半固定式泡沫灭火系统适用于机动消防设施较强的企业附属甲、乙、丙类液体储罐区。

（3）移动式泡沫灭火系统

① 系统的组成和特点　移动式泡沫灭火系统是指用水带将消防车或机动消防泵、泡沫比例混合器、移动式泡沫产生装置等连接组成的灭火系统。如图9-31所示。

图9-30　水成膜泡沫喷淋灭火系统

图9-31　移动式泡沫灭火装置

移动式泡沫灭火系统是在火灾发生后铺设，不会遭到初期燃烧爆炸的破坏，使用起来机动灵活。但采用移动式泡沫灭火系统设备由于受到风力等因素的影响，泡沫的损失量大，而且系统的操作比较复杂，受外界的影响大，因此扑救速度不如固定式和半固定式灭火系统。

② 系统适用范围　移动式泡沫灭火系统适用于总储量不大于 500m³、单罐储量不大于 200m³ 且罐高不大于 7m 的地上非水溶性甲、乙、丙类液体立式储罐；总储量小于 200m³、单罐储量不大于 100m³ 且罐高不大于 5m 的地上水溶性甲、乙、丙类液体立式储罐；卧式储罐区；甲、乙、丙类液体装卸区易于泄漏的场所。

(4) 低倍数泡沫灭火系统　低倍数泡沫灭火系统是指发泡倍数小于 20 的泡沫灭火系统。该系统自 1937 年以来，一直是甲、乙、丙类液体储罐及石油化工装置区等场所的首选灭火系统。随着泡沫灭火剂和泡沫灭火设备及工艺不断发展完善，低倍数泡沫灭火系统作为成熟的灭火技术，被广泛用于生产、加工、储存、运输和使用甲、乙、丙类液体的保护场所。

低倍数泡沫灭火系统主要由消防水泵、泡沫比例混合装置、泡沫产生器、泡沫喷口、雨淋阀及其他阀门和管件等组成。一定压力的消防水经泡沫比例混合装置与泡沫液混合，形成一定比例的泡沫混合液，经泡沫产生器生成空气泡沫，由泡沫喷口沿保护罐壁淌下，覆盖燃烧液体表面，从而窒息灭火。如图 9-32 所示。

图 9-32　低倍数泡沫灭火系统

(5) 中倍数泡沫灭火系统　中倍数泡沫灭火系统是指发泡倍数为 21～200 的泡沫灭火系统。中倍数泡沫灭火系统在实际工程中应用较少，且多作用于辅助灭火设施。它分为局部应用式、移动式两种类型。

① 局部应用式中倍数泡沫灭火系统　向局部空间喷放中倍数泡沫的固定式、半固定式系统。一般由固定的泡沫产生器、泡沫比例混合器、泡沫液储罐管道过滤器、管道及附件、泡沫消防泵等组成。

它适用于大范围内的局部封闭空间或局部设有阻止泡沫流失围挡措施的场所，以及 100m² 以内的液体流淌火灾。

② 移动式中倍数泡沫灭火系统　移动式中倍数泡沫灭火系统一般由水罐消防车或手抬机动泵、泡沫比例混合器或泡沫消防车、手提式或车载式泡沫发生器、泡沫液桶、水带及其附件等组成。

它适用于以下场所：

a. 发生火灾的部位难以接近的较小火灾场所；

b. 流淌面积不超过 100m² 的液体流淌火灾场所。

(6) 高倍数泡沫灭火系统　高倍数泡沫灭火系统是指发泡倍数为 201～1000 的泡沫灭火系统。如图 9-33 所示。

① 系统组成与类型　高倍数泡沫灭火系统一般由消防水源、消防水泵、泡沫比例混合装置、泡沫产生器以及连接管道等组成。它分为全淹没式、局部应用式、移动式三种类型。

② 系统选择

a. 在不同高度上都存在火灾危险的大范围封闭空间和有固定围墙或其他围挡设施的场所以及宜Ⅱ类飞机库飞机停放和维修区，可选择全淹没式高倍数泡沫灭火系统。

(a) 高倍数泡沫灭火实验

(b) 泡沫发生器

图 9-33 高倍数泡沫灭火系统

b. 大范围内的局部封闭空间或局部设有阻止泡沫流失围挡设施的场所可选择局部应用式高倍数泡沫灭火系统。

c. 地下工程、矿井巷道等发生火灾的部位难以确定或人员难以接近的场所，以及需要排烟、降温或排除其他有害因素的封闭空间，宜选择移动式高倍数泡沫灭火系统。

(7) 液上喷射泡沫灭火系统 指将泡沫从液面上喷入罐内的灭火系统。它有固定式、半固定式、移动式三种。

(8) 液下喷射泡沫灭火系统 指将泡沫从液面下喷入罐内，泡沫在初始动能和浮力的推动下到达燃烧液面实施灭火的系统。它有固定式、半固定式两种。

(9) 半液下喷射泡沫灭火系统 是将一轻质软带卷存于液下喷射管内。当使用时，在泡沫压力和浮力的作用下软带漂浮到燃液表面使泡沫从燃液表面上施放出来实现灭火。

(10) 泡沫喷淋灭火系统 是以泡沫喷头为喷洒装置的自动低倍数泡沫灭火系统。用于扑救室内甲、乙、丙类液体初期溢流火灾。

(11) 泡沫炮灭火系统 是以泡沫炮为泡沫产生与喷射装置的低倍数泡沫灭火系统，一般由泡沫炮。炮架、泡沫液储罐、比例混合器、消防泵组和控制装置等组成。有固定式与移动式之分。固定泡沫炮灭火系统又分为手动泡沫炮灭火系统与远控泡沫炮灭火系统两种。

9.10 智能消防水炮灭火系统

智能消防水炮灭火系统是一套集火灾报警监控、视频监控、自动灭火等为一体的自动灭火系统，它包括对探测系统、跟踪定位系统、喷射灭火剂（水、泡沫）自动控制系统。

9.10.1 系统特性

消防炮自动灭火系统针对现代大空间建筑的消防需要，运用多项高新技术，将计算机、红外和紫外信号处理、通信、机械传动、系统控制等技术有机地结合在一起，实现了高智能化的现代消防理念。其主要特点是能够进行全天候主动火灾监控，并实现全方位的主动射水灭火。即当其保护的现场一旦发生火灾，消防炮装置及时启动、并进行全方位扫描，在30s的时间内判定着火点，并精确定位射水灭火，同时发出信号，启动水泵、打开电磁阀、消防报警器等系统配套设施。此外，在火灾扑灭后能够主动关闭阀门、系统复位（监控状态）。

全自动消防炮自动灭火系统的主要特点有：

① 自动探测报警与自动定位着火点；

② 控制俯仰回转角和水平回转角动作；

③ 接收其他火灾报警器联动信号；

④ 自动控制、远程手动控制和现场手动控制；

⑤ 采用图像呈现方式，实现可视化灭火；

⑥ 探测距离远，保护面积大，响应速度快，探测灵敏度高；

⑦ 自动定位技术，远程控制定点灭火，减少扑救过程中造成的损失；

⑧ 同时具有防火、灭火、监控功能，提高系统整体的性价比；

⑨ 二次寻的（靶）、无需复位，可大大缩短灭火时间。

9.10.2 系统组成

大空间消防水炮灭火系统主要由中心控制软件、集中控制装置、区域控制装置、消防水炮、控制设备、电动阀门、水流指示器、管道、消防泵组、末端试水装置等组成。在火灾发生时，能自动定位着火点并实施自动喷水灭火。如图 9-34 所示。

9.10.3 系统工作原理

当消防水炮系统进入场所监控状态时，火灾探测器不断进行巡检，一旦发现火情，火灾探测器立即给计算机发出报警信息。计算机在接收火灾探测器发出的报警信号，经过系统确认之后，通过解码器的远程通信模块和微处理模块处理，将信息发送给功率驱动模块，由功率驱动模块控制消防水炮的水平电动机和俯仰电动机作旋转运动，由消防水炮喷头带动火焰定位器进行水平方向和俯仰方向上火焰搜索定位。

当消防水炮的水平电位器和俯仰电位器及时将消防水炮和火焰定位器的角度信息传递给解码器的数据采集模块，由数据采集模块将所采集的数字量信号和模拟量信号传输给微处理模块进行分析和处理，在对火灾进一步确认和火焰空间精确定位之后，功率驱动模块自动打开消防水泵和电磁阀，并对着火点实施喷水灭火直至火焰熄灭、报警信号消除为止。当设定范围内的所有火灾报警信号完全被消除，系统自动恢复到初始设定状态，火灾探测器继续进行巡检。消防炮系统安装示意图如图 9-35 所示。

图 9-34 智能消防水炮

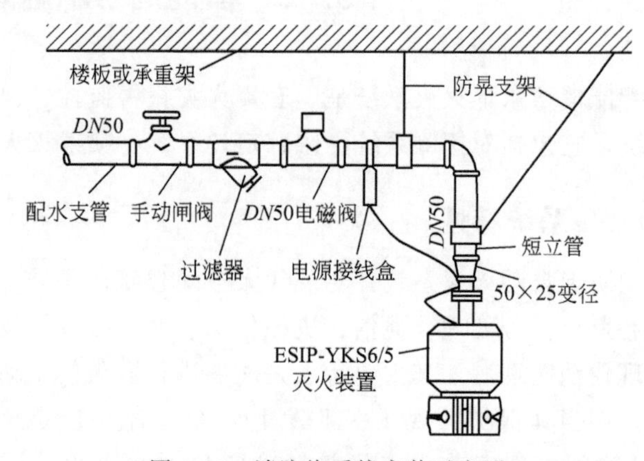

图 9-35 消防炮系统安装示意图

9.10.4 系统设计依据及设置范围

根据《建筑设计防火规范》规定，要求难以设置自动喷水灭火系统的展览厅、观众厅等人员密集场所和丙类生产车间、库房等高大空间场所，应设置其他自动灭火系统，并宜采用固定消防炮等灭火系统。

因此，消防水炮自动灭火系统的适用范围包括体育馆、会展中心、影剧院、购物中心、物流中心、候车（机）大厅等人流量大、人员密集的大空间场所、丙类火灾危险性生产车间、库房等。

【典型案例】北京喜隆多商场火灾（自动喷水灭火系统失效）

(1) 事故简介　2013年10月11日2时59分，位于石景山区苹果园南路的喜隆多商场开始着火，大火整整烧了八个多小时，直到上午11时才被扑灭，过火面积约1500平方米。北京市公安局指挥中心共计调派了15个消防中队的63辆消防车、300余名官兵会同石景山分局相关部门赶赴现场处置。由于火灾发生在凌晨，大厦工作人员及商户无人员伤亡，但两名参与救火的消防官兵不幸牺牲。

(2) 单位概况　喜隆多购物广场（苹果园旗舰店）座落于北京市石景山区苹果园南路，石景山区CRD的核心商圈，总面积20000m^2，是京西一座大型购物中心，喜隆多商场主营服装、箱包及小商品，可燃物较多。

(3) 扑救情况　2013年10月11日2时59分119指挥中心接到报警，石景山苹果园东口喜隆多商场发生火灾。指挥中心相继调派15个中队的49辆消防车赶往现场进行处置。2013年10月11日8时大火突然向东边蔓延，先是冒出浓烟，然后逐渐烧起了明火，明火最先从4层开始，并逐渐向蔓延到3层和2层。在大火的炙烤下3层和2层楼板先后坍塌。商场内很多店铺经营服装纺织等易燃商品。8时许，消防官兵进入商场内部进行内部攻坚灭火，并在西侧、东侧设置力量，防止火势向西侧毗邻住宅和东侧毗邻市场蔓延。2013年10月11日将近9时，火情已被控制，15个消防攻坚组进入商场内部进行内攻灭火。火势未蔓延到该商场周围毗邻建筑。11时许，火被扑灭。据统计，商场过火面积约1500平方米。2013年10月11日17时确认两名消防员牺牲。

(4) 事故原因　起火的直接原因为，商场内麦当劳送餐用电动自行车充电时发生起火。

(5) 事故教训

① 消防治理混乱。喜隆多麦当劳对员工消防安全培训不足，员工缺乏初起事故处置能力和应急知识，在发现起火后，自行逃离，既未采取措施灭火又未疏散店内顾客，其失职导致失去了最佳的灭火时机。

消防控制室的值班员值班人员玩忽值守，对火警置之不理，且缺乏消防系统操作技能，其失职导致火灾范围扩大。通过监控视频发现，起火不到2分钟时间，整个餐厅已经完全被浓烟笼罩，此时麦当劳餐厅的明火已经起来了，中控室里的自动报警和自动灭火系统开始报警，一名男性值班人员起身按了一下报警器，又回到了座位上。2分钟后，第二个报警器又开始报警，值班保安又按断报警音，坐下继续打游戏。尽管消了音，但他身后的报警器一直在闪烁。11日3点01分，消防中控室内，突然有大面积的报警灯闪烁起来，显示火势已经大范围蔓延，这名工作人员这时才停下手中的游戏。发生如此大范围的报警，值班人员应立即启动商场的自动喷水灭火系统，保护还没有起火的区域和楼层，但值班人员并未这样做，而是在翻看操作说明书，后来又跑进来两名值班人员，但他们同样手足无措，没有人启动自动喷水灭火系统，使得自动喷水灭火系统形同虚设。

② 设备管理隐患。自动报警系统未按规定设成自动启动状态，大厦的灭火系统擅自改成了人工手动，因此火灾自动报警系统不能进行联动控制，系统反馈的火警信息需要中控值班人员确认后，方可启动消防系统。而日常当中，由于各种因素的火警误报，导致了操作人员意识上的麻木，往往在未经过确认的情况下就直接按下消防系统消音按钮，使得初期的火警未得到重视，而酿成大事故。

【本章小结】

本章基于自动喷水灭火系统的设计依据、设置范围等相关规范规定，详细介绍了系统分类和组件等设置要求，并阐述了各种自动灭火系统的组成特点、工作原理及适用范围。见表 9-3。

表 9-3　部分自动灭火系统的组成及适用范围

分类 项目	湿式系统	干式系统	预作用系统	雨淋系统
系统组成	闭式喷头、配水管、湿式报警阀、水流指示器、水泵、水池、压力开关、水力警铃、延迟器、末端试水装置、总控制阀、湿式报警控制箱等	闭式喷头、配水管、干式报警阀、水泵、水池、末端试水装置、总控制阀等	闭式喷头、配水管、自动排水阀、水流指示器、消防泵、高位水箱、压力罐、水力警铃、末端试水装置、水泵接合器、感烟探测器、感温探测器、报警器、雨淋阀、进水管、排水管、空压机等	闭式喷头、开式喷头、配水管、自动排水阀、消防泵、高位水箱、传动管、水泵接合器、雨淋阀、进水管、排水管等
适用范围	适用于在环境温度不低于 4℃并不高于 70℃的场所	适用于环境温度低于 4℃，或高于 70℃的场所	适用于严禁系统误喷的忌水场所，可在低温和高温环境中替代干式系统	适用于需大面积喷水、快速扑灭火灾的特别危险场所；属于严重危险级Ⅱ级的场所；火灾的水平蔓延速度快、闭式喷头的开放不能及时有效覆盖着火区域，或室内净空高度超过一定高度，且必须迅速扑救初期火灾的场所
系统组成	水源、供水设备、过滤器、雨淋阀组、管道及水雾喷头等，并配套设置火灾探测报警及联动控制系统或传动管系统	供水装置、过滤装置、控制阀、细水雾喷头等组件，以及供水管道组成	水源、泡沫消防泵（泡沫消防水泵、泡沫混合液泵、泡沫液泵）、泡沫液储罐、泡沫比例混合装置、泡沫产生装置、阀门、管道及其他附件	中心控制软件、集中控制装置、区域控制装置、消防水炮、控制设备、电动阀门、水流指示器、管道、消防泵组、末端试水装置等

续表

项目＼分类	湿式系统	干式系统	预作用系统	雨淋系统
适用范围	（1）以灭火为目的： ① 固体火灾； ② 可燃液体火灾； ③ 电气火灾。 （2）以防护冷却为目的： ① 可燃气体和甲、乙、丙类液体的生产、储存、装卸、使用设施和装置的防护冷却； ② 火灾危险性大的化工装置及管道，如加热器、反应器、蒸馏塔等的冷却防护。	① 可燃固体火灾（A类）。 ② 可燃液体火灾（B类）。 ③ 电气火灾（E类） 不适用范围： ① 不能直接用于能与水发生剧烈反应或产生大量有害物质的活泼金属及其化合物火灾； ② 不能直接用于可燃气体火灾灭火； ③ 不适用于可燃固体深位火灾	① 易燃、可燃物资仓库。 ② 易燃液体储罐。 ③ 有火灾危险的工业厂房。 ④ 地下建筑工程、地下仓库、地下车库、地下铁道、煤矿矿井、地下商店、地下电缆沟等 ⑤ 各种船舶的机舱、泵舱和货舱等 ⑥ 可燃易燃液体和液化石油气、天然气的流淌火灾； ⑦ 中倍数泡沫可用于立式油罐火灾	体育馆、会展中心、影剧院、购物中心、物流中心、候车（机）大厅等人流量大、人员密集的大空间场所、丙类火灾危险性生产车间、库房等

【思考题】

1. 自动喷水灭火系统如何分类？适用范围如何？
2. 湿式、干式、预作用自动灭火系统的主要区别是什么？
3. 简述预作用自动喷水灭火系统的工作原理。
4. 水喷雾、细水雾灭火系统的组成及适用范围分别有哪些？
5. 泡沫灭火系统的灭火机理是什么？如何分类？
6. 泡沫灭火系统的组成及适用范围有哪些？
7. 消防炮灭火系统的组成及设置范围是什么？

第10章 建筑气体灭火系统

【学习要求】

通过本章学习，熟悉建筑气体灭火系统的设置范围，了解建筑气体灭火系统的系统组成和工作原理，掌握各类气体灭火系统的特点、分类及灭火机理。

【学习内容】

主要包括：建筑气体灭火系统的设置范围、建筑气体灭火系统的系统组成和工作原理、各类气体灭火系统的特点、分类及灭火机理。

气体灭火系统是以某些在常温、常压下呈气态的物质作为灭火介质，通过这些气体在整个防护区内或保护对象周围的局部区域建立起灭火浓度实现灭火。由于其特有的性能特点，主要用于保护某些特定场合，是建筑物内安装的灭火设施中的一种重要形式。

气体灭火系统具有明显的优点，如灭火效率高、灭火速度快、适应范围广、对被保护物不造成二次污染等。同时，气体灭火系统也存在着缺点，即系统一次投资较大、对大气环境的不利影响、不能扑灭固体物质深位火灾、被保护对象限制条件多等，这些缺点导致它不能取代水灭火系统，只能作为水灭火系统的补充。

10.1 设计依据与系统设置范围

气体灭火系统是以一种或多种气体作为灭火介质，通过这些气体在整个防护区内或保护对象周围的局部区域建立起灭火浓度实现灭火。建筑气体灭火系统具有灭火效率高、灭火速度快、保护对象无污损等优点。

10.1.1 设计依据

①《火灾自动报警系统设计规范》（GB50116—2013）

②《气体灭火系统设计规范》(GB50370—2005)

③《二氧化碳灭火系统设计规范》(2010年版)(GB50193—1993)

④《卤代烷1211灭火系统设计规范》(GBJ110—1987)

⑤《卤代烷1301灭火系统设计规范》(GB50163—1992)

⑥《火灾自动报警系统施工及验收规范》(GB50166—2013)

⑦《气体灭火系统施工及验收规范》(GB50263—2007)

10.1.2 系统设置范围

(1) 适宜用气体灭火系统扑救的火灾

① 液体火灾或石蜡、沥青等可融化的固体火灾。

② 灭火前能切断气源的气体火灾。

③ 固体表面火灾及棉毛、织物、纸张等部分固体深位火灾。

④ 电气设备火灾。

(2) 不适宜用气体灭火系统扑救的火灾

① 硝化纤维、火药等氧化剂或含氧化剂的化学制品火灾。

② 钾、钠、镁、钛、锆等活泼金属火灾。

③ 氢化钾、氢化钠等金属氢化物火灾。

④ 过氧化氢、联氨等能自行分解的化学物质火灾。

⑤ 可燃固体物质的深位火灾。

⑥ 热气溶胶预制灭火系统不适用于人员密集场所、有爆炸危险性场所及有超净要求的场所，K型及其他类型热气溶胶预制灭火系统不适用于计算机房、通信机房等场所。

(3) 下列场所应设置自动灭火系统，且宜采用气体灭火系统。

① 国家、省级或人口超过100万的城市广播电视发射塔楼内的微波机房、分米波机房、米波机房、变配电室和不间断电源（UPS）室。

② 国际电信局、大区中心、省中心和一万路以上的地区中心内的长途程控交换机房、控制室和信令转接点室。

③ 两万线以上的市话汇接局和六万门以上的市话端局内的程控交换机房、控制室和信令转接点室。

④ 中央及省级治安、防灾和网局级及以上的电力等调度指挥中心内的通信机房和控制室。

⑤ 主机房建筑面积大于等于140m^2的计算机房内的主机房和基本工作间的已记录磁（纸）介质库。

⑥ 中央和省级广播电视中心内建筑面积不小于120m^2的音像制品仓库。

⑦ 国家级、省级或藏书量超过100万册的图书馆内的特藏库；中央和省级档案馆内的珍藏库和非纸质档案库；大、中型博物馆内的珍品仓库；一级纸绢质文物的陈列室。

⑧ 其他特殊重要设备室。

注：当有备用主机和备用已记录磁（纸）介质，且设置在不同建筑中或同一建筑中的不同防火分区内时，上述⑤规定的部位亦可采用预作用自动喷水灭火系统。

10.2 气体灭火系统的组成与控制

10.2.1 系统组成

气体灭火系统由灭火剂储存装置、启动分配装置、输送释放装置（喷头或喷嘴、各种管道）、监控装置、称重装置、储瓶间等组成，如图 10-1 所示。

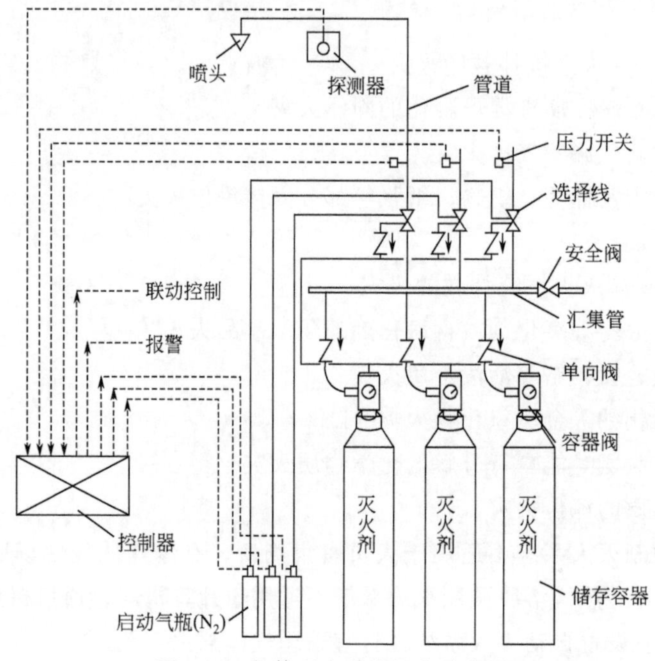

图 10-1 气体灭火系统组成示意图

10.2.1.1 灭火剂储存装置

包括灭火剂储存容器、容器阀、单向阀、集流管、连接软管及支架等，通常是将其组合在一起，放置在靠近防护区的专用储瓶间内。

灭火剂储存容器长期处于充压工作状态，它是气体灭火系统的主要组件之一，对系统能否正常工作影响很大。

容器阀是指安装在灭火剂储存容器出口的控制阀门，其作用是平时用来封存灭火剂，火灾时自动或手动开启释放灭火剂。

集流管在系统中担负的任务是将若干储瓶同时开启施放出的灭火剂汇集起来，然后通过分配管道输送至保护空间。

单向阀是用来控制介质流向的。启动气体管路中根据需要设置必要的单向阀，用以控制气体放出的高压气体来开启相应的阀门。

连接软管是为了便于储存容器的安装与维护，减缓施放灭火剂时对管网系统的冲击力，一般在单向阀与容器阀或单向阀与汇集管之间采用软管连接。

根据《气体灭火系统设计规范》(GB50370)，储存装置应符合下列规定：

① 管网系统的储存装置应由储存容器、容器阀和集流管等组成；七氟丙烷和 IG541 预

制灭火系统的储存装置，应由储存容器、容器阀等组成；热气溶胶预制灭火系统的储存装置应由发生剂罐、引发器和保护箱（壳）体等组成。

② 容器阀和集流管之间应采用挠性连接。储存容器和集流管应采用支架固定。

③ 储存装置上应设耐久的固定铭牌，并应标明每个容器的编号、容积、皮重、灭火剂名称、充装量、充装日期和充压压力等。

④ 管网灭火系统的储存装置宜设在专用储瓶间内。储瓶间宜靠近防护区，并应符合建筑物耐火等级不低于二级的有关规定及有关压力容器存放的规定.且应有直接通向室外或疏散走道的出口。储瓶间和设置预制灭火系统的防护区的环境温度应为－10～50℃；

⑤ 储存装置的布置。应便于操作、维修及避免阳光照射。操作面距墙面或两操作面之间的距离，不宜小于1.0m，且不应小于储存容器外径的1.5倍。

⑥ 储存容器、驱动气体储瓶的设计与使用应符合《气瓶安全监察规程》及《压力容器安全技术监察规程》的规定。

⑦ 储存装置的储存容器与其他组件的公称工作压力，不应小于在最高环场温度下所承受的工作压力。

⑧ 在储存容器或容器阀上，应设安全泄压装置和压力表。组合分配系统的集流管，应设安全泄压装置。安全泄压装置的动作压力，应符合相应气体灭火系统的设计规定。

10.2.1.2 启动分配装置

启动分配装置由启动气瓶、选择阀、启动气体管道三部分组成。

启动气瓶充有高压氮气，用以打开灭火剂储存容器上的容器阀及相应的选择阀。组合分配系统和灭火剂储存容器较多的独立单元系统，多采用这种气瓶启动系统。

组合分配系统中，应设置与每个防护区相对应的选择阀，以使在系统启动时，能够将灭火剂输送到需要灭火的防护区。选择阀的功能相当于一个常闭的二位二通阀，平时处于关闭状态。系统启动时，与需要释放灭火剂的防护区相对应的选择阀则被打开。

输送启动气体管路多采用铜管，系统所选用的铜管应符合有关国家现行标准中对“拉制铜管”和“挤制铜管”的规定。

根据《气体灭火系统设计规范》(GB50370)，启动分配装置应符合下列规定。

① 在通向每个防护区的灭火系统主管道上，应设压力讯号器或流量讯号器。

② 组合分配系统中的每个防护区应设置控制灭火剂流量的选择阀，其公称直径应该与防护区灭火系统的主管道公称直径相等。

③ 选择阀的位置应靠近储存容器且便于操作。选择阀应设有标明其工作防护区的永久性铭牌。

10.2.1.3 喷嘴

喷嘴的作用是保证灭火剂以特定的射流形式喷出，促使灭火剂迅速汽化，并在保护空间内达到灭火浓度。按需要分为以下几种类型：全淹没二氧化碳灭火系统喷嘴、局部应用二氧化碳灭火系统喷嘴、卤代烷灭火系统喷嘴等。

根据《气体灭火系统设计规范》(GB50370)，喷嘴应符合下列规定。

① 喷头应有型号、规格的永久性标识。设置在有粉尘、油雾等防护区的喷头，应有防护装置。

② 喷头的布置应满足喷放后气体灭火剂在防护区内均匀分布的要求。当保护对象属可

燃液体时，喷头射流方向不应朝向液体表面。

喷嘴性能要求：

① 喷嘴应能承受一定的压力，试验后喷嘴不得有变形、裂纹及其他损坏。

② 在使用状态下，应能承受高温和冷击，按标准试验检验后，喷嘴不得发生变形、裂纹和破裂。

③ 喷嘴应能承受控制、操作、运输和安装的冲击。

④ 喷嘴应具有一点的耐腐蚀性能。

⑤ 喷嘴孔的横截面积不能小于规定值。

⑥ 喷嘴应有表示其型号规格的永久性标志。

10.2.1.4 管道

对于有管网气体灭火系统，管道是将储存容器释放出的灭火剂输送到保护场所，经喷嘴喷出实施灭火。由于气体灭火系统工作压力较高，因此，输送灭火剂的管道及管道连接件应能承受较高的压力。鉴于气体灭火系统的特点，系统的管网一般不是很大，但对管道材料、施工安装要求较高。

(1) 管道类型　一般分为无缝管和加厚管。

(2) 管道承受最大压力

① 二氧化碳灭火系统输送灭火剂管道应能承受最高 15MPa 的储存压力。

② IG541 灭火系统，一级充压储瓶为 15MPa，二级充压储瓶为 20MPa。

③ 卤代烷灭火系统管道压力比二氧化碳管道低，要求能够承受 50℃时的储存压力。储存压力为 2.5MPa 时，最大承受压力约为 4.0MPa，储存压力为 4.2MPa 时，最大承受压力约为 6.0MPa。

(3) 管道连接件　气体灭火系统管道常用的管接件与水系统相同，有弯头、三通、接头等，应根据与其连接的管道材料和壁厚来进行选择。

10.2.1.5 其他装置

(1) 监控装置　防护区应有火灾自动报警系统，通过其探测火灾并监控其他灭火系统的启动，实现气体灭火系统的自动启动、自动监控。

(2) 称重装置　气体灭火系统在定期检查时，需要检查储存容器的压力和质量，以检查充压气体和灭火剂是否有泄漏。压力可通过压力表检查，质量需要通过称重来检查。

(3) 储瓶间　气体灭火系统应有专用的储瓶间，放置系统设备，以便于系统的维护管理。储瓶间应靠近防护区，房间的耐火等级不应低于二级，房间出口应直接通向室外或疏散走道。

10.2.2 工作原理

气体灭火系统控制方式主要有四种，即自动、手动、机械应急手动、紧急启动/停止。防护区一旦发生火灾，首先火灾探测器报警，消防控制中心接到火灾信号后，启动联动装置（关闭开口、停止空调等），延时约 30s 后，打开启动气瓶的瓶头阀，利用气瓶中的高压氮气将灭火剂储存容器上的容器阀打开，灭火剂经管道输送到喷头实施灭火。时间的延迟是考虑防护区内人员的疏散。另外，通过压力开关监测系统是否正常工作，若启动指令发出，而压力开关的信号迟迟不返回，说明系统故障，值班人员听到事故报警，应尽快到储瓶间，手动开启储存容器上的容器阀，实施人工启动灭火。气体灭火系统灭火过程框图如图 10-2 所示。

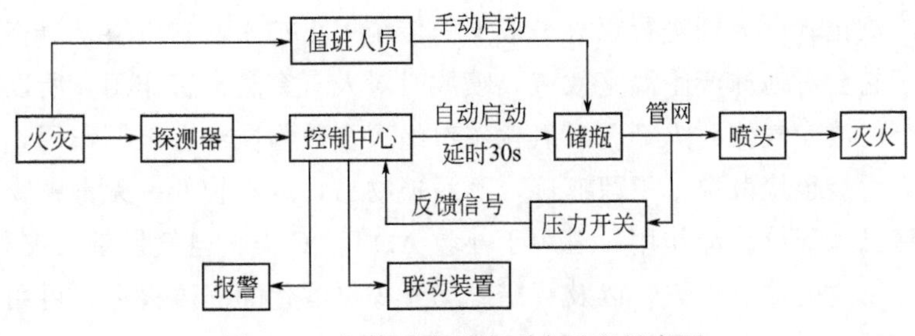

图 10-2 气体灭火系统灭火过程示意图

10.3 不同类型气体灭火系统

为满足各种保护对象的需要，气体灭火系统具有多种应用形式，以便充分发挥其灭火作用，最大限度地降低火灾损失。

我国目前允许使用的气体灭火剂种类有如下，并见表10-1。

表 10-1 气体灭火剂在我国政策允许使用情况表

灭火剂名称	化学（或商品）名称	化学组成	类别	政策允许使用情况
七氟丙烷	HFC-227ea	CF_3CHFCF_3	卤代烃 HFC	√
N_2、Ar、CO_2 混合气体	IG-541	N_2（52%） Ar（40%） CO_2（8%）	纯天然气体	√
氮气	IG-100	N_2（100%）	纯天然气体	√
N_2、Ar 混合气体	IG-55	N_2（50%） Ar（50%）	纯天然气体	√
氩气	IG-01	Ar（100%）	纯天然气体	√
二氧化碳	CO_2	CO_2（100%）	纯天然气体	√
三氟甲烷	HFC-23	CHF_3	卤代烃 HFC	√
六氟丙烷	HFC-236fa	$CF_3CH_2CF_3$	卤代烃 HFC	√
五氟乙烷	HFC-125	CF_3CHF_2	卤代烃 HFC	×
四氟氯乙烷	HCFC-124	$CHClFCF_3$	HCFC	×
十氟丁烷	FC-3-1-10	C_4F_{10}	PFC	×
八氟丙烷	FC-2-1-8	C_3F_8	PFC	×
卤代烃混料	HCFC 混合 A	$CHClF_2$（82%） $CHClFCF_3$（9.5%） $CHCl_2CF_3$（4.75%） $C_{10}H_{16}$（3.75%）	HCFC	×
1211（灭火器）		CF_2ClBr	卤代烷	限制使用
1301		$CBrF_3$	卤代烷	限制使用

(1) 使用二氧化碳灭火剂进行灭火是成熟的传统灭火技术，它不属于严格意义上的卤代烷替代品。由于它会对地球产生温室效应，喷放时对人有窒息毒害作用，所以原则上也不能算是完全意义上的洁净气体灭火剂。二氧化碳对绝大多数物质没有破坏作用，不导电，灭火迅速彻底，灭火后能很快散逸，不留痕迹，不污损物品，成本较低，无毒害物质产生。其灭火机理为物理窒息和部分冷却作用。适用于扑救A、B、C类、电气设备火灾和棉花、织物、纸张等部分固体物质的深位火灾，以及石蜡、沥青等可溶化的固体火灾。可用于全淹没灭火系统，也是唯一可用于局部应用灭火系统的气体灭火剂。与其他几种纯天然气体灭火剂相比，它的灭火效能最好。缺点是灭火设计浓度较高，灭火剂用量较多，储瓶间或储罐间需要面积较大，对地球环境会产生温室效应，喷放时对人有窒息毒害作用，不适宜用于经常有人工作或停留的场所。在释放过程中因为有固态CO_2（干冰）存在，会使防护区温度急剧下降，可能会对精密仪器和精密设备造成一定的影响。

(2) IG-541混合气体灭火剂是由氮气、氩气和二氧化碳气体按一定比例混合而成的气体，无色、无味、无毒，不破坏大气臭氧层，对环境无任何不利影响。无腐蚀性且不导电，灭火过程洁净，灭火后不留痕迹。适用于扑救A、B、C类火灾和电气设备火灾。可用于保护经常有人的场所。其灭火机理是通过降低燃烧物周围的氧浓度而窒息灭火，为物理作用。

(3) 七氟丙烷灭火剂是一种无色无味、不导电的气体，不破坏大气臭氧层，它在常温下可加压液化，在常温条件下能全部挥发，灭火后无残留物。可用于扑救A、B、C类火灾和电气设备火灾。可用于保护经常有人的场所。七氟丙烷为化学灭火剂，其灭火机理为主要以物理方式和部分化学方式灭火。值得注意的是，七氟丙烷在大气中存留时间为31～40年，对大气破坏的永久性程度为42，目前以逐渐被市场淘汰。

(4) 三氟甲烷灭火剂是一种无色、无味、低毒、不导电的气体，对大气臭氧层的损耗潜能值（ODP）为零。灭火速度快，灭火效能高，喷射后无残留物，对设备无污损，电绝缘性能好。可用于扑救A、B、C类火灾和电气设备火灾，也适用于保护经常有人的场所。三氟甲烷为化学灭火剂，其灭火机理为主要以物理方式和部分化学方式灭火。与七氟丙烷相比，具有在严寒、酷热环境下都能使用的特点及价格低。

(5) 六氟丙烷灭火剂的理化特性和灭火特性与七氟丙烷、三氟甲烷类同，不破坏大气臭氧层，对环境无任何不利影响，不导电，灭火过程洁净，灭火后不留痕迹。因其沸点偏高，饱和蒸气压偏低，比较适用于灭火器。

(6) 氮气（IG-100）无色、无味、无毒，具弱导电性，是地球大气层的主要成分，属于完全意义上的洁净气体。其灭火机理为物理窒息。可用于扑救A、B、C类火灾和电气设备火灾。适用于保护经常有人的场所。氮气可以从空气中分离制取，来源广泛，充装费用低廉。

10.3.1 气体灭火系统的分类

10.3.1.1 按灭火剂品种分类

(1) 卤代烃类（化学灭火剂）气体灭火系统，如：

① 七氟丙烷灭火系统（HFC-227ea）；

② 三氟甲烷灭火系统（HFC-23）；

③ 六氟丙烷灭火系统（HFC-236fa）。

（2）卤代烷类（化学灭火剂）气体灭火系统，如：

① 卤代烷1211灭火系统（我国已于2005年停止生产1211灭火剂）；

② 卤代烷1301灭火系统（我国承诺2010年停止生产1301灭火剂）。

（3）纯天然气体类灭火系统，如：

① IG-541（N_2、Ar、CO_2 混合气体）灭火系统；

② IG-100（N_2）灭火系统；

③ IG-55（N_2、Ar混合气体）灭火系统；

④ IG-01（Ar）灭火系统；

⑤ 二氧化碳（CO_2）灭火系统（传统灭火技术）。

10.3.1.2 按气体灭火剂输送压力的来源及形式分类

（1）内贮压式气体灭火系统　灭火剂在瓶组内用驱动气体（一般为 N_2）进行加压贮存，系统动作时灭火剂靠瓶内的充压气体进行输送的系统。如常见的七氟丙烷灭火系统、六氟丙烷灭火系统、卤代烷1211灭火系统、卤代烷1301灭火系统。

（2）外贮压式气体灭火系统　系统动作时灭火剂由专设的充压气体（一般为 N_2）瓶组按设计压力对其进行充压的系统。

（3）自压式气体灭火系统　灭火剂无需充压而是依靠其自身饱和蒸汽压力进行输送的灭火系统。如三氟甲烷灭火系统，IG-541灭火系统、IG-100灭火系统、IG-55灭火系统、IG-01灭火系统、二氧化碳灭火系统等。

10.3.1.3 按灭火剂储存压力分类

（1）高压系统　灭火剂储存压力为15MPa、20MPa的气体灭火系统。如IG-541、IG-100、IG-55、IG-01灭火系统等。

（2）中低压系统　灭火剂储存压力为2.1MPa（低压 CO_2）、2.5MPa、4.2MPa、5.6MPa、5.7MPa（高压 CO_2）的气体灭火系统。如七氟丙烷、三氟甲烷、六氟丙烷、1211、1301、二氧化碳灭火系统等。

因为高压 CO_2 灭火系统是指灭火剂在常温下加压液化储存（20℃时储存压力为5.7MPa）的二氧化碳灭火系统，低压 CO_2 灭火系统是指灭火剂在－18～－20℃低温下液态储存（－18℃时储存压力为2.1MPa）的二氧化碳灭火系统，所以它们二者均属于中低压气体灭火系统范围。

10.3.1.4 按保护范围分类

（1）全淹没灭火系统　灭火剂在规定喷放时间内使整个防护区密闭空间达到设计灭火浓度。除 CO_2 以外的其他各类气体灭火剂均只适用于此系统。

（2）局部应用灭火系统　以设计喷射率向具体保护对象喷放灭火剂，并持续一定时间。CO_2 是唯一可用于全淹没灭火系统也可用于局部应用灭火系统的气体灭火剂。

10.3.1.5 按有无灭火剂输送管网分类

（1）有管网灭火系统　灭火剂从储存装置需经由管网（干管及支管）输送至喷放组件

(喷嘴)才能实施喷放的气体灭火系统。其中一套灭火剂储存装置只保护一个防护区或保护对象的灭火系统为单元独立系统;而用一套灭火剂储存装置保护两个及两个以上(≤8个)防护区或保护对象的灭火系统为组合分配系统。

(2)(无管网)预制灭火系统　按一定的应用条件,将灭火剂储存装置和喷放组件等预先设计、组装成套且具有联动控制功能的灭火系统。如七氟丙烷预制灭火系统、高压二氧化碳预制灭火系统、三氟甲烷预制灭火系统、六氟丙烷预制灭火系统。

10.3.2　二氧化碳灭火系统

(1)二氧化碳气体灭火特性　二氧化碳气体是人们早已熟悉的一种灭火剂,常温、常压下它是一种无色、无味、不导电的气体,不具腐蚀性。二氧化碳密度比空气大,从容器放出的二氧化碳将沉积在地面。

① 当温度下降到－56.3℃,压力为0.52MPa情况下(或温度为31℃,压力为7.37MPa),二氧化碳气体将变成液态;

② 当温度降到－56.3℃以下及压力在0.52MPa以上时,或在常压且温度下降到－78.5℃以下时,二氧化碳将变成固体,俗称干冰。

③ 在临界温度(31.3℃)以上时,无论其承受多大压力,二氧化碳始终是气体状态。

值得注意的是,二氧化碳对人体有危害,具有一定毒性,当空气中二氧化碳含量在15%以上时,会使人窒息死亡。

因此,消防工程中,利用二氧化碳作为灭火剂,应当注意以下几个方面的问题。

① 二氧化碳作为灭火剂应保证纯度在99.5%以上,且不应有臭味。

② 二氧化碳的含水量按重量计不应大于0.01%,以免使含水二氧化碳对容器及管道有腐蚀作用。

③ 二氧化碳内的油脂含量,按重量计不应大于100ppm。

④ 二氧化碳的抑爆峰值,按体积计,不应大于28.5%,合格的二氧化碳灭火剂是构成二氧化碳灭火系统的重要因素。

从以上分析可以看出,二氧化碳(CO_2)灭火剂是一种惰性气体,具有不导电、无腐蚀、能够逸散在大气中,不留痕迹,不会造成大气层污染等,可以以三种物理状态存在,即气态、液态和固态,比空气重。由于二氧化碳灭火剂易于制造、价格低廉,在很多场合得到应用。但二氧化碳气体具有较强的温室效应,对环境有影响,所以不宜广泛使用。

(2)二氧化碳灭火原理　主要是对可燃物质的燃烧窒息作用,并有少量的冷却降温,即当二氧化碳释放到起火空间,由于起火空间中的含氧量降低,使燃烧区因缺氧而使火焰熄灭。因此,二氧化碳的主要灭火作用是窒息,此外,对火焰还有一定的冷却和抑制作用。

① 窒息作用　当空气中氧的含量低于某一值时,燃烧将不能维持。此时的氧含量称为维持燃烧的极限氧含量,这种通过降低氧的浓度的灭火作用就是窒息作用。二氧化碳是一种惰性气体,因此对燃烧具有良好的窒息作用。

② 冷却作用　灭火时,喷射出的液态和固态二氧化碳在汽化过程中要吸热,具有一定的冷却作用。

当氧气含量低于12%或二氧化碳浓度达到30%～35%时绝大多数燃烧都会熄灭，所以二氧化碳本身具有窒息作用，而液态二氧化碳在常压下即可汽化又有吸收和冷却作用。但二氧化碳在高浓度下又可导致人的窒息和中毒。

③ 抑制作用　二氧化碳在灭火时具有一定的化学抑制作用，但与其他化学灭火剂相比，对燃烧的化学抑制作用小，以致使其在灭火时的作用不明显而被忽略。

二氧化碳灭火系统的灭火，是通过在防护区内或保护对象的局部区域周围建立起二氧化碳灭火浓度实现的。因此，二氧化碳灭火剂用量不仅与防护区的大小和封闭情况有关，还与灭火剂本身的灭火能力（灭火浓度）有很大的关系。

(3) 二氧化碳灭火系统的特点及应用范围　由于二氧化碳是一种良好的灭火剂，其灭火效果虽然稍差于卤代烷灭火剂，但其价格却是卤代烷灭火剂的几十分之一，再加上它不沾污物品，无水渍损失及不导电，因此利用二氧化碳灭火的固定式二氧化碳灭火系统一直被广泛应用于国内外消防工程中。

(4) 二氧化碳灭火系统分类方式　按系统应用场合，二氧化碳灭火系统通常可分为全充满二氧化碳灭火系统、局部二氧化碳灭火系统及移动式二氧化碳灭火系统。

① 所谓全充满系统也称全淹没系统，是由固定在某一特定地点的二氧化碳钢瓶、容器阀、管道、喷嘴、控制系统及辅助装置等组成。此系统在火灾发生后的规定时间内，使被保护封闭空间的二氧化碳浓度达到灭火浓度，并使其均匀充满整个被保护区的空间，将燃烧物体完全淹没在二氧化碳中。全充满系统在设计、安装与使用上都比较成熟，因此是一种应用较为广泛的二氧化碳灭火系统。

② 局部二氧化碳灭火系统也是由固定的二氧化碳喷嘴、管路及固定的二氧化碳源等组成，可直接、集中地向被保护对象或局部危险区域喷射二氧化碳灭火，其使用方式与手提式灭火器类似。

③ 移动式二氧化碳灭火系统是由二氧化碳钢瓶、集合管、软管卷轴、软管以及喷筒等组成。此系统的应用不多，因为只有在被保护场所对外界的开口部分为整个被保护区域面积的20%以上时：才考虑应用这种系统。

10.3.3　卤代烷灭火系统

烷烃分子中的部分或全部氢原子被卤素原子取代得到的一类有机化合物总称为卤代烷。一些低级烷烃的卤代物具有不同程度的灭火作用，称其为卤代烷灭火剂，商业名称为哈龙灭火剂。

事实上，许多种卤代烃具有灭火作用，但由于其毒性、腐蚀性、稳定性、灭火能力及经济性的影响，目前常用的卤代烷灭火剂仅是为数不多的几种。卤代烷1301灭火剂与卤代烷1211灭火剂是其中应用最广泛的，它们不仅用于固定灭火系统，还应用于各类灭火器。七氟丙烷是一种新兴的灭火剂。各种卤代烷灭火剂的化学性能、腐蚀性等基本相同。

10.3.3.1　卤代烷系统特点

卤代烷1301和1211灭火系统具有一些显著的特点。这些特点主要是由卤代烷灭火剂本身的物理和化学性能造成的。就灭火剂本身而言，它具有灭火效率高、灭火速度快、灭火后不留痕迹（水渍）；电绝缘性好、腐蚀性极小、便于贮存且久贮不变质等优点，是一种性能十分优良的灭火剂，成为目前对一些特定的重要场所进行保护的首选灭火剂之一。但卤代烷灭火剂也有显著的缺点，主要有两点：一是有毒性，在使用中要引起足够重视，要按符合系统的安全要求设计；二是灭火剂本身价格高，使其应用受到限制。

卤代烷灭火剂易于液化贮存，使用方便；沸点低（1211为－4℃，1301为－5.7℃）。常温下，只要灭火剂被释放出来，就会成为气体状态，属于气体灭火方式；饱和蒸汽压低，不能快速地从系统中释放出来，需要增加气体加压工作。既可以作全淹没方式灭火，扑灭保护区内任意部位的火灾，又可以针对某一具体部位作局部应用方式灭火；既可以用管网形式作远距离灭火，也可以将装置以悬挂方式就地灭火，还可以对面积不等的多个保护区用一套装置同时保护选择灭火。

10.3.3.2 卤代烷应用范围

卤代烷灭火剂对有些物质和场所的灭火效果是十分理想的，而对有些物质和场所又不能使用。

（1）卤代烷1211、1301灭火系统可用于扑救下列火灾。

① 可燃气体火灾，如煤气、甲烷、乙烯等的火灾。

② 液体火灾，如甲醇、乙醇、丙酮、苯、煤油、汽油、柴油等的火灾。

③ 固体的表面火灾，如木材、纸张等的表面火灾。

④ 电气火灾，如电子设备、变配电设备、发电机组、电缆等带电设备及电气线路的火灾。

⑤ 热塑性塑料火灾。

（2）卤代烷1211、1301灭火系统不得用于扑救含有下列物质的火灾。

① 无空气仍能迅速氧化的化学物质，如硝酸纤维、火药等。

② 活泼金属，如钾、钠、镁、钛、锆、铀、钚等。

③ 活泼金属的氢化物，如氢化钾、氢化钠等。

④ 能自行分解的化学物质，如某些过氧化物等。

⑤ 易自燃的物质，如磷等。

⑥ 强氧化剂，如氧化氮、氟等。

⑦ 易燃、可燃固体物质的阴燃火灾。

10.3.3.3 卤代烷系统的设置范围

（1）根据《建筑设计防火规范》规定，下列部位应设置卤代烷灭火设备。

① 省级或超过100万人口城市电视发射塔微波室。

② 超过50万人口城市通讯机房。

③ 大中型电子计算机房或贵重设备室。

④ 省级或藏书量超过100万册的图书馆，以及中央、省、市级的文物资料的珍藏室。

⑤ 中央和省、市级的档案库的重要部位。

（2）根据《人民防空工程设计防火规范》（GB50098）规定，下列部位应设置卤代烷灭火装备。

① 油浸变压器室。

② 电子计算机房。

③ 通信机房。

④ 图书、资料、档案库。

⑤ 柴油发电机室。

除此外，金库、软件室、精密仪器室、印刷机、空调机、喷涂设备、冷冻装置、中小型油库、化工油漆仓库、车库、船舱和隧道等场所都可用卤代烷灭火装置进行有效灭火。

10.3.3.4 卤代烷系统分类

卤代烷可以根据其灭火方式、系统结构、加压方式及所使用的灭火剂种类进行分类，供不同的场所选用。按灭火方式分类如下。

(1) 全淹没系统　又叫全充满系统，是一种用固定喷嘴，通过一套贮存装置，在规定的时间内向保护区喷射一定浓度的灭火剂，并使其均匀地充满整个保护区的空间，让燃烧物淹没在灭火剂中进行灭火。全淹没是卤代烷灭火的主要方式，是讨论的主要对象。1211 和 1301 全淹没系统的研究、设计、生产和工程应用都较成熟，目前的设计、安装和验收规范都是对全淹没系统而言的。

(2) 局部应用系统　是用固定的喷嘴或移动的喷枪，采用直接、集中地向被保护对象或局部危险区域喷射灭火剂的方式进行灭火的系统。这种灭火方式和用一个手提式灭火器灭火的方式类似。我国对卤代烷局部应用系统尚未开展全面研究、试验和工程设计，国外也还没有取得实用性的研究成果。

10.3.4 七氟丙烷灭火系统

10.3.4.1 七氟丙烷气体灭火系统灭火特点

(1) 系统简介　七氟丙烷气体灭火系统由储存瓶、启动瓶、液流单向阀、高压软管、集流管、瓶组架、选择阀、管网、喷头及自动灭火控制器等部件组成。

七氟丙烷灭火系统是目前用来替代 1211 和 1301 等灭火系统的新型产品。七氟丙烷是一种以化学方式灭火的洁净气体灭火剂。具有无毒、无味、无色、不导电、不污染被保护对象，特别是对大气臭氧层无破坏作用，符合环保要求。其工作原理和基本结构同二氧化碳系统基本相同。

按有无管网分为：有管网和无管网。

(2) 七氟丙烷的性质

① 灭火剂是一种无色、几乎无味、灭火后无固、液残留物，不导电的气体。

② 化学分子为 CF_3CHFCF_3，分子量为 170。

③ 密度大约为空气的 6 倍。

④ 采用高压液化储存。

(3) 对环境的影响　七氟丙烷灭火剂不会破坏大气臭氧层，在大气中的残留时间也比较短，其环保性能明显优于卤代烷“1301”。

七氟丙烷的毒性较低，对人体产生不良影响的体积浓度临界值为 9%，并允许在浓度为 10.5%的情况下使用 1min。因此，正常情况下对人体不会产生不良影响，可用于经常有人活动的场所。如图 10-3 所示。

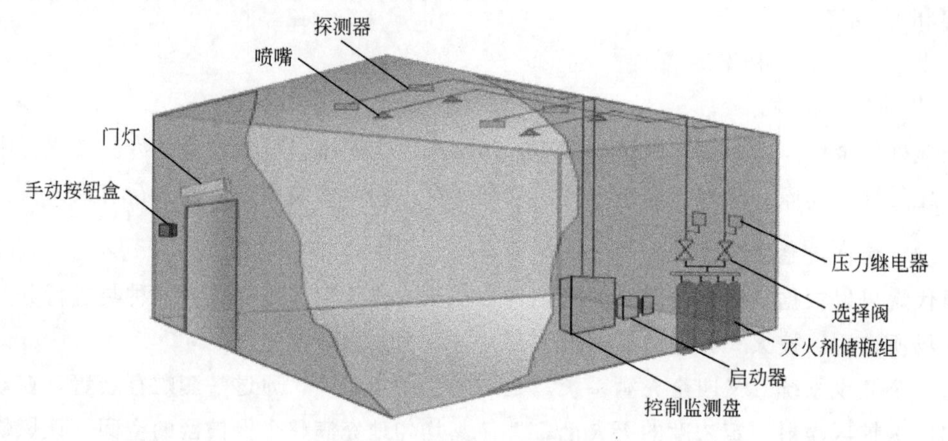

图 10-3　卤代烷灭火系统示例

10.3.4.2　七氟丙烷气体灭火系统灭火机理

卤代烷灭火剂参与燃烧的化学反应过程，消除燃烧所必须的活性游离基 H 和 HO 基等，并生成稳定分子 H_2O 和 CO_2 以及活性较低游离基等，从而使燃烧得到抑制，最终使连锁反应中断而达到灭火的目的。也可以说卤代烷灭火剂起到一种参与燃烧的负催化作用。

10.3.4.3　七氟丙烷气体灭火系统启动方式

七氟丙烷气体灭火系统的启动方式有以下三种。

① 自动控制启动。

② 手动控制启动。

③ 机械应急控制启动。

10.3.4.4　七氟丙烷气体灭火系统应用范围

七氟丙烷灭火剂可以扑救的火灾。

① 可燃气体火灾，如甲烷、乙烯、煤气、天然气等。

② 甲、乙、丙类液体火灾，如烃类、醇类、有机溶剂类等。

③ 可燃固体表面火灾。

④ 电气火灾。

近几年来，七氟丙烷以其优越的灭火效能已经广泛应用于工业、通信、医疗、电力、石油、航空、海洋运输及民用建筑中的数据处理中心；印刷机械；新闻中心；电信通讯设施；过程控制中心；昂贵的医疗设施；贵重的工业设备；图书馆、博物馆、艺术馆、档案室；洁净室；消声室；应急电力设施；易燃液体储存区等。

此外，七氟丙烷灭火系统同样适用于邮电、通讯机房、计算机房、配电间、电气老化间、微波载波室、船舶、飞机、火车、汽车引擎间、货舱、控制间等。

10.3.5　IG-541 灭火系统

(1) IG-541 灭火剂特性　IG541 灭火剂是一种无毒、无色、无味、惰性、不导电的纯“绿色”压缩气体。它既不支持燃烧又不与大部分物质产生反应、来源丰富且无腐蚀性。

IG-541 既没有臭氧耗损潜能值（ODP），又不会对地球的“温室效应”产生影响，还不会产生具有长久影响大气寿命的化学物质，更不会造成诸如卤代烃替代药剂伴生的毒性问题。从环保角度，IG－541 灭火剂是一种较为理想的灭火剂。

因 IG-541 属气体单相灭火剂，故不能作局部喷射使用，不能以灭火器方式使用，灭火剂用量过大，与其他气体灭火系统相比有更多的储存钢瓶和更粗的喷放管道。

(2) IG-541 灭火系统特点　IG541 灭火系统，又称混合气体灭火系统，也称烟络尽灭火系统。

由于该系统用的是 52％氮气、40％氩气、8％二氧化碳混合而成的一种气体灭火剂。在灭火过程中，具有不污染被保护对象，不破坏大气臭氧层，对人体及动植物无不良影响，灭火剂的喷放不影响人的视觉，利于人员逃生等优点。

(3) IG541 灭火系统组成、分类及适用范围

① 系统组成　主要由自动报警灭火控制器、喷嘴、灭火剂储瓶、容器阀、电磁阀、选择阀、单向阀、减压装置、压力开关、框架、管网等主要设备所组成。

② 系统分类　该系统是全淹没灭火系统，按保护区可分为单元独立系统和组合分配系统。

③ 适合场所　适合于电子计算机房、通信设备、控制室、磁带库、图书馆、档案馆、珍品库等重点单位重点部位的消防保护。

10.3.6 气溶胶灭火系统

(1) 气溶胶性质　气溶胶灭火系统是国际上近十多年来发展起来的一种消防新设备。我国在 20 世纪 60 年代中期就开始了这方面的研究，到 90 年代初期从俄罗斯引进该项技术并于以消化，研制出具有自己特色的气溶胶灭火装置。后经不断改进提高，发展十分迅猛。俄罗斯科学家将军工技术移植到消防领域，制造出一种新型灭火材料——气溶胶灭火剂。经过不断研究开发，目前在俄罗斯已形成系列产品。美国、德国、日本、加拿大等国在这段时间内也相继开发出气溶胶灭火产品并予以推广使用。现在，气溶胶灭火技术在国内正在不断推广和发展。气溶胶灭火剂也是其中的一种。由于气溶胶灭火产品是一种有效且最小影响的灭火剂，具有系统简单、造价低廉；无腐蚀、无污染、无毒无害、对臭氧层无损耗、残留物少、高速高效、全淹没全方位灭火、应用范围广等优点，因而发展很快，已被众多专业人士认定为哈龙产品的理想替代品。

气溶胶是指以固体或液体为分散相而气体为分散介质所形成的溶胶。也就是固体或液体的微粒（直径为 1μm 左右）悬浮于气体介质中形成的溶胶。气溶胶与气体物质同样具有流动扩散特性及绕过障碍物淹没整个空间的能力，因而可以迅速对被保护物进行全淹没方式防护。

气溶胶可分为：分散相中固体微粒占绝大部分的固相气溶胶和液体微粒占绝大部分的液相气溶胶两大类。例如常见的烟气类似于固相气溶胶，而雾则类似于液相气溶胶。

气溶胶的生成有两种方法：一种是物理方法，即采用将固体粉碎研磨成微粒，再用气体予以分散，形成气溶胶；另一种是化学方法，通过固体的燃烧反应，使反应产物中既有固体也有气体，气体分散固体微粒形成气溶胶。

(2) 系统灭火机理

① 吸热分解的降温灭火作用　气溶胶中的固体微粒主要是金属氧化物。进入燃烧区内，它们在高温下分解，其分解过程是强烈的吸热反应，因而能大量吸收燃烧产生的热量，使火

区温度迅速下降，致使燃烧过程中断，火焰熄灭。

② 气相化学抑制作用　在上述分解反应中气溶胶微粒离解出的金属物质能以蒸气或阳离子的形式存在于燃烧区，在瞬间它与燃烧产物中的活性基团 H、OH、和 O 发生多次链式反应。消耗活性基团和抑制活性基团之间的放热反应，从而对燃烧反应起到抑制作用，实现灭火机能。

③ 固相化学抑制作用　在燃烧区内被分解和气化的气溶胶的固体微粒只是一部分。末被分解和气化的固体微粒因为其颗粒直径很小（1μm 左右），具有很大的比表面和表面积能，因而在与燃烧产物中的活性基团的碰撞过程中，被瞬时吸附并发生化学作用，由于反应的反复进行，能够起到消耗活性基团的目的。对燃烧链式反应起到抑制阻断作用，使燃烧终止。

④ 对于某些固体微粒含量较低的气溶胶则是依靠其气体中含有较高比例的 CO_2，N_2 等惰性气体和汽化 H_2O 的物理窒息为主要灭火方式，气溶胶中含有少量的固体微粒（金属氧化物）则以上述三种作用，提高灭火效率，加快灭火速率的作用。

(3) 热气溶胶灭火系统的分类　热气溶胶产品作为哈龙替代技术的重要组成部分在我国得到了大量使用。

热气溶胶中 60%以上是由 N_2 等气体组成，其中含有的固体微粒的平均粒径极小（小于 1μm），并具有气体的特性（不易降落、可以绕过障碍物等），故在工程应用上讲热气溶胶当做气体灭火剂使用。《气溶胶灭火系统　第 1 部分：热气溶胶灭火装置》(GA499.1) 中，按热气溶胶发生剂的化学配方将热气溶胶分为 K 型、S 型、其他型三类。

① K 型热气溶胶　由以硝酸钾为主氧化剂的固体气溶胶发生剂经化学反应所产生的灭火气溶胶，固体气溶胶发生剂中硝酸钾的含量（按质量百分比）不小于 30%。

② S 型热气溶胶　由含有硝酸锶 [$Sr(NO_3)_2$] 和硝酸钾 (KNO_3) 符合氧化剂的固体气溶胶发生剂经化学反应所产生的灭火气溶胶。其中复合氧化剂的组成（按质量百分比）硝酸锶为 35%～50%，硝酸钾为 10%～20%。

③ 其他型热气溶胶　非 K 型和 S 型热气溶胶。

(4) 热气溶胶灭火系统的适用范围　多年的基础研究和应用性实验研究，特别是大量的工程实践例证证明：

① S 型热气溶胶灭火系统用于扑救电气火灾后不会造成对电器及电子设备的二次损坏，故用于扑救电气火灾；

② K 型热气溶胶灭火系统喷放后的产物会对电气和电子设备造成损坏。

因此，热气溶胶预制灭火系统不应设置在人员密集场所、有爆炸危险性的场所及有超净要求的场所。K 型及其他型热气溶胶预制灭火系统不得用于电子计算机房、通讯机房等场所。

【本章小结】

气体灭火系统是以气体作为灭火介质的灭火系统的统称。灭火剂可以由一种气体组成，也可以由多种气体组成。

气体灭火系统按灭火剂品种可以分为以下几类：二氧化碳灭火系统、七氟丙烷灭火系统、IG-541 灭火系统以及热气溶胶灭火系统。见表 10-2。

表 10-2 部分气体灭火机理及适用范围

分类 / 特性	二氧化碳灭火系统	七氟丙烷灭火系统	IG-541灭火系统	热气溶胶灭火系统
灭火机理	(1) 窒息； (2) 一定的冷却抑制作用	参与燃烧的负催化作用	降低封闭空间内氧的浓度，窒息燃烧来扑灭火灾	(1) 吸热分解的降温灭火作用； (2) 气相和固相化学抑制作用
适用范围	(1) 灭火前可切断气源的气体火灾； (2) 液体火灾或石蜡、沥青等可熔化的固体火灾； (3) 固体表面火灾及棉毛、织物、纸张等部分固体深位火灾； (4) 电气火灾等	(1) 灭火前可切断气源的气体火灾； (2) 液体表面火灾或可融化的固体火灾； (3) 固体表面火灾； (4) 电气火灾等	(1) 可燃、易燃气体； (2) 电气、电子设备或通讯设备 (3) 其他高价值的财产和重要场所(部位)。 注意，凡固体类(含木材、纸张、塑料、电器等)火灾，都只适用于扑救表面火灾	(1) 相对封闭空间的A类火灾，如木材、纸张等固体物质初起火灾； (2) B类火灾，如生产、使用或贮存柴油(-35号柴油除外)、重油、润滑油、变压器油、动物油、植物油等各种丙类可燃液体场所的火灾； (3) 变（配）电间、发电机房、电缆夹层、电缆井、电缆沟、电子计算机房、通讯机房等场所的电气电缆初起火灾
不适用范围	(1) 硝化纤维、火药等含氧化剂的化学制品火灾； (2) 钾、钠、镁、钛、锆等活泼金属火灾； (3) 氢化钾、氢化钠等金属氢化物火灾等	(1) 含氧化剂的化学制品及混合物，如硝化纤维、硝酸钠等； (2) 活泼金属，如钾、钠、镁、钛、锆、铀等； (3) 金属氢化物，如氢化钾、氢化钠等； (4) 能自行分解的化学物质，如过氧化氢、联胺等	(1) 主燃料为液体的火灾； (2) 固体深位火灾	(1) 商业、饮食服务、娱乐等人员密集场所； (2) 有爆炸危险性的场所及有超净要求的场所； (3) K型及其他型热气溶胶预制灭火系统不得用于电子计算机房、通讯机房等场所

【思考题】

1. 什么是气体灭火系统？如何分类？
2. 气体灭火系统主要有哪几种控制方式？
3. 常见的气体灭火系统的灭火机理和适用范围分别是什么？
4. 气体灭火系统有哪些基本组成构件？
5. 建筑气体灭火系统的设计规范有哪些？

第11章 建筑火灾自动报警及联动控制系统

【学习要求】

通过本章学习，熟悉建筑火灾自动报警系统的构成及设置范围，了解火灾探测报警系统的工作原理，掌握其形式选择与设计要求，熟悉各类消防联动控制系统的设计规定，了解城市消防远程监控的设计原理及性能要求，熟悉消防电源与供配电的控制及工作要求，掌握消防控制室的布置及功能要求。

【学习内容】

主要包括：建筑火灾自动报警系统的构成及设置范围、火灾探测报警系统的工作原理、形式选择与设计要求、各类消防联动控制系统的设计规定、城市消防远程监控的设计原理及性能要求、消防电源与供配电的控制及工作要求、掌握消防控制室的布置及功能要求。

建筑中火灾自动报警系统是当代电子信息技术与传统的建筑火灾探测报警技术有机结合的产物。现代建筑的消防安全要求必须以智能化建筑物的消防安全设计为基础，通过现代建筑中配置的各类消防设备与设施，实现火灾的早期预报与消防设备的有效动作，做到火灾报警及时可靠、消防设备联动迅速有效、现代建筑环境防火安全。

火灾自动报警联动设施，可以说是消防设施系统的核心。火灾报警功能只是其一，还有各种联动控制功能，如自动喷淋灭火联动、防火卷帘联动控制、消防泵房联动控制、非消防电源强切联动控制、消防广播电话联动控制、消防电梯联动控制、消防应急照明联动控制、集中空调防火阀联动控制、机械防烟排烟阀联动控制等。火灾自动报警系统的主要设计内容见表11-1。

表11-1　火灾自动报警系统主要设计内容

设备名称	内　　容
报警设备	火灾自动报警控制器、火灾探测器、手动报警按钮与紧急报警设备、可燃气体探测系统火灾监控系统等
通信设备	应急通信设备、对讲电话、应急电话等
广播系统	火灾事故广播设备

续表

设备名称	内　容
灭火设备控制	喷水灭火系统的控制，室内消火栓灭火系统的控制，泡沫、气体等管网灭火系统的控制等
消防联动设备与控制	防火门、防火卷帘门的控制，防排烟风机、排烟阀的控制、空调、通风设施的紧急停止，联动的自动灭火系统与电梯控制监视等
避难设备	应急照明装置，诱导灯与避难层等

建筑火灾自动报警系统相关基本术语。

① 报警区域　将火灾自动报警系统警戒的范围按防火分区或楼层划分的单元。

② 探测区域　将报警区域按探测火灾的部位划分的单元。

③ 保护面积　一只火灾探测器能探测的有效地面面积。

④ 保护半径　一只火灾探测器能有效探测的单向最大水平距离。

⑤ 安装间距　两个相邻火灾探测器中心之间的水平距离。

⑥ 联动控制信号　由消防联动控制器发出的用于控制自动消防设备工作的信号。

⑦ 联动反馈信号　受控自动消防设备（设施）将其工作状态信息发送给消防联动控制器的信号。

⑧ 联动触发信号　消防联动控制器接收的用于逻辑判断，并发出联动控制的信号。

报警探测装置几个重要指标：误报率、故障率、漏报率、灵敏度。

11.1 设置范围

11.1.1 火灾自动报警系统构成

火灾报警系统是依据主动防火对策，以被监测的各类建筑物、油库等为警戒对象。通过自动化手段实现早期火灾探测、火灾自动报警和消防设备连锁联动控制。所以火灾报警系统由报警探测器、报警控制器、消防电源、火灾警报装置、联动控制装置、消防电话装置、消防应急照明与疏散指示装置等组成，如图 11-1 所示。

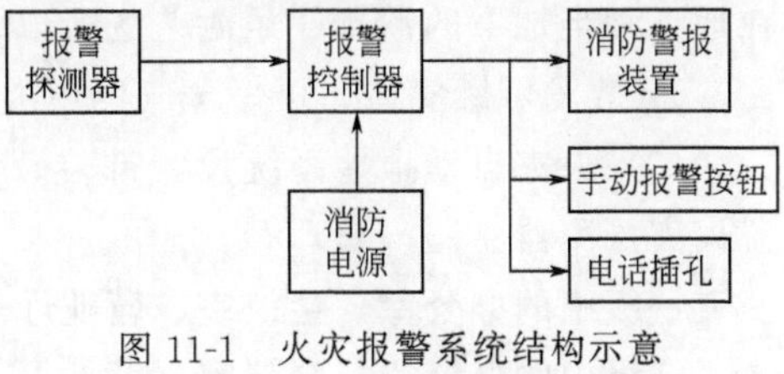

图 11-1　火灾报警系统结构示意

11.1.2 火灾自动报警系统设置范围

(1) 火灾自动报警系统保护对象等级　火灾自动报警系统保护对象分为特级、一级、二级。

① 特级　指建筑高度超过 100m 的高层建筑。

② 一级　指建筑高度不超过 100m 的一类建筑；甲、乙类生产厂房和储存库房；建筑面积 $1000m^2$ 以上的丙类储存库房；建筑高度不超过 24m 的重要民用建筑以及建筑高度超过 24m 的单层公共建筑；重要的地下工业建筑和地下民用建筑。

③ 二级　指二类建筑；建筑高度不超过 24m 的重要民用建筑和工业建筑；非重要小型地下民用建筑。

(2) 火灾自动报警系统设置场所　根据《建筑设计防火规范》(GB50016) 规定，建筑物的下列部位应设火灾报警装置。

① 大中型电子计算机房，特殊贵重的机器、仪表、仪器设备室、贵重物品库房，每座占地面积超过 $1000m^2$ 的棉、毛、丝、麻、化纤及其织物库房，设有卤代烷、二氧化碳等固定灭火装置的其他房间，广播、电信楼的重要机房，火灾危险性大的重要实验室。

② 图书、文物珍藏库、每座藏书超过100万册的书库，重要的档案、资料库，占地面积超过 $500m^2$ 或总建筑面积超过 $1000m^2$ 卷烟库房。

③ 超过3000个座位的体育馆观众厅，有可燃物的吊顶内及其电信设备室，每层建筑面积超过 $300m^2$ 的百货楼、展览楼和高级旅馆等。

④ 建筑面积大于 $500m^2$ 的地下商店应设火灾报警装置。

⑤ 下列歌舞娱乐放映游艺场所应设火灾自动报警装置：a. 设置在地下、半地下；b. 设置在建筑的地上四层及四层以上。

⑥ 散发可燃气体、可燃蒸气的甲类厂房和场所、应设置可燃气体浓度报警装置。

⑦ 设有火灾自动报警装置和自动灭火装置的建筑，宜设消防控制室。

⑧ 建筑高度超过100m的高层民用建筑。

⑨ 建筑高度不超过100m的一类建筑以及高层停车场。

⑩ 工业建筑中的甲、乙类生产厂房、甲、乙类储存物品库房；使用面积超过 $1000m^2$ 的丙类物品库房；总建筑面积超过 $1000m^2$ 的地下丙、丁类生产车间及物品库房；建筑高度超过24m的重要民用建筑及建筑高度超过24m的单层公共建筑。

⑪ 地下建筑中的重要的地下工业建筑和地下民用建筑等；地下铁道、车站、电影院、礼堂；使用面积超过 $1000m^2$ 的地下商场、医院、旅馆、展览厅以及其他商业或公共活动场所。

⑫ 建筑高度不超过100m的二类建筑；建筑高度不超过24m的重要民用建筑。

⑬ 工业建筑丙类生产厂房；面积大于 $50m^2$，但不超过 $1000m^2$ 的丙类物品库房；总建筑面积大于 $50m^2$，但不超过 $1000m^2$ 的地下丙类、丁类生产车间及地下物品库房。

⑭ 地下民用建筑长度超过500m的城市隧道；使用面积不超过 $1000m^2$ 的地下商场（《建筑设计防火规范》(GB 50016—2014）中进一步明确规定：建筑面积大于 $500m^2$ 的地下商场)、医院、旅馆、展览厅及其他商业公共活动场所（新增条款中进一步明确规定：设置在地下和半地下的歌舞娱乐游艺场所以及地上四层及以上的歌舞娱乐游艺场所)。

⑮ 散发可燃气体、可燃蒸气的甲类厂房和场所，应设置可燃气体浓度捡漏报警装置。

(3) 火灾自动报警系统设置部位　特级中除面积小于 $5m^2$ 的厕所、卫生间外，均应设置火灾探测器。

一级中的办公室、会议室、营业厅等32个部位；(详见 GB 50016—2014)

二级中的办公室、会议室、营业厅等19个部位。(详见 GB 50016—2014)

11.2 火灾探测报警系统

11.2.1 火灾探测报警系统的组成

火灾探测报警系统由火灾报警控制器、触发器件和火灾警报装置等组成，它能及时、准确地探测被保护对象的初起火灾，并做出报警响应，从而使建筑物中的人员有足够的时间在

火灾尚未发展蔓延到危害生命安全的程度时疏散至安全地带，是保障人员生命安全的最基本的建筑消防系统。

11.2.2 火灾探测报警系统的工作原理

火灾发生时，安装在保护区域现场的火灾探测器，将火灾产生的烟雾、热量和光辐射等火灾特征参数转变为电信号，经数据处理后，将火灾特征参数信息传输至火灾报警控制器；或直接由火灾探测器做出火灾报警判断，将报警信息传输到火灾报警控制器。火灾报警控制器在接收到探测器的火灾特征参数信息或报警信息后，经报警确认判断，显示报警探测器的部位，记录探测器火灾报警的时间。处于火灾现场的人员，在发现火灾后可立即触动安装在现场的手动火灾报警按钮，手动报警按钮便将报警信息传输到火灾报警控制器。火灾报警控制器在接收到手动火灾报警按钮的报警信息后，经报警确认判断，显示动作的手动报警按钮的部位，记录手动火灾报警按钮报警的时间。火灾报警控制器在确认火灾探测器和手动火灾报警按钮的报警信息后，驱动安装在被保护区域现场的火灾警报装置，发出火灾警报，向处于被保护区域内的人员警示火灾的发生。

11.2.3 火灾探测报警系统的形式选择与设计要求

火灾报警控制系统是火灾探测报警系统的核心，具有接收、处理报警信号；巡检、监视探测器及系统自身的工作状态；进行声光报警；指示报警部位和报警时间；接通消防电话和消防广播；联动灭火和疏散设施；提供稳定的工作电源等功能和作用。随着报警技术的发展，模拟量、总线制、智能化的应用，火灾报警控制系统不再具体划分，考虑到目前消防规范仍沿用有关概念，按使用区域可将火灾报警控制系统分为：区域报警控制系统、集中报警控制系统和通用（控制中心）报警控制系统等。

11.2.3.1 区域报警控制系统

（1）区域报警控制系统的组成　区域报警控制系统由火灾探测器、消防电源、火灾警报装置等组成，如图11-2所示。

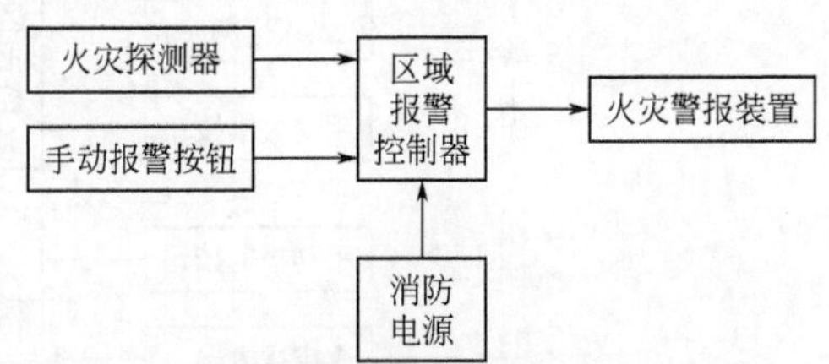

图11-2　区域报警控制系统的组成

（2）区域报警控制系统的基本原理　接收探测器或手动报警按钮发出的火灾信号，各类报警信号至区域报警器，经信号选择电路处理后，进行火灾、短路与开路（当区域报警器与探测器之间有接触不良或断线时，报警器会发出开路或短路的故障报警信号）判断，报警器首先发出火灾报警信号，根据着火部位，发出火警音响，记忆火警信号、开路、短路故障信号，然后通过通信接口电路将三类信号送至集中报警控制器，区域报警控制器将接收到的探测器火警信号进行“与”“或”逻辑组合，控制继电器动用联动外部设备，如排烟阀、送风阀与防火门等。

（3）区域报警系统的设置要求

① 区域报警系统至少应有一台火灾报警控制器、一台图形显示装置及相应的火灾声或光报警器、手动火灾报警按钮、火灾探测器等设备组成，系统中的火灾报警控制器不应超过两台；系统中可设置消防联动控制设备。

② 火灾报警控制器和消防控制室图形显示装置应设置在有人值班的房间或场所。

③ 当用一台火灾报警控制器警戒多个楼层时，应在每个楼层的楼梯口或消防电梯前等明显部位，设置识别着火楼层的灯光显示装置。

④ 区域火灾报警控制器或火灾报警控制器安装在墙上时，其底边距地面高度宜为1.3～1.5m，其靠近门轴的侧面距墙不应小于0.5m，正面操作距离不应小于1.2m。

⑤ 当楼房每层面积在1000m² 以下时，可在每层设置1个区域报警器；如超过1000m² 时，建议按每1000m² 左右设置1个。

⑥ 若在建筑物的四周步行距离75m以内的地点设置有区域报警器，则可按以下方法处理。

• 在两层以下的建筑物，且每层面积在1000m² 以下时，其一层可不设；如果超过1000m² 时，应按每1000m² 左右设置一个区域探测报警器。

• 若建筑物仅有两层，其一层面积在1000m² 以下，其二层面积在200m² 以下，则两层均可不设。

• 如建筑物有两层以上，且每层面积在200m² 以下，应每两层在其下层设置区域报警器。

⑦ 区域报警控制器的容量不应小于报警区域内的探测区域总数。

⑧ 如果区域设置探测点过多，将受到线路压降、信号传输耗损限制，可采取以下措施：

• 应采用2台相互独立的区域控制器，分别控制相应的一些部位，进行监测；

• 楼层较多但每层的探测部位较少，可以按防火分区适当划分，设置区域探测器。

11.2.3.2 集中报警控制系统

(1) 集中报警控制器的组成　集中火灾报警系统至少由一台集中报警控制器和两台区域报警控制器、一台图形显示装置、一台消防联动控制器及相应的火灾声或光报警器、手动火灾报警按钮、火灾探测器、防火专用电话等设备组成，如图11-3所示。

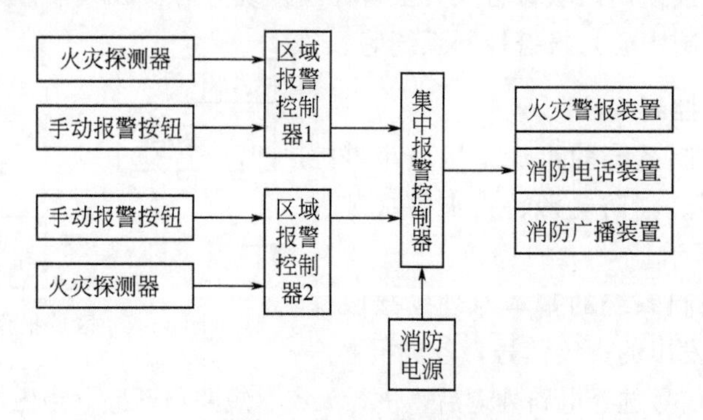

图11-3　集中报警控制器

(2) 集中报警控制器的基本原理　集中报警控制器接收由各个区域报警控制器送来的信号，它有信号控制、程序控制、区域控制、地址控制、计时、打印控制、系统显示等多种功能，通过总控制室的消防中心控制系统启动消防设备，达到控制火灾的目的。

集中报警控制器与区域报警控制器配套使用，巡回检测各个区域报警器的火灾报警和故障报警信号，巡检信号受区域报警器与门输出电路的控制，当某区域报警器有火灾报警信号，等到巡检信号到来后才有输出，集中报警器收到这一信号到后存入内存，再进行显示、音响报警、打印等各种处理。

11.2.3.3 通用（控制中心）报警控制系统

控制中心报警系统至少应由一台集中火灾报警控制器和两台区域火灾报警控制器、一台图形显示装置、一台消防联动控制器及相应的火灾声或光报警器、火灾应急广播、手动火灾报警按钮火灾探测器、消防专用电话、电气火灾监控系统等设备组成，如图 11-4 所示。

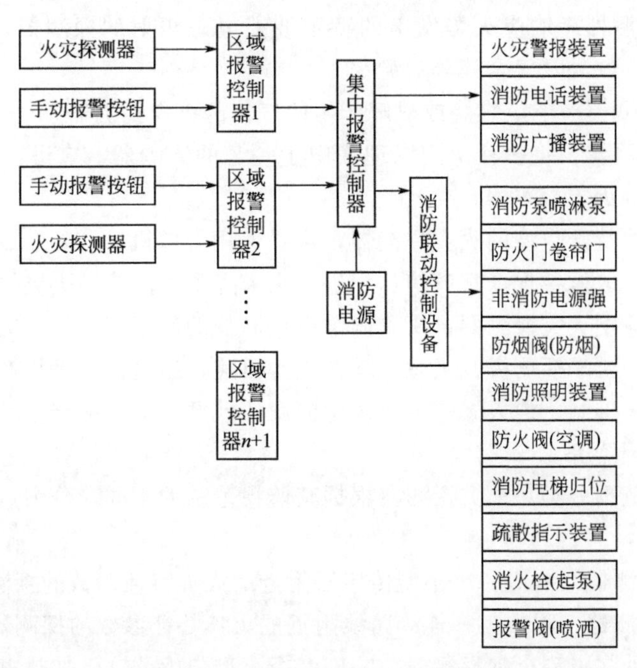

图 11-4 通用（控制中心）控制器

11.2.3.4 火灾报警控制系统形式的选择

（1）仅需要报警，不需要联动自动消防设备的保护对象宜采用区域报警系统。

（2）不仅需要报警，同时需要联动自动消防设备，且只需设置一台具有集中控制功能的火灾报警控制器和消防联动控制器的保护对象，应采用集中报警系统，并应设置一个消防控制室。

（3）设置两个及两个以上消防控制室的保护对象，或已设置两个以上集中报警系统的保护对象，应采用通用（控制中心）报警系统。

11.2.4 火灾探测器

火灾探测器是火灾自动报警系统的基本组成部分之一，它至少含有一个能够连续或以一定频率周期监视与火灾有关的适宜的物理或化学现象的传感器，并且至少能够向控制和指示设备提供一个合适的信号，是否报火警或操纵自动消防设备，可由探测器或控制和指示设备做出判断。如图 11-5 所示。

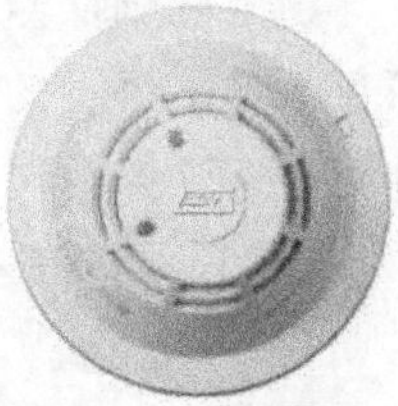

图 11-5 火灾探测器

11.2.4.1 火灾探测器分类

火灾探测器可按其探测的火灾特征参数、监视范围、复位功能、拆卸性能等进行分类。

（1）根据探测火灾特征参数分类 火灾探测器根据其探测火灾特征参数的不同，可以分为感烟、感温、感光、气体、复合五种基本类型。

① 感温火灾探测器 响应异常温度、温升速率和温差变化等参数的探测器。

② 感烟火灾探测器　响应悬浮在大气中的燃烧和（或）热解产生的固体或液体微粒的探测器，进一步可分为离子感烟、光电感烟、红外光束、吸气型等。

③ 感光火灾探测器　响应火焰发出的特定波段电磁辐射的探测器，又称火焰探测器，进一步可分为紫外、红外及复合式等类型。

④ 气体火灾探测器　响应燃烧或热解产生的气体的火灾探测器。

⑤ 复合火灾探测器　将多种探测原理集中于一身的探测器，它进一步又可分为烟温复合、红外紫外复合等火灾探测器。

此外，还有一些特殊类型的火灾探测器，包括使用摄像机、红外热成像器件等视频设备或它们的组合方式获取监控现场视频信息，进行火灾探测的图像型火灾探测器；探测泄漏电流大小的漏电流感应型火灾探测器；探测静电电位高低的静电感应型火灾探测器；还有在一些特殊场合使用的、要求探测极其灵敏、动作极为迅速，通过探测爆炸产生的参数变化（如压力的变化）信号来抑制、消灭爆炸事故发生的微压差型火灾探测器；利用超声原理探测火灾的超声波火灾探测器等。

(2) 根据监视范围分类　火灾探测器根据其监视范围的不同，分为点型火灾探测器和线型火灾探测器。

① 点型火灾探测器　响应一个小型传感器附近的火灾特征参数的探测器。

② 线型火灾探测器　响应某一连续路线附近的火灾特征参数的探测器。

此外，还有一种多点型火灾探测器，响应多个小型传感器（例如热电偶）附近的火灾特征参数的探测器。

(3) 根据其是否具有复位（恢复）功能分类　火灾探测器根据其是否具有复位功能，分为可复位探测器和不可复位探测器两种。

① 可复位探测器　在响应后和在引起响应的条件终止时，不更换任何组件即可从报警状态恢复到监视状态的探测器。

② 不可复位探测器　在响应后不能恢复到正常监视状态的探测器。

(4) 根据其是否具有可拆卸性分类　火灾探测器根据其维修和保养时是否具有可拆卸性，分为可拆卸探测器和不可拆卸探测器两种类型。

① 可拆卸探测器　探测器设计成容易从正常运行位置上拆卸下来，以方便维修和保养。

② 不可拆卸探测器　在维修和保养时，探测器设计成不容易从正常运行位置上拆卸下来。

11.2.4.2　火灾探测器的基本原理

(1) 感烟探测器基本原理　烟雾是早期火灾的重要特征之一。感烟式火灾探测器是能对可见的或不可见的烟雾粒子响应的火灾探测器。分为离子感烟探测器、光电感烟探测器、红外对射感烟探测器等。

感烟探测器的灵敏度分为三级：

- 一级（高）用于禁烟场所（如计算机房）；
- 二级（中）用于少量有烟场所（如客房或卧室）；
- 三级（低）用于人员密集有烟场所（如会议室）等。

① 离子感烟探测器　是一种点型火灾探测器。它是利用烟雾粒子使电离室电离电流发生变化而报警。探测单元由两个内含放射源镅 232 的电离室（内电离室和外电离室）相互串联而成，与识别电路构成电压平衡桥，如图 11-6 所示。

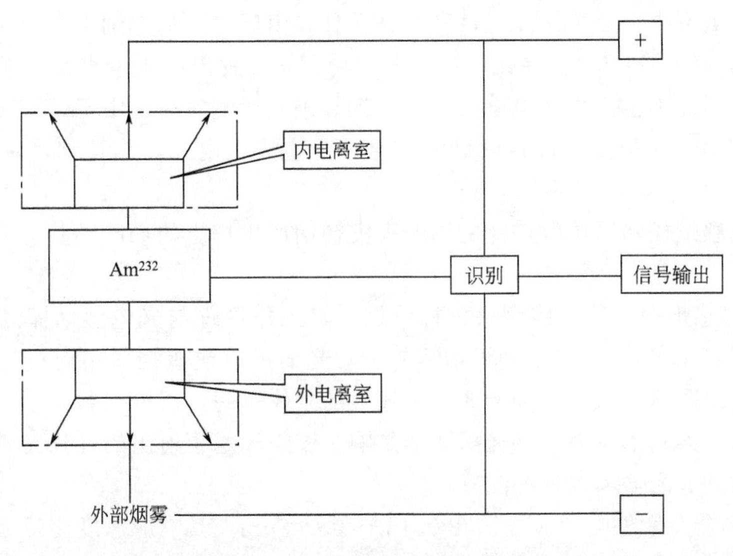

图 11-6 离子感烟探测器工作原理

外电离室可直接检测到外界烟雾粒子，当放射源镅 241 在电离室所产生 α 射线生成正、负电离子，并形成电离电流。在没有外界烟雾粒子作用时，电离室处于电桥平衡。当有烟雾产生时，烟雾进入外电离室，一是烟粒子吸附带电离子，使其运动速度降低；二是烟粒子阻挡 α 射线，使空气的电离能力减弱等，都会使电离电流减少。而这时识别电路就会把这种变化量提取出来，作为火警信号发送到报警控制器而发出报警信号。内电离室基本不能与外界相通，只能补偿由于温度、湿度、灰尘等外界环境因素对外电离室的影响，以提高探测器的工作稳定性和减少误报率。

目前，离子感烟探测器由于有放射污染的问题基本已不在生产，还在使用的离子感烟探测器也在逐渐淘汰。

② 光电感烟探测器 点型火灾探测器。其工作原理如图 5-4，是利用烟雾粒子对光的散射、吸收或遮挡作用，使光元件（发光元件和受光元件）的光电电流发生变化而报警。如图 11-7 所示。

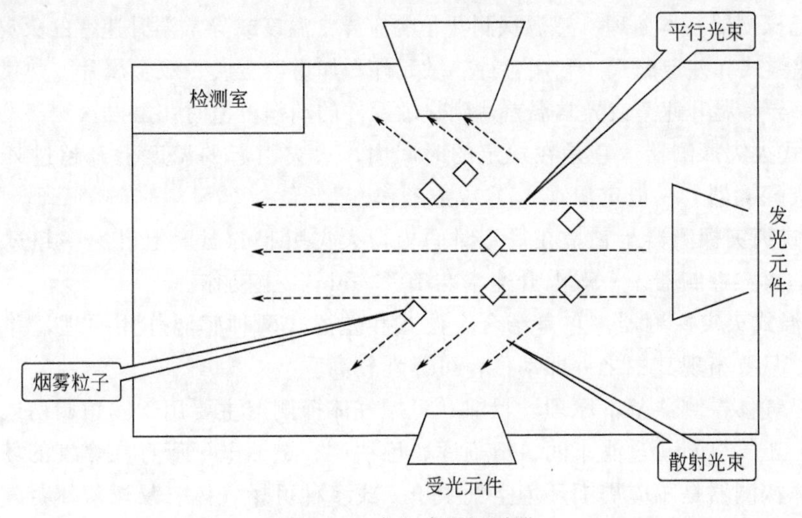

图 11-7 光电感烟探测器

在探测器探测室内，分置发光元件和受光元件，由于二者的光轴不在同一轴线上，而形成一定散射夹角（90°～135°）。在无烟情况下，发光元件发出的光沿直线传播，受光元件接收不到光信号，因此不会产生光电电流；当有烟雾进入检测室时，由于烟雾粒子对发光元件发出的光散射作用，使受光元件接收到光信号，产生光电电流，当达到规定值而发出报警信号。

目前，光电感烟探测器比较广泛的用于火灾初期产生烟雾的场所，并有逐渐替代离子感烟探测器的趋势。

③ 红外对射感烟探测器　线型火灾探测器。其工作原理与光电感烟探测器原理基本相同（相当于探测室在室外），也是利用烟雾粒子对光的吸收或遮挡作用而报警。由于放射机与接收机相隔一定距离，探测范围形成一个较大的立体空间。

（2）感光探测器基本原理　感光探测器是响应燃烧火焰辐射出的红外光或紫外光的火灾探测器。分为紫外探测器和红外探测器。

① 紫外探测器　紫外响应波段选在 0.185～0.245μm，其响应速度比感烟、感温探测器快得多，特别适用于火灾初期不产生烟雾的场所，如生产、储存火药、石油等场所。如图 11-8 所示。

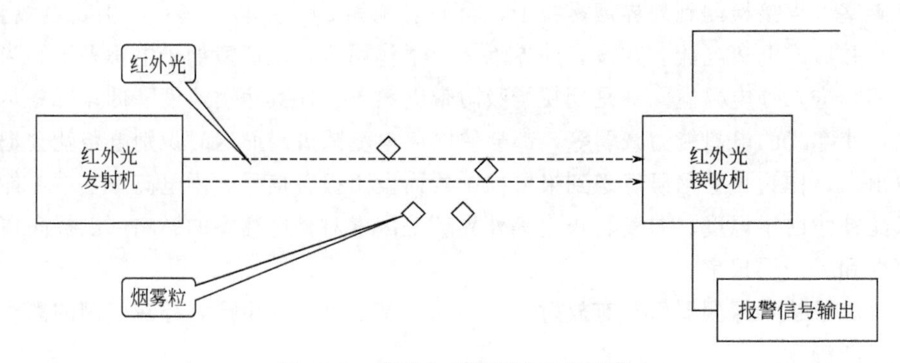

图 11-8　线型火灾探测器工作原理

② 红外探测器　红外响应波段大于 0.76μm，由于自然界高于绝对零度的物体都会产生红外辐射，为了避免外界干扰，可利用燃烧火焰的闪烁特性的识别技术，以减少误报。

（3）感温探测器基本原理　感温探测器是响应异常温度或异常温升速率的火灾探测器。分为定温式、差温式和差定温式。利用各种热敏元件，如易熔金属、双金属片、热敏电阻、膜盒等。当温度、异常温升速率或异常温差达到热敏元件的动作温值时，触发探测器发出报警。

① 定温式火灾探测器　它是在规定的时间内，火灾引起的温度上升超过某个定值时启动报警的火灾探测器。一般定温在 65℃以上动作。

② 差温式火灾探测器　它是在规定时间内，火灾引起的温度上升速率超过某个规定值时启动报警的火灾探测器。一般温升速率在 10℃/min 以上动作。

③ 差定温式火灾探测器　它是结合定温式和差温式两种感温作用原理，并将两种探测器组合而成，只要出现其中之一即动作，可靠性较高。

（4）可燃气体探测器基本原理　目前，可燃气体探测器主要用于宾馆厨房或燃料气储备间、汽车库、压气机站、过滤车间、溶剂库、炼油厂、燃油电厂等存在燃气的场所。

可燃气体探测器是响应周围环境空气中单一或多种可燃气体、易燃液体蒸气的可燃气体探测器。探测危险值取定在爆炸下限的 20%以下，即可发出报警。

由于气体的流动性、扩散性等，探测器位置取决于气体的比重，一般探测比空气重的可燃气体，探测器距地 50cm 即可；探测比空气轻的可燃气体，探测器可设在天花板附近。可燃气体探测器均应采取防爆型。应在非火灾场所使用。

(5) 复合式探测器　复合式探测器是由两种或两种以上不同原理的传感器，按一定的工作方式组合而成的火灾探测器。

选择合适的火灾探测器来探测火灾是非常重要的工作，因为任何一种探测器都不是万能的，有一定的环境适应性，也就是有一定的使用局限性。要想有效发挥各种火灾探测器的作用，就要掌握各种火灾探测器的探测原理以及它的适用场所，才能真正发挥其作用。

11.2.4.3 火灾探测器选择与布置安装

(1) 火灾探测器的选择　火灾探测器的一般选用原则是：充分考虑火灾形成规律与火灾探测器选用的关系，根据火灾探测区域内可能发生的初期火灾的形成和发展特点、房间高度、环境条件和可能引起误报的各种因素等，综合确定火灾探测器的类型与性能要求。

具体的选择方式可按如下几点选择。

① 火灾初起有阴燃阶段（如棉麻织物、木器火灾），产生大量的烟和少量的热，很少或没有火焰辐射，应选用感烟探测器。例如饭店、客房、办公室等。探测器的感烟方式和灵敏度级别应根据具体场所来确定。

② 火灾发展迅速，产生大量的热、烟和火焰辐射，可选用感温探测器、感烟探测器、火焰（感光）探测器或其组合探测器等。例如厨房、吸烟室等。

③ 火灾发展迅速，有强烈的火焰辐射和少量的烟、热，应选用紫外红外火焰探测器。

④ 有自动联动装置或自动灭火系统时，必须以可靠为前提，获得双报警信号后，或者再加上延时报警判断后，才能产生延时报警信号。一般宜选用感烟、感温、火焰探测器的同类型或不同类型组合。

⑤ 有散发可燃气体或可燃液体蒸气的危险场所，应选用可燃气体探测器。

(2) 火灾探测器的布置与安装

① 点型火灾探测器的设置数量为探测区域内每个房间至少设置一个火灾探测器，如图 11-9 所示。

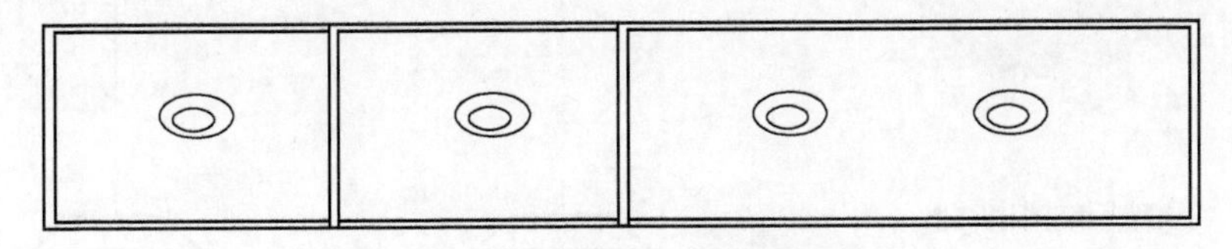

图 11-9　点型火灾探测器设置情况一

② 点型火灾探测器如设置在宽度小于 3m 的内走廊顶棚上宜居中布置，感温探测器安装间距不应超过 10m，感烟探测器的安装间距不应超过 15m，如图 11-10 所示。

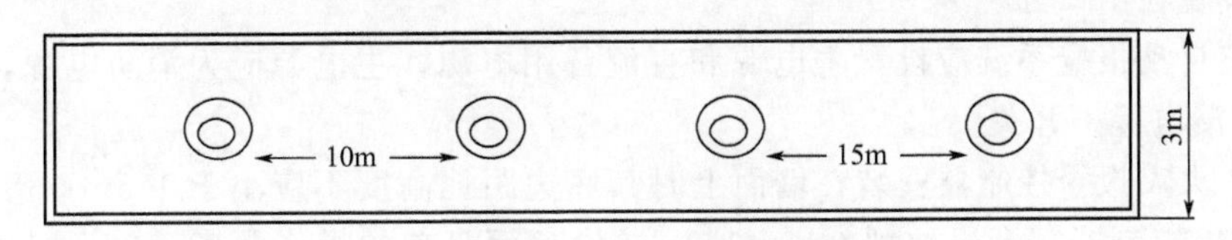

图 11-10　点型火灾探测器设置情况二

③ 点型火灾探测器与设置空调送风口水平距离不应小于 1.5m；其周围 0.5m 范围内不应有遮挡物，如图 11-11 所示。

④ 点型火灾探测器在顶棚上宜水平安装，如必须倾斜安装时，倾斜角不应大于 45°，如图 11-12 所示。

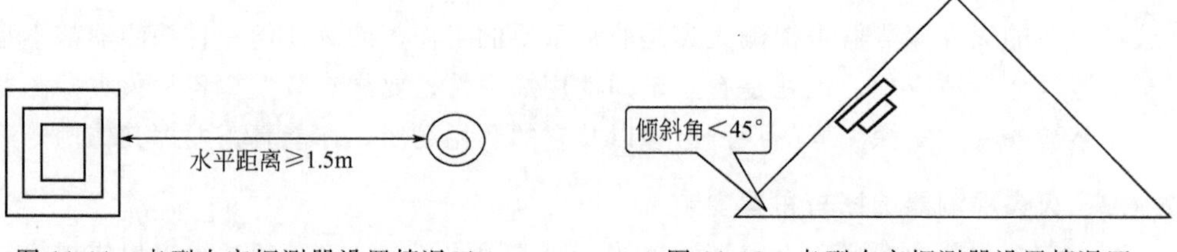

图 11-11　点型火灾探测器设置情况三　　图 11-12　点型火灾探测器设置情况四

⑤ 点型火灾探测器在有突出顶棚梁高超过 600mm 时，被隔断的每个梁间区域应至少设置一个探测器，如图 11-13 所示。

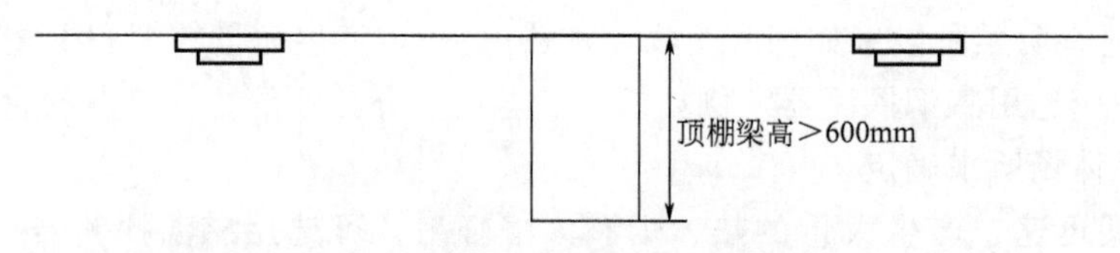

图 11-13　点型火灾探测器设置情况五

⑥ 线型光束感烟探测器设置为距地面高度不宜超过 20m，两组相邻探测器光轴线间水平距离不应大于 14m，如图 11-14 所示。

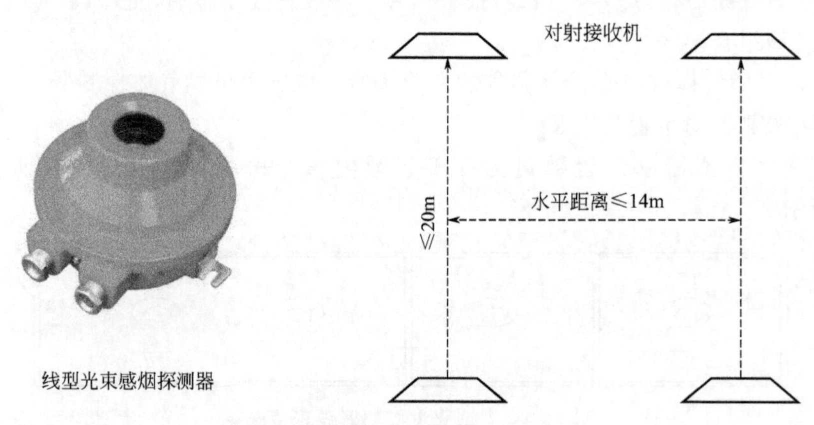

图 11-14　线型光束感烟探测器设置

⑦ 报警区域内每个防火分区，应至少设置一个手动火灾报警按钮；其距地高度为 1.5m，宜设置在出口处。

⑧ 火灾自动报警系统应设置主电源和直流备用电源，主电源应为消防电源，其保护开关不应采用漏电保护开关。

⑨ 集中火灾报警控制器安装在墙面上时其底边距地高度不应小于 1.5m；落地安装时，集中火灾报警控制器宜高出地坪 0.1～0.2m。设备面盘前的操作距离：单列布置不应小于 1.5m；双列布置时不应小于 2m。其检修距离不应小于 1m，如图 11-15 所示。

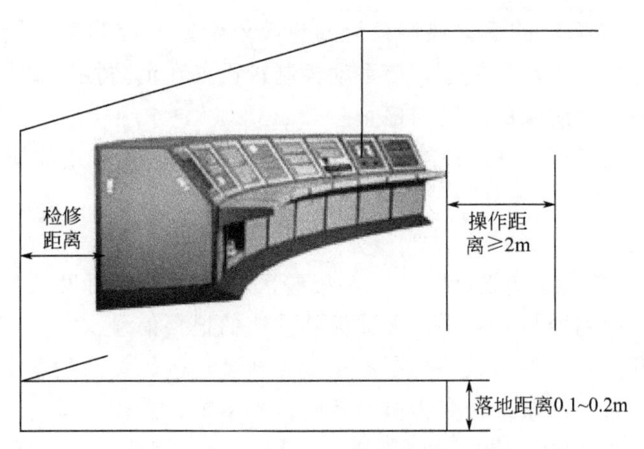

图 11-15 集中火灾报警控制器的安装

11.3 消防联动控制系统

消防联动控制是火灾自动报警系统在接收到火灾报警信号后进行自动灭火的重要功能。科学合理地设计控制逻辑，是发挥其联动控制功能的先决条件。

11.3.1 消防联动控制设计的一般规定

在火灾报警后经逻辑确认（或人工确认），消防联动控制器应在3s内按设定的控制逻辑准确发出联动控制信号给相应的消防设备，当消防设备动作后将动作信号反馈给消防控制室并显示。

消防联动控制器的控制电压输出应采用直流24V，其电源容量应满足受控消防设备同时启动且维持工作的控制容量要求。当供电线路压降超过5%时，其直流24V电源应由现场提供。

消防联动控制器与各个受控设备之间的接口参数应能够兼容和匹配。

消防水泵、防烟和排烟风机的控制设备，除应采用联动控制方式外，还应对消防控制室火灾报警控制器（联动型）或消防联动控制器的手动控制盘采用直接手动控制，手动控制盘上的启停按钮应与消防水泵、防烟和排烟风机的控制箱（柜）直接用控制线或控制电缆连接。

应根据消防设备的启动电流参数，结合设计的消防供电线路负荷或消防电源的额定容量，分时启动电流较大的消防设备。

需要火灾自动报警系统联动控制的消防设备，其联动触发信号应采用两个报警触发装置报警信号的“与”逻辑组合。

11.3.2 自动喷水灭火系统的联动控制

（1）湿式系统和干式系统

① 湿式系统和干式系统的联动控制设计 湿式报警阀压力开关的动作信号作为系统启动的联动触发信号，直接控制启动喷淋消防泵，消防联动控制器处于自动或手动状态不影响系统的联运控制。

② 湿式系统和干式系统的手动控制设计　将喷淋消防泵控制箱（柜）的启动、停止按钮用专用线路直接连接至手动控制盘，该手动控制盘设置在消防控制室内的消防联动控制器上，直接手动控制喷淋消防泵的启动与停止。

③ 水流指示器、信号阀、压力开关、喷淋消防泵的启动和停止的动作信号应反馈至消防联动控制器。

(2) 预作用系统

① 预作用系统的联动控制设计　由同一报警区域内两只及两只以上独立的感烟火灾探测器或一只感烟火灾探测器与一只手动火灾报警按钮的报警信号（“与”逻辑），作为预作用阀组开启的联动触发信号。消防联动控制器在接收到满足逻辑关系的联动触发信号后，联动控制预作用阀组的开启，使系统转变为湿式系统；当系统设有快速排气装置时，同时联动控制排气阀前的电动阀的开启。

② 预作用系统的手动控制设计　将喷淋消防泵控制箱（柜）的启动和停止按钮、预作用阀组和快速排气阀入口前的电动阀的启动和停止按钮，用专用线路直接连接至设置在消防控制室内的消防联动控制器的手动控制盘上，直接手动控制喷淋消防泵的启动、停止及预作用阀组和电动阀的开启。

③ 水流指示器、信号阀、压力开关、喷淋消防泵的启动和停止的动作信号，有压气体管道气压状态信号和快速排气阀入口前电动阀的动作信号应反馈至消防联动控制器。

(3) 雨淋系统

① 雨淋系统的联动控制设计　由同一报警区域内两只及以上独立的感烟火灾探测器或一只感烟火灾探测器与一只手动火灾报警按钮的报警信号（“与”逻辑），作为雨淋阀组开启的联动触发信号。消防联动控制器在接收到满足逻辑关系的联动触发信号后，联动控制雨淋阀组的开启。

② 雨淋系统的手动控制设计　将雨淋消防泵控制箱（柜）的启动和停止按钮、雨淋阀组的启动和停止按钮，用专用线路直接连接至设置在消防控制室内的消防联动控制器的手动控制盘上，直接手动控制雨淋消防泵的启动、停止及雨淋阀组的开启。

③ 水流指示器，压力开关，雨淋阀组、雨淋消防泵的启动和停止的动作信号应反馈至消防联动控制器。

(4) 自动控制的水幕系统

① 自动控制的水幕系统的联动控制设计

a. 自动控制的水幕系统用于防火卷帘的保护时，由防火卷帘下落到楼板面的动作信号与本报警区域内任一火灾探测器或手动火灾报警按钮的报警信号（“与”逻辑）作为水幕阀组启动的联动触发信号，消防联动控制器在接收到满足逻辑关系的联动触发信号后，联动控制水幕系统相关控制阀组的启动。

b. 仅用水幕系统作为防火分隔时，由该报警区域内两只独立的感温火灾探测器的火灾报警信号（“与”逻辑）作为水幕阀组启动的联动触发信号，在联动触发信号的逻辑关系满足后，由消防联动控制器联动控制水幕系统相关控制阀组的启动。

② 自动控制的水幕系统的手动控制设计　将水幕系统的相关控制阀组和消防泵控制箱（柜）的启动、停止按钮用专用线路直接连接至设置在消防控制室内的消防联动控制器的手动控制盘上，直接手动控制消防泵的启动、停止及水幕系统相关控制阀组的开启。

③ 压力开关、水幕系统相关控制阀组和消防泵的启动、停止的动作信号，应反馈至消

防联动控制器。

11.3.3 消火栓灭火联动控制

（1）消火栓系统的联动控制设计

① 消火栓系统出水干管上设置的低压压力开关、高位消防水箱出水管上设置的流量开关或报警阀压力开关等信号作为触发信号，直接控制启动消火栓泵，消火栓泵的联动控制不受消防联动控制器处于自动或手动状态影响。

② 当建筑内设置火灾自动报警系统时，消火栓按钮的动作信号作为报警信号及启动消火栓泵的联动触发信号，消防联动控制器在接收到满足逻辑关系的联动触发信号后，联动控制消火栓泵的启动。

（2）消火栓系统的手动控制设计 将消火栓泵控制箱（柜）的启动、停止按钮用专用线路直接连接至设置在消防控制室内的消防联动控制器的手动控制盘上，直接手动控制消火栓泵的启动与停止。

（3）消火栓泵的动作信号应反馈至消防联动控制器。

11.3.4 气体（泡沫）灭火联动控制

（1）气体（泡沫）灭火系统的联动控制设计 气体（泡沫）灭火系统应由专用的气体（泡沫）灭火控制器控制。在防护区域内设有手动与自动控制转换装置，其手动或自动控制方式的工作状态应在防护区内、外的手动、自动控制状态显示装置上显示，该状态信号应反馈至消防联动控制器。

气体（泡沫）灭火控制器直接连接火灾探测器时，气体（泡沫）灭火系统的联动控制设计应符合下列要求。

① 由同一防护区域内两只独立的火灾探测器的报警信号、一只火灾探测器与一只手动火灾报警按钮的报警信号或防护区外的紧急启动信号，作为系统的联动触发信号。探测器的组合宜采用感烟火灾探测器和感温火灾探测器，各类探测器应按相关规定分别计算保护面积。

② 任一防护区域内设置的感烟火灾探测器、其他类型火灾探测器或手动火灾报警按钮的首次报警信号作为系统的首个联动触发信号，气体（泡沫）灭火控制器在接收到首个联动触发信号后，启动设置在该防护区内的火灾声光警报器。

③ 同一防护区域内与首次报警的火灾探测器或手动火灾报警按钮相邻的感温火灾探测器、火焰探测器或手动火灾报警按钮的报警信号，作为系统的后续联动触发信号。气体（泡沫）灭火控制器在接收到后续联动触发信号后，执行以下联动操作：

- 关闭防护区域的送、排风机及送排风阀门；
- 停止通风和空气调节系统及关闭设置在该防护区域的电动防火阀；
- 联动控制防护区域开口封闭装置的启动，包括关闭防护区域的门、窗；
- 启动气体（泡沫）灭火装置，气体（泡沫）灭火控制器可设定不大于 30s 的延迟喷射时间。

④ 平时无人工作的防护区，可设置为无延迟的喷射，气体（泡沫）灭火控制器在接收到满足联动逻辑关系的首个联动触发信号后，执行以下联动操作：

- 关闭防护区域的送、排风机及送排风阀门；

• 停止通风和空气调节系统及关闭设置在该防护区域的电动防火阀；

• 联动控制防护区域开口封闭装置的启动，包括关闭防护区域的门、窗。在接收到满足联动逻辑关系的后续联动触发信号后，启动气体（泡沫）灭火装置。

⑤ 气体灭火防护区出口外上方应设置表示气体喷洒的火灾声光警报器，指示气体释放的声信号应与该保护对象中设置的火灾声警报器的声信号有明显区别。启动气体（泡沫）灭火装置的同时，应启动设置在防护区入口处表示气体喷洒的火灾声光警报器；组合分配系统应首先开启相应防护区域的选择阀，然后启动气体（泡沫）灭火装置。气体（泡沫）灭火控制器不直接连接火灾探测器时，气体（泡沫）灭火系统的联动触发信号应由火灾报警控制器或消防联动控制器发出；联动触发信号和联动控制均应符合上述要求。

（2）气体（泡沫）灭火系统的联动控制设计

① 在防护区疏散出口的门外应设置气体（泡沫）灭火装置的手动启动和停止按钮，手动启动按钮按下时，气体（泡沫）灭火控制器应执行以下联动操作：

• 关闭防护区域的送、排风机及送排风阀门；

• 停止通风和空气调节系统及关闭设置在该防护区域的电动防火阀；

• 联动控制防护区域开口封闭装置的启动，包括关闭防护区域的门、窗；

• 启动设置在防护区入口处表示气体喷洒的火灾声光警报器。手动停止按钮按下时，气体（泡沫）灭火控制器应停止正在执行的联动操作。

② 气体（泡沫）灭火控制器上应设置对应于不同防护区的手动启动和停止按钮，手动启动按钮按下时，气体（泡沫）灭火控制器应执行以下联动操作：

• 关闭防护区域的送、排风机及送排风阀门；

• 停止通风和空气调节系统及关闭设置在该防护区域的电动防火阀；

• 联动控制防护区域开口封闭装置的启动，包括关闭防护区域的门、窗；

• 启动设置在防护区入口处表示气体喷洒的火灾声光警报器。手动停止按钮按下时，气体（泡沫）灭火控制器应停止正在执行的联动操作。

③ 气体（泡沫）灭火装置启动及喷放各阶段的联动控制及系统的反馈信号，应反馈至消防联动控制器。系统的联动反馈信号应包括下列内容：

• 气体（泡沫）灭火控制器直接连接的火灾探测器的报警信号；

• 选择阀的动作信号；

• 压力开关的动作信号。

11.3.5 防烟排烟系统的联动控制

（1）防烟系统的联动控制设计

① 由加压送风口所在防火分区内的两只独立的火灾探测器或一只火灾探测器与一只手动火灾报警按钮的报警信号（“与”逻辑），作为送风口开启和加压送风机启动的联动触发信号，消防联动控制器在接收到满足逻辑关系的联动触发信号后，联动控制火灾层和相关层前室等需要加压送风场所的加压送风口开启和加压送风机启动。

② 由同一防烟分区内且位于电动挡烟垂壁附近的两只独立的感烟火灾探测器的报警信号（“与”逻辑）作为电动挡烟垂壁降落的联动触发信号，消防联动控制器在接收到满足逻辑关系的联动触发信号后，联动控制电动挡烟垂壁的降落。

（2）排烟系统的联动控制设计

① 由同一防烟分区内的两只独立的火灾探测器的报警信号（“与”逻辑）作为排烟口、排烟窗或排烟阀开启的联动触发信号，消防联动控制器在接收到满足逻辑关系的联动触发信号后，联动控制排烟口、排烟窗或排烟阀的开启，同时停止该防烟分区的空气调节系统。

② 由排烟口、排烟窗或排烟阀开启的动作信号作为排烟风机启动的联动触发信号，消防联动控制器在接收到满足逻辑关系的联动触发信号后，联动控制排烟风机的启动。

（3）防烟系统、排烟系统的手动控制设计　应能在消防控制室内的消防联动控制器上手动控制送风口、电动挡烟垂壁、排烟口、排烟窗、排烟阀的开启或关闭及防烟风机、排烟风机等设备的启动或停止。防烟、排烟风机的启动、停止按钮应采用专用线路直接连接至设置在消防控制室内的消防联动控制器的手动控制盘上，并应直接手动控制防烟、排烟风机的启动与停止。

（4）送风口、排烟口、排烟窗或排烟阀开启和关闭的动作信号，防烟、排烟风机启动和停止及电动防火阀关闭的动作信号，均应反馈至消防联动控制器。

（5）排烟风机入口处的总管上设置的排烟防火阀（280℃时关闭）在关闭后应直接联动控制风机停止，排烟防火阀及风机的动作信号应反馈至消防联动控制器。

11.3.6　防火门及防火卷帘联动控制

（1）防火门系统的联动控制设计

① 常开防火门所在防火分区内的两只独立的火灾探测器或一只火灾探测器与一只手动火灾报警按钮的报警信号（“与”逻辑），作为常开防火门关闭的联动触发信号。消防联动控制器在接收到满足逻辑关系的联动触发信号后，联动控制防火门关闭或向防火门监控器发出联动触发信号，由防火门监控器联动控制防火门关闭。

② 疏散通道上各防火门的开启、关闭及故障状态信号应反馈至防火门监控器。

（2）疏散通道上设置的防火卷帘的联动控制设计　防火卷帘的升降应由防火卷帘控制器控制，防火卷帘的联动触发信号可以由火灾报警控制器连接的火灾探测器的报警信号组成，也可以由防火卷帘控制器直接连接的火灾探测器的报警信号组成。防火卷帘控制器直接连接在火灾探测器上时，防火卷帘控制器在接收到满足逻辑关系的联动触发信号后，按规定的控制时序联动控制防火卷帘的下降。防火卷帘控制器不直接连接在火灾探测器上时，消防联动控制器在接收到满足逻辑关系的联动触发信号后，按规定的控制逻辑时序向防火卷帘控制器发出联动控制信号，由防火卷帘控制器控制防火卷帘的下降。

防火卷帘下降至距楼板面1.8m处、下降到楼板面的动作信号和防火卷帘控制器直接连接的感烟、感温火灾探测器的报警信号，应反馈至消防联动控制器。

① 疏散通道上设置的防火卷帘的联动控制设计

a. 防火分区内任两只独立的感烟火灾探测器或任一只专门用于联动防火卷帘的感烟火灾探测器的报警信号作为防火卷帘下降的首个联动触发信号，防火卷帘控制器在接收到满足逻辑关系的联动触发信号后，联动控制防火卷帘下降至距楼板面1.8m处。

b. 任一只专门用于联动防火卷帘的感温火灾探测器的报警信号作为防火卷帘下降的后续联动触发信号，防火卷帘控制器在接收到满足逻辑关系的联动触发信号后，联动控制防火卷帘下降到楼板面。

c. 在卷帘的任一侧距卷帘纵深0.5～5m内应设置不少于2只专门用于联动防火卷帘的

感温火灾探测器。

② 疏散通道上设置的防火卷帘的手动控制设计　由防火卷帘两侧设置的手动控制按钮控制防火卷帘的升降。

(3) 非疏散通道上设置的防火卷帘的联动控制设计

① 非疏散通道上设置的防火卷帘的联动控制设计遵循以下原则。由防火卷帘所在防火分区内任两只独立的火灾探测器的报警信号（“与”逻辑），作为防火卷帘下降的联动触发信号，防火卷帘控制器在接收到满足逻辑关系的联动触发信号后，联动控制防火卷帘直接下降到楼板表面。

② 非疏散通道上设置的防火卷帘的手动控制设计。由防火卷帘两侧设置的手动控制按钮控制防火卷帘的升降，并应能在消防控制室内的消防联动控制器上手动控制防火卷帘的降落。

11.3.7　消防电梯联动控制

消防联动控制器应具有发出联动控制信号强制所有电梯停于首层或电梯转换层的功能。电梯运行状态信息和停于首层或转换层的反馈信号，应传送给消防控制室显示，轿厢内应设置能直接与消防控制室通话的专用电话。

11.3.8　火灾警报与消防应急广播联动控制

火灾自动报警系统应设置火灾声光警报器，并应在确认火灾后启动建筑内的所有火灾声光警报器。未设置消防联动控制器的火灾自动报警系统，火灾声光警报器应由火灾报警控制器控制；设置消防联动控制器的火灾自动报警系统，火灾声光警报器应由火灾报警控制器或消防联动控制器控制。公共场所宜设置具有同一种火灾变调声的火灾声警报器；具有多个报警区域的保护对象，宜选用带有语音提示的火灾声警报器；学校、工厂等各类日常使用电铃的场所，不应使用警铃作为火灾声警报器。火灾声警报器设置带有语音提示功能时，应同时设置语音同步器。

同一建筑内设置多个火灾声警报器时，火灾自动报警系统应能同时启动和停止所有火灾声警报器的工作。火灾声警报器单次发出火灾警报时间宜为 8～20s，同时设有消防应急广播时，火灾声警报应与消防应急广播交替循环播放。

集中报警系统和控制中心报警系统应设置消防应急广播。消防应急广播系统的联动控制信号应由消防联动控制器发出。当确认火灾后，应同时向全楼进行广播。

消防应急广播的单次语音播放时间宜为 10～30s，应与火灾声警报器分时交替工作，可采取 1 次声警报器播放、1 次或 2 次消防应急广播播放的交替工作方式循环播放。

在消防控制室应能手动或按预设控制逻辑联动控制选择广播分区、启动或停止应急广播系统，并应能监听消防应急广播。在通过传声器进行应急广播时，应自动对广播内容进行录音。消防控制室内应能显示消防应急广播的广播分区的工作状态。消防应急广播与普通广播或背景音乐广播合用时，应具有强制切入消防应急广播的功能。

11.3.9　消防应急照明和疏散指示系统的联动控制

(1) 消防应急照明和疏散指示系统的联动控制设计

① 集中控制型消防应急照明和疏散指示系统，应由火灾报警控制器或消防联动控制器

启动应急照明控制器实现。

② 集中电源非集中控制型消防应急照明和疏散指示系统，应由消防联动控制器联动应急照明集中电源和应急照明分配电装置实现。

③ 自带电源非集中控制型消防应急照明和疏散指示系统，应由消防联动控制器联动消防应急照明配电箱实现。

(2) 当确认火灾后，由发生火灾的报警区域开始，顺序启动全楼疏散通道的消防应急照明和疏散指示系统，系统全部投入应急状态的启动时间不应大于5s。

11.3.10 相关联动控制

消防联动控制器应具有切断火灾区域及相关区域的非消防电源的功能，当需要切断正常照明时，宜在自动喷淋系统、消火栓系统动作前切断。

火灾时可立即切断的非消防电源有：普通动力负荷、自动扶梯、排污泵、空调用电、康乐设施、厨房设施等。火灾时不应立即切掉的非消防电源有：正常照明、生活给水泵、安全防范系统设施、地下室排水泵、客梯和Ⅰ～Ⅲ类汽车库作为车辆疏散口的提升机。

消防联动控制器应具有自动打开涉及疏散的电动栅杆等的功能，宜开启相关区域安全技术防范系统的摄像机监视火灾现场。消防联动控制器应具有打开疏散通道上由门禁系统控制的门和庭院的电动大门的功能，并应具有打开停车场出入口挡杆的功能。

11.4 消防远程监控

城市消防远程监控系统为公安机关消防机构提供一个动态掌控社会各单位消防安全状况的平台；强化了对社会各单位消防安全的宏观监管、重点监管和精确监管能力；并通过对火灾警情的快速确认，为消防部队的灭火救援行动提供信息支持，进一步提高了消防部队的快速反应能力。

11.4.1 系统组成和工作原理

11.4.1.1 系统组成

城市消防远程监控系统能够对联网用户的建筑消防设施进行实时状态监测，实现对联网用户的火灾报警信息、建筑消防设施运行状态以及消防安全管理信息的接收、查询和管理，并为联网用户提供信息服务。该系统由用户信息传输装置、报警传输网络、监控中心以及火警信息终端等部分组成。

用户信息传输装置作为城市消防远程监控系统的前端设备，设置在联网用户端，对联网用户内的建筑消防设施运行状态进行实时监测，并能通过报警传输网络与监控中心进行信息传输。

报警传输网络是联网用户和监控中心之间的数据通信网络，一般依托公用通信网或专用通信网，进行联网用户的火灾报警信息、建筑消防设施运行状态信息和消防安全管理信息的传输。

监控中心作为城市消防远程监控系统的核心，是对远程监控系统中的各类信息进行集中管理的节点。火警信息终端设置在城市消防通信指挥中心或其他接处警中心，用于接收并显示监控中心发送的火灾报警信息。

监控中心的主要功能在于能够为城市消防通信指挥中心或其他接处警中心的火警信息终端提供经确认的火灾报警信息，同时为公安消防部门提供火灾报警信息、建筑消防设施运行状态信息及消防安全管理信息查询服务，也能为联网用户提供各单位自身的火灾报警信息、建筑消防设施运行状态信息查询和消防安全管理信息服务。

监控中心的主要设备包括报警受理系统、信息查询系统、用户服务系统，同时还包括通信服务器、数据库服务器、网络设备、电源设备等。

(1) 报警受理系统　用于接收、处理联网用户端的用户信息传输装置传输的火灾报警、建筑消防设施运行状态等信息，并能向城市消防通信指挥中心或其他接处警中心发送火灾报警信息的系统。

(2) 信息查询系统　能够为公安机关消防机构提供火灾报警、建筑消防设施运行状态、消防安全管理等信息查询。

(3) 用户服务系统　能够为联网用户提供火灾报警、建筑消防设施运行状态、消防安全管理等相关信息服务。

(4) 通信服务器　控制中心和用户信息传输装置之间的信息桥梁，能够实现数据的接收转换和信息转发。通信服务器通过配接不同的通信接入设备，可以采用多种有线通信(PSTN、宽带等) 及无线通信方式与用户信息传输装置进行信息传输。

(5) 数据库服务器　用于存储和管理监控中心的各类信息数据，主要包括联网单位信息数据、消防设施数据、地理信息数据和历史记录数据等，为监控中心内各系统的运行提供数据支持。

11.4.1.2　系统的分类

按信息传输方式，城市消防远程监控系统可分为有线城市消防远程监控系统、无线城市消防远程监控系统、有线/无线兼容城市消防远程监控系统。

按报警传输网络形式，城市消防远程监控系统可分为基于公用通信网的城市消防远程监控系统、基于专用通信网的城市消防远程监控系统、基于公用/专用兼容通信网的城市消防远程监控系统。

11.4.1.3　系统的工作原理

城市消防远程监控系统能够对系统内各联网用户的火灾自动报警信息和建筑消防设施运行状态等信息进行数据采集、传输、接收、显示和处理，并能为公安机关消防机构和联网用户提供信息查询和信息服务。同时，城市消防远程监控系统也能提供联网用户消防值班人员的远程查岗功能。

(1) 数据的采集和传输　城市消防远程监控系统通过设置在联网用户端的用户信息传输装置，实现火灾自动报警信息和建筑消防设施运行状态等信息的采集和传输。

(2) 信息的接收和显示　设在监控中心的报警受理系统能够对用户信息传输装置发来的火灾自动报警信息和建筑消防设施运行状态信息进行接收和显示。

报警受理系统在接收到报警监控信息后，按照不同信息类型，将数据存入数据库。同时数据也被传送到监控中心的监控受理座席，由监控受理坐席进行相应警情的显示，并提示中心值班人员进行警情受理。监控受理座席的显示信息主要包括以下内容。

① 报警联网用户的详细文字信息，包括报警时间、报警联网用户名称、用户地址、报

警点的建筑消防设施编码和实际安装位置、相关负责人、联系电话等。

② 报警联网用户的地理信息，包括报警联网用户在城市或企业平面图上的位置、联网用户建筑外景图、建筑楼层平面图、消火栓位置、逃生通道位置等，并可以在楼层平面图上定位具体报警消防设施的位置，显示报警消防设施类型等。

(3) 信息的处理　监控中心对接收到的信息，按照不同信息类型进行分别处理。

① 火灾报警信息处理　监控中心接收到联网用户的火灾报警信息后，由中心值班人员根据警情信息，同联网用户消防控制室值班人员联系，进行警情确认。火灾警情被确认后，监控中心立即向设置在城市消防通信指挥中心的火警信息终端传送火灾报警信息。同时，监控中心通过移动电话、SMS短信息或电子邮件方式发送，向联网用户的消防责任人或相关负责人发送火灾报警信息。

城市消防通信指挥中心通过火警信息终端，实时接收监控中心发送的联网单位火灾报警信息，并根据火警信息快速进行灭火救援力量的部署和调度。

② 其他建筑消防设施运行信息的处理　监控中心将接收到建筑消防设施的故障及运行状态等信息通过SMS短信或电子邮件等方式发送给消防设施维护人员处理，同时也发送给联网用户的相关管理人员进行信息提示。

(4) 信息查询和信息服务　监控中心在对联网用户的火灾自动报警信息、建筑消防设施运行状态信息和消防安全管理信息进行接收和存储处理后，一般通过Web服务方式，向公安机关消防机构和联网用户提供相应的信息查询和信息服务。公安机关消防机构和联网用户通过登录监控中心提供的网站入口，根据不同人员系统权限，进行相应的信息浏览、检索、查询、统计等操作。

(5) 远程查岗　监控中心能够根据不同权限，为公安机关消防机构的监管人员或联网用户安全负责人提供远程查岗功能。监控中心通过信息服务接口收到远程查岗请求后，自动向相应被查询联网用户的用户信息传输装置发出查岗指令，用户信息传输装置立即发出查岗声、光指示，提示联网用户的值班人员进行查岗应答操作，并将应答信息传送至监控中心。监控中心再通过信息接口，向查岗请求人员进行应答信息的反馈。一旦在规定时间内，值班人员无应答，监控中心将向查岗请求人员反馈脱岗信息。

11.4.2　城市消防远程监控系统的设计

城市消防远程监控系统的设计应根据消防安全监督管理的应用需求，结合建筑消防设施的实际情况，按照《城市消防远程监控系统》(GB 26875) 及有关国家标准的规定进行，同时应与城市消防通信指挥系统和公共通信网络等城市基础设施建设发展相协调。

(1) 系统的设计原则　城市消防远程监控系统的设计应能保证系统具有实时性、适用性、安全性和可扩展性。

(2) 系统功能与性能要求　城市消防远程监控系统通过对各建筑物内火灾自动报警系统等建筑消防设施的运行实施远程监控，能够及时发现问题，实现快速处置，从而确保建筑消防设施正常运行，使其能够在火灾防控方面发挥重要作用。

① 主要功能　能接收联网用户的火灾报警信息，向城市消防通信指挥中心或其他接处警中心传送经确认的火灾报警信息；能接收联网用户发送的建筑消防设施运行状态信息；能为公安机关消防机构提供查询联网用户的火灾报警信息、建筑消防设施运行状态信息及消防安全管理信息；能为联网用户提供自身的火灾报警信息、建筑消防设施运行状态信息查询和

消防安全管理信息服务；能根据联网用户发送的建筑消防设施运行状态和消防安全管理信息进行数据实时更新。

② 主要性能要求　监控中心能同时接收和处理不少于 3 个联网用户的火灾报警信息。从用户信息传输装置获取火灾报警信息到监控中心接收显示的响应时间不大于 10s。监控中心向城市消防通信指挥中心或其他接处警中心转发经确认的火灾报警信息的时间不大于 3s。监控中心与用户信息传输装置之间通信巡检周期不大于 2h，并能够动态设置巡检方式和时间。监控中心的火灾报警信息、建筑消防设施运行状态信息等记录应备份，其保存周期不少于 1 年。按年度进行统计处理后，保存至光盘、磁带等存储介质上。录音文件的保存周期不少于 6 个月。远程监控系统具有统一的时钟管理，累计误差不大于 5s。

（3）信息传输要求　城市消防远程监控系统的联网用户是指将火灾报警信息、建筑消防设施运行状态信息和消防安全管理信息传送到监控中心，并能接收监控中心发送的相关信息的单位。设置火灾自动报警系统的单位，一般列为系统的主要联网用户；未设置火灾自动报警系统的单位，也可以作为系统的联网用户。

系统的联网用户按下面要求发送信息：联网用户按表 11-2 所列内容，将建筑消防设施运行状态信息实时发送至监控中心。联网用户按表 11-3 所列内容将消防安全管理信息发送至监控中心。其中，日常防火巡查信息和消防设施定期检查信息应在检查完毕后的当日内发送至监控中心，其他发生变化的消防安全管理信息应在 3 日内发送至监控中心。

表 11-2　火灾报警信息和建筑消防设施运行状态信息表

<table>
<tr><th colspan="2">设施名称</th><th>信息内容</th></tr>
<tr><td colspan="2">火灾探测报警系统</td><td>火灾报警信息、可燃气体探测报警信息、电气火灾监控报警信息、屏蔽信息、故障信息</td></tr>
<tr><td rowspan="8">消防联动控制系统</td><td>消防联动控制器</td><td>联动控制信息、屏蔽信息、故障信息、受控现场设备的联动控制信息和反馈信息</td></tr>
<tr><td>消火栓系统</td><td>系统的手动、自动工作状态，消防水泵电源的工作状态，消防水泵的启、停状态和故障状态，消防水箱（池）水位、管网压力报警信息</td></tr>
<tr><td>自动喷水灭火系统、水喷雾灭火系统</td><td>系统的手动、自动工作状态，喷淋泵电源工作状态、启停状态、故障状态，水流指示器、信号阀、报警阀、压力开关的正常状态、动作状态，消防水箱（池）水位报警、管网压力报警信息</td></tr>
<tr><td>气体灭火系统</td><td>系统的手动、自动工作状态及故障状态，阀驱动装置的正常状态和动作状态，防护区域中的防火门窗、防火阀、通风空调等设备的正常工作状态和动作状态，系统的启动和停止信息、延时状态信号、压力反馈信号，喷洒各阶段的动作状态</td></tr>
<tr><td>泡沫灭火系统</td><td>系统的手动、自动工作状态，消防水泵、泡沫液泵电源的工作状态，系统的手动、自动工作状态及故障状态，消防水泵、泡沫液泵、管网电磁阀的正常工作状态和动作状态</td></tr>
<tr><td>干粉灭火系统</td><td>系统的手动、自动工作状态及故障状态，阀驱动装置的正常状态和动作状态，延时状态信号、压力反馈信号，喷洒各阶段的动作状态</td></tr>
<tr><td>防烟排烟系统</td><td>系统的手动、自动工作状态，防烟排烟风机、防火阀、排烟防火阀、常闭送风口、排烟口、电控挡烟垂壁的工作状态、动作状态和故障状态</td></tr>
<tr><td>防火门及卷帘系统</td><td>防火卷帘控制器、防火门监控器的工作状态和故障状态，用于公共疏散的各类防火门的工作状态和故障状态等动态信息</td></tr>
</table>

续表

设施名称		信息内容
消防联动控制系统	消防电梯	消防电梯的停用和故障状态
	消防应急广播	消防应急广播的启动、停止和故障状态
	消防应急照明和疏散指示系统	消防应急照明和疏散指示系统的故障状态和应急工作状态信息
	消防电源	系统内各消防设备的供电电源（包括交流和直流电源）和备用电源工作状态信息

表 11-3 消防安全管理信息表

序号	项目		信息内容
1	基本情况		单位名称、编号、类别、地址、联系电话、邮政编码，消防控制室电话；单位职工人数、成立时间、上级主管（或管辖）单位名称、占地面积、总建筑面积、建筑总平面图（含消防车道、毗邻建筑等）；单位法人代表、消防安全责任人、消防安全管理人及专兼职消防管理人的姓名、身份证号码、电话
2	主要建、构筑物等信息	建（构）筑	建筑物名称、编号、使用性质、耐火等级、结构类型、建筑高度、地上层数及建筑面积、地下层数及建筑面积、隧道高度及长度等、建造日期、主要储存物名称及数量、建筑物内最大容纳人数、建筑立面图及消防设施平面布置图； 消防控制室位置，安全出口的数量、位置及形式（指疏散楼梯）； 毗邻建筑的使用性质、结构类型、建筑高度、与本建筑的间距
		堆场	堆场名称、主要堆放物品名称、总储量、最大堆高、堆场平面图（含消防车道、防火间距）
		储罐	储罐区名称、储罐类型（指地上、地下、立式、卧式、浮顶、固定顶等）、总容积、最大单罐容积及高度、储存物名称、性质和形态、储罐区平面图（含消防车道、防火间距）
		装置	装置区名称、占地面积、最大高度、设计日产量、主要原料、主要产品、装置区平面图（含消防车道、防火间距）
3	单位（场所）内消防安全重点部位信息		重点部位名称、所在位置、使用性质、建筑面积、耐火等级、有无消防设施、责任人姓名、身份证号码及电话
4	室内外消防设施信息	火灾自动报警系统	设置部位、系统形式、维保单位名称、联系电话； 控制器（含火灾报警、消防联动、可燃气体报警、电气火灾监控等）、探测器（含火灾探测、可燃气体探测、电气火灾探测等）、手动报警按钮、消防电气控制装置等的类型、型号、数量、制造商；火灾自动报警系统图
		消防水源	市政给水管网形式（指环状、支状）及管径、市政管网向建（构）筑物供水的进水管数量及管径、消防水池位置及容量、屋顶水箱位置及容量、其他水源形式及供水量、消防泵房设置位置及水泵数量、消防给水系统平面布置图
		室外消火栓	室外消火栓管网形式（指环状、支状）及管径、消火栓数量、室外消火栓平面布置图
		室内消火栓系统	室内消火栓管网形式（指环状、支状）及管径、消火栓数量、水泵接合器位置及数量、有无与本系统相连的屋顶消防水箱
		自动喷水灭火系统（含雨淋、水幕）	设置部位、系统形式（指湿式、干式、预作用，开式、闭式等）、报警阀位置及数量、水泵接合器位置及数量、有无与本系统相连的屋顶消防水箱、自动喷水灭火系统图
		水喷雾灭火系统	设置部位、报警阀位置及数量、水喷雾灭火系统图

续表

序号	项目		信 息 内 容
4	室内外消防设施信息	气体灭火系统	系统形式（指有管网、无管网，组合分配、独立式，高压、低压等）、系统保护的防护区数量及位置、手动控制装置的位置、钢瓶间位置、灭火剂类型、气体灭火系统图
		泡沫灭火系统	设置部位、泡沫种类（指低倍、中倍、高倍，抗溶、氟蛋白等）、系统形式（指液上、液下，固定、半固定等）、泡沫灭火系统图
		干粉灭火系统	设置部位、干粉储罐位置、干粉灭火系统图
		防烟排烟系统	设置部位、风机安装位置、风机数量、风机类型、防烟排烟系统图
		防火门及卷帘系统	设置部位、数量
		消防应急广播	设置部位、数量、消防应急广播系统图
		应急照明及疏散指示系统	设置部位、数量、应急照明及疏散指示系统图
		消防电源	设置部位、消防主电源在配电室是否有独立配电柜供电、备用电源形式（市电、发电机、EPS等）
		灭火器	设置部位、配置类型（指手提式、推车式等）、数量、生产日期、更换药剂日期
5	消防设施定期检查及维护保养信息		检查人姓名、检查日期、检查类别（指日检、月检、季检、年检等）、检查内容（指各类消防设施相关技术规范规定的内容）及处理结果，维护保养日期、内容
6	防火巡检记录		值班人姓名、巡检时间、巡检内容（用火、用电有无违章，安全出口、疏散通道、消防车道是否畅通，安全疏散指示标志、应急照明是否完好，消防设施、器材和消防安全标志是否在位、完整，常闭式防火门是否处于关闭状态，防火卷帘下是否堆放物品影响使用，消防安全重点部位的人员是否在岗等）
7	火灾信息		起火时间、起火部位、起火原因、报警方式（指自动、人工等）、灭火方式（指气体、喷水、水喷雾、泡沫、干粉灭火系统，灭火器，消防队等）

(4) 报警传输网络与系统连接　城市消防远程监控系统的信息传输可采用有线通信或无线通信方式。报警传输网络可采用公用通信网或专用通信网构建。

① 报警传输网络

a. 当城市消防远程监控系统采用有线通信方式传输时可选择下列接入方式：

- 通过电话用户线或电话中继线接入公用电话网；
- 通过电话用户线或光纤接入公用宽带网；
- 通过模拟专线或数据专线接入专用通信网。

b. 当城市消防远程监控系统采用无线通信方式传输时可选择下列接入方式：

- 通过移动通信模块接入公用移动网；
- 通过无线电收发设备接入无线专用通信网络；
- 通过集群语音通路或数据通路接入无线电集群专用通信网络。

② 系统连接与信息传输　为保证城市消防远程监控系统的正常运行，用户信息传输装置与监控中心应通过报警监控网络进行信息传输，其通信协议应满足《城市消防远程监控系统 第3部分：报警传输网络通信协议》(GB 26875.3—2011) 的规定。设有火灾自动报警系统的联网用户，采用火灾自动报警系统向用户信息传输装置提供火灾报警信息和建筑消防设施运行状态信息；未设火灾自动报警系统的联网用户，采用报警按钮或其他自动触发装置向

用户信息传输装置提供火灾报警信息和建筑消防设施运行状态信息。

联网用户的建筑消防设施宜采用数据接口的方式与用户信息传输装置连接，不具备数据接口的，可采用开关量接口方式进行连接。远程监控系统在城市消防通信指挥中心或其他接处警中心设置火警信息终端，以便指挥中心及时获取火警信息。火警信息终端与监控中心的信息传输应通过专线（网）进行。远程监控系统为公安机关消防机构设置信息查询接口，以便消防部门进行建筑消防设施运行状态信息和消防安全管理信息的查询。远程监控系统为联网用户设置信息服务接口。

(5) 系统设置与设备配置　城市消防远程监控系统的设置，地级及以上城市应设置一个或多个远程监控系统，并且单个远程监控系统的联网用户数量不宜大于5000个。县级城市宜设置远程监控系统，或与地级及以上城市远程监控系统合用。监控中心设置在耐火等级为一、二级的建筑中，且宜设置在比较安全的部位；监控中心不能布置在电磁场干扰较强处或其他影响监控中心正常工作的设备用房周围。用户信息传输装置一般设置在联网用户的消防控制室内。联网用户未设置消防控制室时，用户信息传输装置宜设置在有人员值班的场所。

(6) 系统的电源要求　监控中心的电源应按所在建筑物的最高负荷等级配置，且不低于二级负荷，并应保证不间断供电。用户信息传输装置的主电源应有明显标识，并应直接与消防电源连接，不应使用电源插头；与其他外接备用电源也应直接连接。

用户信息传输装置应有主电源与备用电源之间的自动切换装置。当主电源断电时，能自动切换到备用电源上；当主电源恢复时，也能自动切换到主电源上。主电源与备电源的切换不应使传输装置产生误动作。备用电源的电池容量应能提供传输装置在正常监视状态下至少工作8h。

(7) 系统的安全性要求

① 网络安全要求　各类系统接入远程监控系统时，能保证网络连接安全。对远程监控系统资源的访问要有身份认证和授权。建立网管系统，设置防火墙，对计算机病毒进行实时监控和报警。

② 应用安全要求　数据库服务器有备份功能，监控中心有火灾报警信息的备份应急接收功能，有防止修改火灾报警信息、建筑消防设施运行状态信息等原始数据的功能。数据库服务器有系统运行记录。

11.4.3　消防远程监控系统的主要设备

城市消防远程监控系统的主要设备包括：用户信息传输装置、报警受理系统、信息查询系统、用户服务系统和火警信息终端和通信服务器等。

(1) 用户信息传输装置　用户信息传输装置设置在联网用户端，是通过报警传输网络与监控中心进行信息传输的装置，应满足《城市消防远程监控系统 第1部分：用户信息传输装置》(GB 26875.1—2011) 的要求。用户信息传输装置主要具备以下功能：

① 火灾报警信息的接收和传输功能；

② 建筑消防设施运行状态信息的接收和传输功能；

③ 手动报警功能；

④ 巡检和查岗功能；

⑤ 故障报警功能；

⑥ 自检功能；

⑦ 主、备电源切换功能。

(2) 报警受理系统　报警受理系统设置在监控中心，接收、处理联网用户按规定协议发送的火灾报警信息、建筑消防设施运行状态信息，并能向城市消防通信指挥中心或其他接处警中心发送火灾报警信息的设备。报警受理系统的软件功能应满足《城市消防远程监控系统 第5部分：受理软件功能要求》(GB 26875.5—2011)。

主要功能包括：接收、处理用户信息传输装置发送的火灾报警信息。显示报警联网用户的报警时间、名称、地址、联系人电话、地理信息、内部报警点位置及周边情况等。对火灾报警信息进行核实和确认，确认后应将报警联网用户的名称、地址、联系人电话、监控中心接警人员等信息向城市消防通信指挥中心或其他接处警中心的火警信息终端传送。接收、存储用户信息传输装置发送的建筑消防设施运行状态信息，对建筑消防设施的故障信息进行跟踪、记录、查询和统计，并发送至相应的联网用户。自动或人工对用户信息传输装置进行巡检测试。显示和查询过去报警信息及相关信息。与联网用户进行语音、数据或图像通信。实时记录报警受理的语音及相应时间，且原始记录信息不能被修改。具有自检及故障报警功能。具有系统启、停时间的记录和查询功能。具有消防地理信息系统基本功能。

(3) 信息查询系统　信息查询系统是设置在监控中心为公安机关消防机构提供信息查询服务的设备。其软件功能应满足《城市消防远程监控系统 第6部分：信息管理软件功能要求》(GB 26875.6—2011)。

主要功能包括：查询联网用户的火灾报警信息。查询联网用户的建筑消防设施运行状态信息，其内容符合表11-2的要求。存储、显示联网用户的建筑平面图、立面图，消防设施分布图、系统图，安全出口分布图，人员密集、火灾危险性较大场所等重点部位所在位置、人员数量等基本情况。查询联网用户的消防安全管理信息。查询联网用户的日常值班、在岗等信息。对上述查询信息，能按日期、单位名称、单位类型、建筑物类型、建筑消防设施类型、信息类型等检索项进行检索和统计。

(4) 用户服务系统　是设置在监控中心为联网用户提供信息服务的设备。其软件功能应满足《城市消防远程监控系统 第6部分：信息管理软件功能要求》(GB 26875.6—2011)。

主要功能包括：为联网用户提供查询其自身的火灾报警、建筑消防设施运行状态信息、消防安全管理信息的服务平台。对联网用户的建筑消防设施日常维护保养情况进行管理。为联网用户提供符合消防安全重点单位信息系统数据结构标准的数据录入、编辑服务。通过随机查岗，实现联网用户的消防负责人对值班人员日常值班工作的远程监督。为联网用户提供使用权限管理服务等。

(5) 火警信息终端　火警信息终端设置在城市消防通信指挥中心或其他接处警中心，是接收并显示监控中心发送的火灾报警信息的设备。

主要功能包括：接收监控中心发送的联网用户火灾报警信息，向其反馈接收确认信号，并发出明显的声、光提示信号。显示报警联网用户的名称、地址、联系人电话、监控中心值班人员、火警信息终端警情接收时间等信息。具有自检及故障报警功能。

(6) 通信服务器　通信服务器能够进行用户信息传输装置传送数据的接收转换和信息转发，其软件功能应满足《城市消防远程监控系统 第2部分：通信服务器软件功能要求》(GB 26875.2—2011)。

主要功能包括：能够按照《城市消防远程监控系统 第3部分：报警传输网络通信协议》(GB/T 26875.3—2011) 规定的通信协议与用户信息传输装置进行数据通信。能够监视用户信息传输装置、受理座席和其他连接终端设备的通信连接状态，并进行故障告警。具有自检功能。具有系统启、停时间的记录和查询功能。

(7) 数据库服务器 数据库服务器用于存储和管理监控中心的各类信息数据，主要包括联网单位信息数据、消防设施数据、地理信息数据和历史记录数据等，为监控中心内各系统的运行提供数据支持。

11.5 消防电源与供配电

当建筑物内发生火灾时，首先应利用建筑物本身的消防设施进行灭火和疏散人员、物资。如没有可靠的电源，消防设施将无法正常工作，而导致不能及时报警与灭火，不能有效疏散人员、物资和控制火势蔓延，势必造成重大的损失。因此，合理确定消防用电负荷等级，科学设计消防电源供配电系统，对保障建筑消防用电设备的供电可靠性是非常重要的。

11.5.1 消防供电负荷设备及分级

(1) 消防供电负荷设备 消防负荷是用于防火和灭火的用电设备，消防负荷根据建筑类别和建筑功能的不同，设置在每一幢建筑物中，为减少火灾发生、降低火灾损失起着极其重要的作用。通常采用强电和弱电两种形式。大体可分为：火灾报警系统、消防联动控制系统、建筑防火设施系统、固定灭火系统、疏散广播系统等。

在民用建筑中，常见消防电气设施主要有以下几个方面：

① 消火栓及其消防泵；

② 自喷消防泵；

③ 防火卷帘门及电动防火门；

④ 正压送风机；

⑤ 排烟风机；

⑥ 消防电梯；

⑦ 火灾自动报警系统；

⑧ 气体消防系统；

⑨ 消防广播和声光报警器；

⑩ 火灾应急照明。

(2) 消防供电负荷等级 划分消防负荷等级并确定其供电方式的基本出发点是：建筑物的结构、使用性质、火灾危险性、人员疏散和扑救难度、事故造成的后果等因素。

① 基本概念 消防负荷就是指消防用电设备，根据供电可靠性及中断供电所造成的损失或影响的程度，分为一级负荷、二级负荷及三级负荷。

② 一级消防负荷

a. 下列场所的消防用电应按一级负荷供电。建筑高度大于50m的乙、丙类生产厂房和丙类物品库房、一类高层民用建筑、一级大型石油化工厂、大型钢铁联合企业、大型物资仓库等。

b. 一级负荷的电源供电方式。一级负荷应由两个电源供电，且两个电源要符合下列条件之一：

• 两个电源之间无联系；

• 两个电源有直接联系，但符合下列要求：任一电源发生故障时，两个电源的任何部分均不会同时损坏；发生任何一种故障且保护装置正常时，有一个电源不中断供电，并且在发生任何一种故障且主保护装置失灵以至两个电源均中断供电后，应能在有人员值班的处所完成各种必要操作，迅速恢复一个电源供电。

c. 结合消防用电设备的特点，以下供电方式可视为一级负荷供电：电源一个来自区域变电站（电压在35kV及以上），同时另设一台自备发电机组；电源来自两个区域变电站。

③ 二级消防负荷

a. 下列建筑物、储罐（区）和堆场的消防用电应按二级负荷供电：室外消防用水量大于30L/s的厂房（仓库）；室外消防用水量大于35L/s的可燃材料堆场、可燃气体储罐（区）和甲、乙类液体储罐（区），粮食仓库及粮食筒仓；二类高层民用建筑；座位数超过1500个的电影院、剧场，座位数超过3000个的体育馆；任一层建筑面积大于3000m^{2}的商店和展览建筑；省（市）级及以上的广播电视、电信和财贸金融建筑；室外消防用水量大于25L/s的其他公共建筑。

b. 二级负荷的电源供电方式。二级负荷的电源供电方式可以根据负荷容量及重要性进行选择：二级负荷包括范围比较广，停电造成的损失较大的场所，采用两回线路供电，且变压器为两台（两台变压器可不在同一变电所）；负荷较小或地区供电条件较困难的条件下，允许有一回6kV以上专线架空线或电缆供电。

当采用架空线时，可为一回路架空线供电；当用电缆线路供电时，由于电缆发生故障恢复时间和故障点排查时间长，故应采用两个电缆组成的线路供电，并且每个电缆均应能承受100%的二级负荷。

④ 三级消防负荷　三级消防用电设备采用专用的单回路电源供电，并在其配电设备设有明显标志。其配电线路和控制回路应按照防火分区进行划分。

消防水泵、消防电梯、防排烟风机等消防设备，应急电源可采用第二路电源、带自启动的应急发电机组或由二者组成的系统供电方式。

消防控制室、消防水泵、消防电梯、防烟排烟风机等的供电，要在最末一级配电箱处设置自动切换装置。切换部位是指各自的最末一级配电箱，如消防水泵应在消防水泵房的配电箱处切换；消防电梯应在电梯机房配电箱处切换。

(3) 消防供电负荷的功能

① 具有防烟功能的设备　可保证在一定时间内，使火场上的高温烟气不致随意扩散并迅速排出，提供不受烟气干扰的疏散路线。如挡烟垂壁、排烟口、排烟机、正压送风口、正压送风机等。

② 具有防火功能的设备　能在一定的时间内防止火灾向同一建筑物的其他部位或同一风道的其他部位蔓延，把它们分隔开来以此控制火势发展。如电动防火门、防火卷帘、电动防火阀、排烟防火阀等。

③ 常用的具有灭火功能的设备　能将灭火剂喷于燃烧物上，阻止和熄灭火势，达到灭火目的，把火灾损失降到最低程度。如消防水泵、喷淋泵、气体自动灭火系统等，附属设备有消防稳压泵。

④ 消防运输设备　消防电梯功能是火灾时供消防人员扑救火灾和营救人员的重要垂直运输工具，附属设备有消防排污泵。

⑤ 火灾应急照明　功能为指明通道、安全出口方向及位置，以便有秩序地疏散人员并提供消防人员继续工作的照明条件。如消防控制室、消防泵房等处的火灾备用照明，走廊、楼梯间等处的火灾疏散照明等。

⑥ 火灾自动报警及联动设备　功能为监测火灾发生，早期发现和通报火警，及时采取有效手段。是现代消防不可缺少的安全技术措施。主要设备有：火灾报警控制器、各类火灾探测器、手动报警按钮、控制模块等。

⑦ 火灾通讯设备　能有效地组织人员迅速疏散和火灾现场保持通讯联系。包括火灾紧急广播、消防电话、火警报警器、火灾显示器等。

(4) 消防供电负荷的特点　从消防负荷的功能可知，消防负荷是一种特殊的负荷，是专为预防火灾发生及降低火灾造成的损失而设置的用电设备。除火灾自动报警设备、兼用的消防电梯、疏散照明等平时需要工作外，大多数消防负荷长期处于备用状态。火灾是意外的突发事件，也可能一幢建筑从未发生过火灾，那这些消防设备就一直处于备用状态，这也正是建筑物的拥有者和消防部门所希望的。除此之外，长期备用的消防负荷也是短时期工作的负荷。

(5) 消防供电负荷的配线　从保证对消防用电设备供电的可靠性出发，规定了消防负荷的相应级别，而连接各种消防负荷的线路的选用，也是相当重要的环节。前面已述及消防负荷是在火灾发生后投入工作的特殊负荷，即工作在高温环境下，如果配线得不到保证，发生绝缘损坏、过热短路、接地故障等情况，将同样使消防设备发挥不了作用，影响安全疏散及火灾扑救工作。根据消防设备在防火和灭火中的作用及工作环境、应急时间等的不同，其配线应采用耐火和耐热配线。

国家规范已明确规定一类建筑消防用电设备的两个电源或两回路应在最末一级配电箱处自动切换；对二类建筑的消防负荷，虽没有以上规定，但实际上往往也参照一级负荷的要求，采用双路电源末端切换的方式。消防负荷的两路电源来源有以下几种形式。

① 一级负荷容量较大，且当地有可靠的两路独立高压电源来源时，建筑物一般都采取两路高压电源进线，消防用电负荷的两路低压电源分别引自两种独立的低压母线。

② 对于某些建筑由于受到多方面原因的制约，要取得相互独立的两路高压电源比较困难。

有些建筑一级负荷容量不大，取两个相互独立的高压电源不经济，这时可采用柴油发电机组作消防用电负荷中应急备用电源。从工程的经济性来考虑，有时消防负荷的应急照明，可以采用蓄电池组成UPS为备用电源，其他负荷接自柴油发电机组。但是由蓄电池作为备用电源的消防负荷，其正常供电电源应引自相应配电箱的专用回路或接自为该类消防负荷供电的专用配电箱，这样可以减少其他一般负荷对消防负荷正常供电的影响。还有一点，主、备电源的投入切换时间和备用电源的持续供电时间应满足有关国家规范中规定的消防负荷对供电电源的要求。

11.5.2 不同场所的消防供电要求

(1) 消防控制室、消防水泵、消防电梯、防排烟设施、火灾自动报警、自动灭火装置、火灾应急照明和电动防火门窗、卷帘、阀门等消防用电，一类建筑应按国家电力设计规范规定的一级负荷要求供电；二类建筑的上述消防用电，应按二级负荷的两回线路要求供电。

(2) 火灾消防及其他防灾系统用电，当建筑物为高压受电时，宜从变压器低压出口处分开自成供电体系，即独立形成防灾供电系统。

（3）一类建筑的消防用电设备的两个电源或两回线路，应在最末一级配电箱处自动切换。

（4）火灾自动报警系统，应设有主电源和直流备用电源。

（5）火灾自动报警系统的主电源应采用消防电源，直流备用电源宜采用火灾报警控制器的专用蓄电池。当直流备用电源采用消防系统集中设置的蓄电池时，火灾报警控制器应采用单独的供电回路，并能保证在消防系统处于最大负载状态下不影响报警控制器的正常工作。

（6）各类消防用电设备在火灾发生期间的最少连续供电时间，可参见表 11-4 所示。

表 11-4　各类消防用电设备在火灾发生期间的最少连续供电时间

序号	消防用电设备名称	保证供电时间/min
1	火灾自动报警装置	≥10
2	人工报警器	≥10
3	各种确认、通报手段	≥10
4	消火栓、消防泵及自动喷水系统	>60
5	水喷雾和泡沫灭火系统	>30
6	CO_2 灭火和干粉灭火系统	>60
7	卤代烷灭火系统	≥30
8	排烟设备	>60
9	火灾广播	≥20
10	火灾疏散标志照明	≥20
11	火灾暂时继续工作的备用照明	≥60
12	避难层备用照明	>60
13	消防电梯	>60
14	直升机停机坪照明	>60

（7）二类建筑的供电变压器，当高压为一路电源时宜选两台，只在能从另外用户获得低压备用电源的情况下，方可只选一台变压器。

（8）配电所（室）应设专用消防配电盘（箱）。如有条件时，消防配电室尽量贴邻消防控制室布置。

（9）对容量较大（或较集中）的消防用电设施（如消防电梯、消防水泵等）应自配电室采用放射式供电。对于火灾应急照明、消防联动控制设备、火灾报警控制器等设施，若采用分散供电时，在各层（或最多不超过 3～4 层）应设置专用消防配电屏（箱）。

（10）在设有消防控制室的民用建筑中，消防用电设备的两个独立电源（或两回线路），宜在下列场所的配电屏（箱）处自动切换：消防控制室；消防泵房；消防电梯机房；防排烟设备机房；火灾应急照明配电箱；各楼层消防配电箱等。

（11）消防联动控制装置的直流操作电源电压，应采用 24V。

（12）火灾报警控制器的直流备用电源的蓄电池容量应按火灾报警控制器在监视状态下工作 24h 后，再加上同时有二个分路报火警 30min 用电量之和计算。

（13）专供消防设备用的配电箱、控制箱等主要器件及导线等宜采用耐火、耐热型。当与其他用电设备合用时，消防设备的线路应作耐热、隔热处理。且消防电源不应受其他处故

障的影响。消防电源设备的盘面应加注“消防”标志。

(14) 消防用电设备配电系统的分支线路不应跨越防火分区，分支干线不宜跨越防火分区。

(15) 消防用电设备的电源不应装设漏电保护，当线路发生接地故障时，宜设单相接地报警装置。

(16) 消防用电的自备应急发电设备，应设有自动启动装置，并能在15s内供电，当由市电切换到柴油发电机电源时，自动装置应执行先停后送的程序，并应保证一定时间间隔。在接到“市电恢复”讯号后延时一定时间，再进行柴油发电机对市电的切换。

11.5.3 消防设备的供电和控制

(1) 消火栓及其消防泵 消火栓消防泵的起停一般直接由消防栓上的消防按钮直接启动。即使在有火灾自动报警系统的建筑中，火灾自动报警系统仅监视该系统的各种信息，并不对消火栓按钮的报警信息进行加工处理。原因十分简单，消火栓按钮是由人工进行触发的，无需再进行火灾的确认。值得注意的是，消火栓按钮的控制电压若采用220V，则必须保证使用消火栓时按钮上无电，以免发生触电事故，若采用36V的安全电压，则不需选择适当截面的控制线，以免因线路压降过大而无法驱动接触器线圈。

设有火灾自动报警系统的建筑，对消火栓消防系统的控制要求如下。

① 消火栓按钮控制回路应采用50V以下的安全电压。

② 消火栓设有消火栓按钮时，应能向消防控制（值班）室发送消火栓工作信号和启动消防水泵。

③ 消防控制室内，对消火栓灭火系统应有下列控制、显示功能：控制消防水泵的启、停；显示消防水泵的工作、故障状态；显示消火栓按钮的工作部位，当有困难时可按防火分区或楼层显示。

从上述要求可以看出，在设有火灾自动报警系统的建筑物中，消火栓系统除了常规按钮控制启动消防泵线路外，还应增加以下线路：

① 每个消火栓按钮的接点状态通过地编模块接入火灾自动报警系统，将其作为一个探测器看待，以便消防控制室能够显示消火栓按钮的工作部位。

② 消防泵控制箱的控制线路中并联消防控制室的起停控制接点，并将泵的运行信号返回消防控制室。

(2) 自动喷水灭火系统 自动喷水灭火系统一般较少单独使用，往往与火灾自动报警系统同时使用。

自动喷水灭火系统的工作流程为：当保护区域内因发生火灾引起温度升高，从而使喷头上的阻水设施爆裂，管道内压力下降，管道上压力开关触点闭合，开启自喷消防泵。

自动喷水灭火系统的控制应符合下列要求。

① 需早期火灾自动报警的场所（不易检修的天棚、闷顶内或厨房等处除外），应设有自动喷水灭火喷头同时设置感烟探测器。

② 自动喷水灭火系统中设置的水流指示器，不应作为自动启动消防水泵的控制装置使用。报警阀压力开关、水位控制开关和气压罐压力开关等可控制消防水泵自动启动。

③ 消防控制室内，对自动喷水灭火系统宜有下列控制监测功能：

a. 控制系统的启、停。

b. 系统的控制阀开启状态。但对管网末端的试验阀，应在现场设置手动按钮，就地控制开闭，其状态信号可不返回。

c. 消防水泵电源供应和工作情况。

d. 水池、水箱的水位。对于重力式水箱，在严寒地区宜安设水温探测器，当水温降低到5℃以下时，应发出信号报警。

e. 干式喷水灭火系统的最高和最低气压。一般压力的下限值宜与空气压缩机联动，或在消防控制室设充气机手动启动和停止按钮。

f. 预作用喷水灭火系统的最低气压。

g. 报警阀和水流指示器的动作情况。

④ 设有充气装置的自动喷水灭火管网应将高、低压力报警信号送至消防控制室。消防控制室宜设充气机手动启动按钮和停止按钮。

⑤ 预作用喷水灭火系统中，应设置由感烟探测器组成的控制电路，控制管网预作用充水。

⑥ 雨淋和水喷雾灭火系统中宜设置由感烟、定温探测器组成的控制电路，控制电磁阀。电磁阀的工作状态应反馈消防控制室。由于自动喷水灭火系统的消防泵（包括电磁阀、气压泵）可以直接由压力开关控制。因此，该系统的设计中，应尽量利用压力开关和相应的消防泵组成自动控制系统，在和火灾自动报警系统配合使用时，应将其作为独立的一个子系统，火灾报警系统只监视其报警信号（包括压力开关、水流指示仪）。自动喷水灭火系统和火灾自动报警系统配套使用时的基本要求如下。

a. 消防泵（包括电磁阀、气压泵）的启动应有相应的压力开关（包括水位控制仪）直接启动，同时并接消防控制室传来的强制启停按钮信号。

b. 所有相关的报警及反映系统工作的传感器信号应通过地编输入模块进入报警总线。

（3）防火卷帘门及电动防火门

① 防火卷帘门　防火卷帘门是现代高层建筑防火中不可缺少的设施，具有防火、防烟、防盗、防风等多种功能，广泛应用于高层建筑、大型商场等人员密集的场合，其作用是在火灾发生时，在能够保证人员快速疏散的情况下，阻止火灾事故的蔓延，将火灾限制在一定的范围内，从而最大限度限制火灾事故的损失。

电动防火卷帘的控制应符合下列要求。

a. 一般在电动防火卷帘两侧设专用的感烟及感温两种探测器，声、光报警信号及手动控制按钮（应有防误操作措施）。当在两侧装设确有困难时，可在火灾可能性大的一侧装设。

b. 电动防火卷帘应采取两次控制下落方式，第一次由感烟探测器控制下落距地1.5m处停止；第二次由感温探测器控制下落到底。并应分别将报警及动作信号送至消防控制室。

c. 电动防火卷帘宜由消防控制室集中管理。当选用的探测器控制电路采用相应措施提高可靠性时，亦可在就地联动控制，但在消防控制室应有应急控制手段。

d. 当电动防火卷帘采用水幕保护时，水幕电磁阀的开启宜用定温探测器与水幕管网有关的水流指示器组成的控制电路控制。

② 电动防火门　电动防火门的控制，应符合以下要求。

a. 门两侧应装设由专用的感烟探测器组成的控制电路，电动防火门在现场自动关闭。此外，在就地宜设人工手动关闭装置。

b. 电动防火门宜选用平时不耗电的释放器，且宜暗设。要有返回动作信号功能。

由于电动防火门和防火卷帘门自成体系，实际使用时，只需按照其外部接线端子的要求配置操作电源、火灾探测器和相关的手动操作按钮即可。在和火灾自动报警系统配合使用时，在其火灾探测器回路中接入总线型控制模块来仿真火灾探测器的动作，使消防控制时的指令能够得到执行（一般需要两个总线制控制模块，分别指令半降和全降），同时应将卷帘门的工作状态通过总线型输入模块返回消防控制中心。

（4）排烟风机防烟、排烟系统　包括排烟阀和相关的风机。其控制要求如下。

① 排烟阀宜由其排烟分担区内设置的感烟探测器组成的控制电路在现场控制开启。

② 排烟阀动作后应启动相关的排烟风机和正压送风机，停止相关范围内的空调风机及其他送、排风机。

③ 同一排烟区内的多个排烟阀，若需同时动作时，可采用接力控制方式开启，并由最后动作的排烟阀发送动作信号。

④ 设在排烟风机入口处的防火阀动作后应联动停止排烟风机。

⑤ 防烟垂壁应由其附近的专用感烟探测器组成的控制电路就地控制。

⑥ 设在空调通风管道上的防排烟阀，宜采用定温保护装置直接动作阀门关闭；只有必须要求在消防控制室远方关闭时，才采取远方控制。关闭信号要反馈消防控制室，并停止有关部位风机。

⑦ 消防控制室应能对防烟、排烟风机（包括正压送风机）进行应急控制。

防、排系统单独使用时，根据上述要求采用电气联锁的方式完成其控制，在和火灾自动报警控制系统配套使用时，其联锁控制可以通过系统进行程序联锁。

（5）气体消防系统自动灭火系统　气体消防系统自动灭火系统的控制应要求如下。

① 设有卤代烷、二氧化碳等气体自动灭火装置的场所（或部位）应设感烟定温探测器与灭火控制装置配套组成的火灾报警控制系统。

② 管网灭火系统应有自动控制、手动控制和机械应急操作三种启动方式；无管网灭火装置应有自动控制和手动控制两种启动方式。

③ 自动控制应在接到两个独立的火灾信号后才能启动。

④ 应在被保护对象主要出入口门外，设手动紧急控制按钮并应有防误操作措施和特殊标志。

⑤ 机械应急操作装置应设在贮瓶间或防护区外便于操作的地方，并能在一个地点完成释放灭火剂的全部动作。

⑥ 应在被保护对象主要出入口外门框上方设放气灯并应有明显标志。

⑦ 被保护对象内应设有在释放气体前 30s 内人员疏散的声警报器。

⑧ 被保护区域常开的防火门，应设有门自动释放器，在释放气体前能自动关闭。

⑨ 应在释放气体前，自动切断被保护区的送、排风风机或关闭送风阀门。

⑩ 对于组合分配系统，宜在现场适当部位设置气体灭火控制室；单元独立系统是否设控制室，可根据系统规模及功能要求而定；无管网灭火装置一般在现场设控制盘（箱），但装设位置应接近被保护区，控制盘（箱）应采取防护措施。在经常有人的防护区内设置的无管网灭火系统，应设有切断自动控制系统的手动装置。

⑪ 气体灭火控制室应有下列控制、显示功能：

a. 控制系统的紧急启动和切断；

b. 由火灾探测器联动的控制设备，应具有 30s，可调的延时功能；

c. 显示系统的手动、自动状态；

d. 在报警、喷射各阶段，控制室应有相应的声、光报警信号，并能手动切除声响信号；

e. 在延时阶段，应能自动关闭防火门、停止通风、空气调节系统。

⑫ 气体灭火系统在报警或释放灭火剂时，应在建筑物的消防控制室（中心）有显示信号。

⑬ 当被保护对象的房间无直接对外窗户时，气体释放灭火后，应有排除有害气体的设施，但此设施在气体释放时应是关闭的。

由于气体消防系统大都是自成体系，其控制设备均由厂家配套，实际使用时只需按照生产厂家的要求配置相关的火灾探测器，并按照要求安装好相关的声光报警装置即可。在和火灾报警系统配套使用时，火灾报警系统仅监视其工作状态，一般不对其发出操作指令。

（6）其他控制

① 正压送风系统一般较少单独使用，往往和火灾自动报警系统联合使用，其动作指令直接由消防控制室发出。

② 消防广播和声光报警器一般和火灾自动报警系统配套使用，在发生火灾时由消防控制室发出指令。

③ 火灾应急照明集中供电时，应由消防控制中心在切断其他非消防电源的同时，强制开启应急照明；分散供电时，断电后，外部电源自行开启。

④ 非消防电源断电及电梯应急控制非消防电源断电和电梯应急控制要求如下：

a. 火灾确认后，应能在消防控制室或配电所（室）手动切除相关区域的非消防电源；

b. 火灾发生后，根据火情强制所有电梯依次停于首层，并切断其电源，但消防电梯除外。在通常情况下，非消防电源的开关均由低压断路器担当，为了使其能够进行远程断电，必须在开关上增加分励脱扣器或选用具有远程通信能力的开关，通过火灾报警控制器的控制模块完成控制。

⑤ 电梯的强制降至首层，通过向电梯控制台发送指令的方式实现，切断电源方式与切断非消防电源方式相同。

11.6 消防控制室

消防控制室是建筑消防系统的信息中心、控制中心、日常运行管理中心和各自动消防系统运行状态监视中心，也是建筑发生火灾和日常火灾演练时的应急指挥中心。

11.6.1 消防控制室的建筑防火设计

设有消防联动功能的火灾自动报警系统和自动灭火系统或设有消防联动功能的火灾自动报警系统和机械防（排）烟设施的建筑，应设置消防控制室。

消防控制室的设置应符合下列规定：

① 单独建造的消防控制室，其耐火等级不应低于二级；

② 附设在建筑内的消防控制室，宜设置在建筑内首层的靠外墙部位，亦可设置在建筑物的地下一层，但应采用耐火极限不低于2.00h的隔墙和不低于1.50h的楼板，与其他部位隔开，并应设置直通室外的安全出口；

③ 消防控制室送、回风管的穿墙处应设防火阀；

④ 消防控制室内严禁有与消防设施无关的电气线路及管路穿过；

⑤ 不应设置在电磁场干扰较强及其他可能影响消防控制设备工作的设备用房附近。

11.6.2　消防控制室的功能要求

消防控制室内设置的消防设备应包括火灾报警控制器、消防联动控制器、消防控制室图形显示装置、消防专用电话总机、消防应急广播控制装置、消防应急照明和疏散指示系统控制装置、消防电源监控器等设备，或具有相应功能的组合设备。

消防控制室内设置的消防控制室图形显示装置，应能显示建筑物内设置的全部消防系统，及相关设备的动态信息和消防安全管理信息，并应为远程监控系统预留接口，同时应具有向远程监控系统传输有关信息的功能。

消防控制室应设有用于火灾报警的外线电话。消防控制室应有相应的竣工图纸、各分系统控制逻辑关系说明书、设备使用说明书、系统操作规程、应急预案、值班制度、维护保养制度及值班记录等文件资料。

具有两个及以上消防控制室时，应确定主消防控制室和分消防控制室。主消防控制室的消防设备应对系统内共用的消防设备进行控制，并显示其状态信息；主消防控制室内的消防设备应能显示各分消防控制室内消防设备的状态信息，并可对分消防控制室内的消防设备及其控制的消防系统和设备进行控制；各分消防控制室内的消防设备之间可以互相传输、显示状态信息，但不应互相控制。

消防控制室内设置的消防设备应为符合国家市场准入制度的产品。消防控制室的设计、建设和运行应符合有关法律、法规、标准的规定。消防设备组成系统时，各设备之间应满足系统兼容性要求。

(1) 消防控制室资料　消防控制室内应保存下列纸质和电子档案资料。

建（构）筑物竣工后的总平面布局图、建筑消防设施平面布置图、建筑消防设施系统图及安全出口布置图、重点部位位置图等；消防安全管理规章制度、应急灭火预案、应急疏散预案等；消防安全组织结构图，包括消防安全责任人、管理人、专职、义务消防人员等内容；消防安全培训记录、灭火和应急疏散预案的演练记录；值班情况、消防安全检查情况及巡查情况的记录；消防设施一览表，包括消防设施的类型、数量、状态等内容；消防系统控制逻辑关系说明、设备使用说明书、系统操作规程、系统和设备维护保养制度等；设备运行状况、接报警记录、火灾处理情况、设备检修检测报告等资料，这些资料应能定期保存和归档。

(2) 消防控制室管理及应急程序　消防控制室管理应实行每日24h专人值班制度，每班不应少于2人；火灾自动报警系统和灭火系统应处于正常工作状态；高位消防水箱、消防水池、气压水罐等消防储水设施应水量充足，消防泵出水管阀门、自动喷水灭火系统管道上的阀门常开；消防水泵、防排烟风机、防火卷帘等消防用电设备的配电柜开关处于自动（接通）位置。

消防控制室的值班应急程序应符合下列要求：接到火灾警报后，值班人员应立即以最快方式确认；在火灾确认后，立即将火灾报警联动控制开关转入自动状态（处于自动状态的除外），同时拨打“119”报警；还应立即启动单位内部应急疏散和灭火预案，同时报告单位负责人。

(3) 消防控制室的设备布置　消防控制室内设备面盘前的操作距离，单列布置时不应小于1.5m，双列布置时不应小于2m；在值班人员经常工作的一面，设备面盘至墙的距离不应小于3m，设备面盘后的维修距离不宜小于1m；设备面盘的排列长度大于4m时，其两端应设置宽度不小于1m的通道；在与建筑其他弱电系统合用的消防控制室内，消防设备应集中设置，并应与其他设备之间有明显的间隔。

(4) 消防控制室的控制与显示功能

① 消防控制室图形显示装置　消防控制室图形显示装置应能用同一界面显示建（构）筑物周边消防车道、消防登高车操作场地、消防水源位置，以及相邻建筑的防火间距、建筑面积、建筑高度、使用性质等情况；应能显示消防系统及设备的名称、位置和动态信息；当有火灾报警信号、监管报警信号、反馈信号、屏蔽信号、故障信号输入时，应有相应状态的专用总指示，在总平面布局图中应显示输入信号所在的建（构）筑物的位置，在建筑平面图上应显示输入信号所在的位置和名称，并记录时间、信号类别和部位等信息；应在10s内显示输入的火灾报警信号和反馈信号的状态信息，100s内显示其他输入信号的状态信息；应采用中文标注和中文界面，界面对角线长度不应小于430mm；应能显示可燃气体探测报警系统、电气火灾监控系统的报警信息、故障信息和相关联动反馈信息。

② 火灾报警控制器　火灾报警控制器应能显示火灾探测器、火灾显示盘、手动火灾报警按钮的正常工作状态、火灾报警状态、屏蔽状态及故障状态等相关信息；应能控制火灾声光警报器的启动和停止。

③ 消防联动控制器

a. 应能将消防系统及设备的状态信息传输到消防控制室图形显示装置。

b. 对自动喷水灭火系统的控制和显示应符合下列要求：应能显示喷淋泵电源的工作状态；应能显示喷淋泵（稳压或增压泵）的启、停状态和故障状态，并显示水流指示器、信号阀、报警阀、压力开关等设备的正常工作状态和动作状态；消防水箱（池）最低水位信息和管网最低压力报警信息；应能手动控制喷淋泵的启、停；并显示其手动启、停和自动启动的动作反馈信号。

c. 对自动喷水灭火系统的控制和显示应符合下列要求：应能显示喷淋泵电源的工作状态；应能显示喷淋泵（稳压或增压泵）的启、停状态和故障状态，并显示水流指示器、信号阀、报警阀、压力开关等设备的正常工作状态和动作状态；消防水箱（池）最低水位信息和管网最低压力报警信息；应能手动控制喷淋泵的启、停；并显示其手动启、停和自动启动的动作反馈信号。

d. 对气体灭火系统的控制和显示应符合下列要求：应能显示系统的手动、自动工作状态及故障状态；应能显示系统的驱动装置的正常工作状态和动作状态；并能显示防护区域中的防火门（窗）、防火阀、通风空调等设备的正常工作状态和动作状态；应能手动控制系统的启、停，并显示延时状态信号、紧急停止信号和管网压力信号。

e. 对水喷雾、细水雾灭火系统的控制和显示应符合下列要求：水喷雾灭火系统、采用水泵供水的细水雾灭火系统应符合自动喷水灭火系统的要求；采用压力容器供水的细水雾灭火系统应符合气体灭火系统的要求。

f. 对泡沫灭火系统的控制和显示应符合下列要求：应能显示消防水泵、泡沫液泵电源的工作状态；应能显示系统的手动、自动工作状态及故障状态；应能显示消防水泵、泡沫液泵的启、停状态和故障状态；并显示消防水池（箱）最低水位和泡沫液罐最低液位信息；应能

手动控制消防水泵和泡沫液泵的启、停，并显示其动作反馈信号。

g. 对于粉灭火系统的控制和显示应符合下列要求：应能显示系统的手动、自动工作状态及故障状态；应能显示系统的驱动装置的正常工作状态和动作状态，并能显示防护区域中的防火门窗、防火阀、通风空调等设备的正常工作状态和动作状态；应能手动控制系统的启动和停止，并显示延时状态信号、紧急停止信号和管网压力信号。

h. 对防烟排烟系统及通风空调系统的控制和显示应符合下列要求：应能显示防烟排烟系统风机电源的工作状态；应能显示防烟排烟系统的手动、自动工作状态及防烟排烟系统风机的正常工作状态和动作状态；应能控制防烟排烟系统及通风空调系统的风机和电动排烟防火阀、电控挡烟垂壁、电动防火阀、常闭送风口、排烟阀（口）、电动排烟窗的动作，并显示其反馈信号。

i. 对防火门及防火卷帘系统的控制和显示应符合下列要求：应能显示防火门控制器、防火卷帘控制器的工作状态和故障状态等动态信息；应能显示防火卷帘、常开防火门、人员密集场所中因管理需要平时常闭的疏散门及具有信号反馈功能的防火门的工作状态；应能关闭防火卷帘和常开防火门，并显示其反馈信号。

j. 对电梯的控制和显示应符合下列要求：应能控制所有电梯全部回降首层，非消防电梯应开门停用，消防电梯应开门待用，并显示反馈信号及消防电梯运行时所在楼层；应能显示消防电梯的故障状态和停用状态。

k. 消防电话总机应符合下列要求：应能与各消防电话分机通话，并具有插入通话功能；应能接收来自消防电话插孔的呼叫，并能通话；应有消防电话通话录音功能；应能显示各消防电话的故障状态，并能将故障状态信息传输给消防控制室图形显示装置。

l. 消防应急广播控制装置应符合下列要求：应能显示处于应急广播状态的广播分区、预设广播信息；应能分别通过手动和按照预设控制逻辑自动控制选择广播分区、启动或停止应急广播，并在扬声器进行应急广播时自动对广播内容进行录音；应能显示应急广播的故障状态，并能将故障状态信息传输给消防控制室图形显示装置。

m. 消防应急照明和疏散指示系统控制装置应符合下列要求：应能手动控制自带电源型消防应急照明和疏散指示系统的主电源工作状态和应急工作状态的转换；应能通过手动和自动两种方式控制自带电源型消防应急照明和疏散指示系统在主电源工作状态与应急工作状态间的切换；受消防联动控制器控制的系统，应能将系统的故障状态和应急工作状态信息传输给消防控制室图形显示装置；不受消防联动控制器控制的系统，应能将系统的故障状态和应急工作状态信息传输给消防控制室图形显示装置。

n. 消防电源监控器应符合下列要求：应能显示消防用电设备的供电电源和备用电源的工作状态和欠压报警信息；应能将消防用电设备的供电电源和备用电源的工作状态和欠压报警信息传输给消防控制室图形显示装置。

（5）消防控制室图形显示装置的信息记录要求　消防控制室图形显示装置应能记录建筑消防设施运行状态信息，记录容量不应少于10000条，记录备份后方可被覆盖。应具有产品维护保养的内容和时间、系统程序的进入和退出时间、操作人员姓名或代码等内容的记录，存储记录容量不应少于10000条，记录备份后方可被覆盖。应记录消防安全管理信息及系统内各个消防设备（设施）的制造商、产品有效期，记录容量不应少于10000条，记录备份后方可被覆盖。应能对历史记录打印归档或刻录存盘归档。

（6）信息传输要求　消防控制室图形显示装置应能在接收到火灾报警信号或联动信号后

10s内将相应信息按规定的通信协议格式传送给监控中心。消防控制室图形显示装置，应能在接收到建筑消防设施运行状态信息后100s内将相应信息按规定的通信协议格式传送给监控中心。当具有自动向监控中心传输消防安全管理信息功能时，消防控制室图形显示装置应能在发出传输信息指令后100s内将相应信息按规定的通信协议格式传送给监控中心。消防控制室图形显示装置应能接收监控中心的查询指令并按规定的通信协议格式将信息传送给监控中心。

消防控制室图形显示装置应有信息传输指示灯，在处理和传输信息时，该指示灯应闪亮。得到监控中心的正确接收确认后，该指示灯应常亮并保持直至该状态复位。当信息传送失败时应有声、光指示。火灾报警信息应优先于其他信息传输。信息传输不应受保护区域内消防系统及设备任何操作的影响。

【本章小结】

火灾自动报警系统作为现代消防系统的火情监测、火警处理与消防联动控制中心枢纽，是预防与控制火灾的核心部分。本章从系统组成与设置范围、火灾探测器、火灾控制器、消防联动控制功能、消防远程监控、消防电源与供配电、消防控制室七个方面对其相关部分的设计、安装、使用与维护进行了阐述。

【思考题】

1. 如何进行火灾探测器的分类？火灾探测器安装要求有哪些？
2. 各类火灾探测器相应的设置场所如何选择？
3. 消防联动控制功能有哪些？其作用是什么？
4. 消防控制室的功能有哪些？其设计与设置有哪些要求？

第12章 建筑消防设施维护管理

【学习要求】

通过本章学习，了解建筑消防设施维护管理原则、依据，熟悉建筑消防设施系统可靠性原理，掌握建筑消防设施监控值班、巡查、检测、维修、保养等工作要求，掌握建立建筑消防设施档案与管理要求。

【学习内容】

主要包括：概述、建筑消防监控值班、建筑消防设施巡查、建筑消防设施检测、建筑消防设施维修、建筑消防设施保养、建筑消防设施建档。

12.1 概述

建筑消防设施的维护管理主要包括：消防监控值班、巡查、检测、维修、保养、档案等工作。

12.1.1 建筑消防设施维护管理基本原则

① 建筑消防设施投入使用后，应处于正常工作状态。

② 建筑消防设施的电源开关、管理阀门，均应处于正常运行位置，并标示开、关状态。

③ 对需要保持常开或常闭状态的阀门，应采取铅封、标识等限位措施。

④ 对具有信号反馈功能的阀门，其状态信号应反馈到消防控制室。

⑤ 消防设施及其相关设备电气控制柜具有控制方式转换装置的，其所处控制方式宜反馈至消防控制室。

⑥ 不应擅自关停消防设施。值班、巡查、检测时发现故障，应及时组织修复。因故障维修等原因需要暂时停用消防系统的，应有确保消防安全的有效措施，并经单位消防安全责任人批准。

12.1.2 建筑消防设施维护管理基本依据

《建筑消防设施的维护管理》(GB25201—2010) 适用于在用建筑消防设施的维护管理。主要包括：火灾自动报警系统、消防给水系统、自动喷水灭火系统、气体灭火系统、泡沫灭火系统、防烟与排烟设施、应急照明疏散指示标志、消防电话应急广播、防火分隔设施、消防电梯、消防供电设施和建筑灭火器等。

12.1.3 建筑消防设施系统可靠性原理

系统可靠性表示系统在规定的条件下和规定的时间内完成规定功能的能力。作为消防设施系统也遵循这一规律。

（1）系统可靠性指标　从整体上看，系统能否完成预期的功能，有多个衡量指标。

一般对于可修系统、机器设备常用可靠度、平均故障间隔时间（MTBF）、平均修复时间（MTTR）、可用度、有效寿命和经济性等指标表示。

对于不可修系统或产品常用可靠度、可靠寿命、故障率、平均寿命（MTTF）等指标表示。

（2）浴盆曲线　指产品从投入到报废为止的整个寿命周期内，其可靠性的变化呈现一定的规律。可划分为三个阶段：早期失效期，偶然失效期，耗损失效期。如图 12-1 所示。

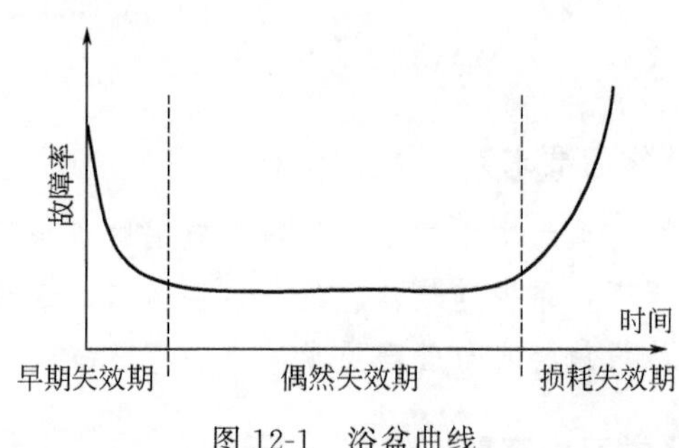

图 12-1　浴盆曲线

实践证明，可维修设备的故障率随时间的推移呈图 12-1 所示曲线形状，这就是著名的“浴盆曲线”。设备维修期内的设备故障三个阶段。

① 早期失效期：故障率由高到低。材料缺陷、设计制造质量差、装配失误、操作不熟练等原因造成。

② 偶然失效期：故障率低且稳定，由于维护不好或操作失误造成。最佳工作期。

③ 耗损失效期：故障率急剧升高，磨损严重，有效寿命结束。

（3）失效率与平均故障间隔时间　所谓失效率是指单位时间内失效的元件数与元件总数的比例，以 λ 表示，e 是常数 2.718，当 λ 为常数时，可靠性与失效率的关系为：

$$R(t)=e^{-\lambda t}$$

所谓平均无故障时间（又称平均故障间隔时间，MTBF），即两次故障之间系统能够正常工作的时间，与失效率互为倒数关系。

如：同一型号的 1000 台计算机，在规定的条件下工作 1000h，其中有 10 台出现故障。

计算机失效率：$\lambda=10/(1000\times1000)=1\times10^{-5}$

千小时的可靠性：$R(t)=e^{-\lambda t}=e^{(-1\times10^{-5})\times1000}=0.99$（可靠度）；e 为自然常数 e ≈2.718。

平均故障间隔时间 $MTBF=1/\lambda=1/10^{-5}=10^{5}/\mathrm{h}$

（4）串联系统和并联系统可靠度　在可靠性分析中可靠度是表示故障不易发生的程度；可维修度则是表示可维修的难易程度；利用这两个尺度，就可对可修复系统的可靠度做出分析与评价。

大体可分为：串联系统可靠性分析和并联系统可靠性分析。

① 串联系统可靠度，见表 12-1。

计算公式：

$$R(t)=R_1\times R_2\times\cdots\times R_N$$

消防泵串联连接，如图 12-2 所示。

表 12-1 串联系统可靠度

零件可靠度	N 个零件串联系统可靠度				
	$N=10$	$N=20$	$N=50$	$N=100$	$N=300$
0.99	0.904	0.818	0.605	0.366	0.049
0.95	0.599	0.358	0.077	0.006	0.000

② 并联系统可靠度，见表 12-2。

表 12-2 并联系统可靠度

零件可靠度	N 个零件并联系统可靠度		
	$N=2$	$N=3$	$N=5$
0.9	0.990	0.999	1.000
0.7	0.910	0.973	0.988

计算公式：

$$R(t)=1-(1-R_1)\times(1-R_2)\times\cdots\times(1-R_N)$$

消防泵并联连接，如图 12-3 所示。

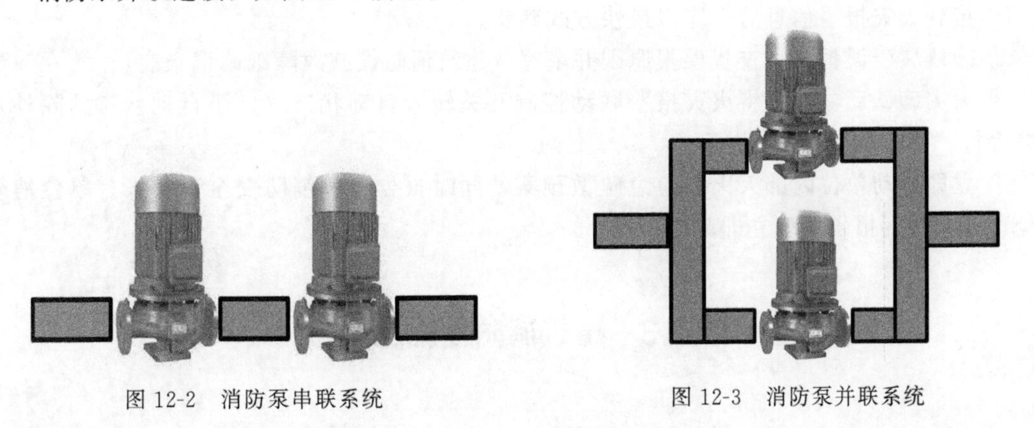

图 12-2 消防泵串联系统

图 12-3 消防泵并联系统

12.2 建筑消防监控值班

12.2.1 值班人员要求

消防控制室值班时间和人员应符合以下要求。

① 值班人员岗位证书要求。值班人员应通过消防职业特有工种职业技能鉴定。持有初级技能以上等级的职业资格证书。

消防行业特有工种职业技能，其中，建（构）筑物消防员是从事建筑物、构筑物消防安全管理、消防安全检查和建筑消防设施操作与维护等工作的人员。主要工作包括：消防安全检查；消防控制室监控；建筑消防设施操作与维护；消防安全管理等。

职业等级可分为：初级建（构）筑物消防员（国家职业资格五级）、中级建（构）筑物消防员（国家职业资格四级）、高级建（构）筑物消防员（国家职业资格三级）、建（构）筑物消防技师（国家职业资格二级）、建（构）筑物消防高级技师（国家职业资格一级），五个等级。

鉴定方式：分为理论知识考试和技能操作考核。理论知识考试采用闭卷笔试方式，技能操作考核采用建筑消防设施实际操作、功能测试等方式。理论知识考试和技能操作考核均实行百分制，成绩皆达到60分及以上者为合格。建（构）筑物消防技师、建（构）筑物消防高级技师还须进行综合评审。

② 值班时间要求。实行每日24h值班制度。每班工作时间应不大于8h。每班人员应不少于2人。

③ 值班记录要求。值班人员对火灾报警控制器进行检查、接班、交班时，应填写《消防控制室值班记录表》。值班期间每2h记录一次消防控制室内消防设备的运行情况，及时记录消防控制室内消防设备的火警或故障情况。消防控制室值班记录表如表12-3所示。

④ 消防联动要求。正常工作状态下，不应将自动喷水灭火系统、防烟排烟系统和联动控制的防火卷帘等防火分隔设施设置在手动控制状态。如果其他消防设施及其相关设备设置在手动状态，应有在火灾情况下迅速将手动控制转换为自动控制的可靠措施。

12.2.2 火灾报警应急处置

消防控制室值班人员接到报警信号后，应按下列程序进行处理：

① 接到火灾报警信息后，应以最快方式确认。

② 确认属于误报时，查找误报原因并填写《建筑消防设施故障维修记录表》。

③ 火灾确认后，立即将火灾报警联动控制开关转入自动状态（处于自动状态的除外），同事拨打“119”火警电话报警。

④ 立即启动单位内部灭火和应急疏散预案，同时报告单位消防安全责任人。单位消防安全责任人接到报告后应立即赶赴现场。

12.3 建筑消防设施巡查

12.3.1 巡查上岗要求

从事建筑消防设施巡查的人员，应通过消防职业特有工种职业技能鉴定，持有初级技能以上等级的职业资格证书。

12.3.2 消防检查要求

消防安全检查主要包括每日防火巡查、定期防火检查。

消防安全重点单位应当进行每日防火巡查，并确定巡查的人员、内容、部位和频次。其他单位可以根据需要组织防火巡查。巡查的内容应当包括：

① 用火、用电有无违章情况；

② 安全出口、疏散通道是否畅通，安全疏散指示标志、应急照明是否完好；

③ 消防设施、器材和消防安全标志是否在位、完整；

④ 常闭式防火门是否处于关闭状态，防火卷帘下是否堆放物品影响使用；

⑤ 消防安全重点部位的人员在岗情况；

⑥ 其他消防安全情况。

表 12-3 消防控制室值班记录表

序号：＿＿＿＿＿＿

<table>
<tr><th colspan="7">火灾报警控制器运行情况</th><th rowspan="3">报警、故障部位、原因及处理情况</th><th colspan="5">控制室内其他消防系统运行情况</th><th rowspan="3">报警、故障部位、原因及处理情况</th><th colspan="6">值班情况</th></tr>
<tr><th rowspan="2">正常</th><th rowspan="2">故障</th><th colspan="2">火警</th><th rowspan="2">故障报警</th><th rowspan="2">监管报警</th><th rowspan="2">漏报</th><th rowspan="2">消防系统及其相关设备名称</th><th colspan="2">控制状态</th><th colspan="2">运行状态</th><th>值班员</th><th></th><th>值班员</th><th></th><th>值班员</th><th></th></tr>
<tr><th>火警</th><th>误报</th><th>自动</th><th>手动</th><th>正常</th><th>故障</th><th>时段</th><th>～</th><th>时段</th><th>～</th><th>时段</th><th>～</th></tr>
<tr><th colspan="6"></th></tr>
<tr><td></td><td></td><td></td><td></td><td></td><td></td><td></td><td></td><td></td><td></td><td></td><td></td><td></td><td></td><td></td><td></td><td></td><td></td><td></td><td></td></tr>
<tr><td></td><td></td><td></td><td></td><td></td><td></td><td></td><td></td><td></td><td></td><td></td><td></td><td></td><td></td><td></td><td></td><td></td><td></td><td></td><td></td></tr>
<tr><td></td><td></td><td></td><td></td><td></td><td></td><td></td><td></td><td></td><td></td><td></td><td></td><td></td><td></td><td></td><td></td><td></td><td></td><td></td><td></td></tr>
</table>

<table>
<tr><th rowspan="6">火灾报警控制器日检查情况记录</th><th rowspan="2" colspan="2">火灾报警控制器型号</th><th colspan="5">检查内容</th><th rowspan="2">检查时间</th><th rowspan="2">检查人</th><th rowspan="2" colspan="3">故障及处理情况</th></tr>
<tr><th>自检</th><th>消音</th><th>复位</th><th>主电源</th><th>备用电源</th></tr>
<tr><td></td><td></td><td></td><td></td><td></td><td></td><td></td><td></td><td></td><td></td><td></td><td></td></tr>
<tr><td></td><td></td><td></td><td></td><td></td><td></td><td></td><td></td><td></td><td></td><td></td><td></td></tr>
<tr><td></td><td></td><td></td><td></td><td></td><td></td><td></td><td></td><td></td><td></td><td></td><td></td></tr>
<tr><td></td><td></td><td></td><td></td><td></td><td></td><td></td><td></td><td></td><td></td><td></td><td></td></tr>
</table>

注：1. 交接班时，接班人员对火灾报警控制器进行日检查后，如实填写火灾报警控制器日检查情况记录；值班期间按规定时限、异常情况出现时间如实填写运行情况栏内相应内容，填写时，在对应项目栏中打“√”；存在问题或故障的，在报警、故障部位、原因及处理情况栏中填写详细信息；

2. 对发现的问题应及时处理，当场不能处置的要填报《建筑消防设施故障维修记录表》，将处理记录表序号填入“故障及处理情况”栏；

3. 本表为样表，使用单位可根据火灾报警控制器数量、其他消防系统及相关设备数量及值班时段制表。

12.3.2.1 每日防火巡查

（1）技能要求：

① 能识别巡查区域内的各种火源，并能判定违章用火行为；

② 能识别安全出口、疏散通道、疏散指示标志和应急照明等安全疏散设施；

③ 能判断安全出口、疏散通道、消防车通道是否畅通；

④ 能判断疏散指示标志和应急照明是否完好；

⑤ 能识别防火门、防火卷帘等消防分隔设施；

⑥ 能判断各类防火分隔设施是否处于正常工作状态；

⑦ 能填写《防火巡查记录》。防火巡查应当在填写《防火巡查记录》，应当由巡查人员及其主管人员在巡查记录上签名并备案。

（2）相关知识：

① 火源管理的基本内容和检查要求；

② 安全疏散设施的作用、种类及设置要求；

③ 疏散通道、消防车通道的作用及设置要求；

④ 应急照明设施的作用、种类及设置要求；

⑤ 防火分隔设施的概念及种类；

⑥ 防火门的分类、构造、作用及设置部位；

⑦ 防火卷帘的分类、构造及检查要求；

⑧《防火巡查记录》的填写要求。

12.3.2.2 定期防火检查

（1）技能要求：

① 能对疏散指示标志、应急照明进行自检测试；

② 能对各类防火分隔设施进行功能测试；

③ 能填写《防火检查记录》。

（2）防火检查的内容应当包括：

① 火灾隐患的整改情况以及防范措施的落实情况；

② 安全疏散通道、疏散指示标志、应急照明和安全出口情况；

③ 消防车通道、消防水源情况；

④ 灭火器材配置及有效情况；

⑤ 用火、用电有无违章情况；

⑥ 重点工种人员，以及其他员工消防知识的掌握情况；

⑦ 消防安全重点部位的管理情况；

⑧ 易燃易爆危险物品和场所防火防爆措施的落实情况，以及其他重要物资的防火安全情况；

⑨ 消防（控制室）值班情况和设施运行、记录情况；

⑩ 防火巡查情况；

⑪ 消防安全标志的设置情况和完好、有效情况；

⑫ 其他需要检查的内容。

防火检查应当填写检查记录。检查人员和被检查部门负责人应当在检查记录上签名并备案。

(3) 相关知识：

① 疏散指示标志、应急照明的自检测试要求；

② 各类防火分隔设施的工作原理及功能测试内容；

③《防火检查记录》的填写要求。

巡查时应填写《建筑消防设施巡查记录表》。巡查时发现故障，应按《建筑消防设施的维护管理》有关规定要求处理。

12.3.3　消防巡查频次

建筑消防设施巡查频次应满足下列要求：

① 公共娱乐场所营业时，应结合公共娱乐场所每2h巡查一次的要求，视情况将建筑消防设施的巡查部分或全部纳入其中，但全部建筑消防设施应保证至少每日巡查一次；

② 消防安全重点单位，每日巡查一次；

③ 其他单位，每周至少巡查一次。

12.3.4　消防巡查要求

建筑消防设施巡查要求如下。

① 消防供配电设施的巡查内容见表12-4中“消防供配电设施”部分。

② 火灾自动报警系统的巡查内容见表12-4中“火灾自动报警系统”部分。

③ 电气火灾监控系统的巡查内容见表12-4中“电气火灾监控系统”部分。

④ 可燃气体探测报警系统的巡查内容见表12-4中“可燃气体探测报警系统”部分。

⑤ 消防供水设施的巡查内容见表12-4中“消防供水设施”部分。

⑥ 消火栓（消防炮）灭火系统的巡查内容见表12-4中“消火栓（消防炮）灭火系统”部分。

⑦ 自动喷水灭火系统的巡查内容见表12-4中“自动喷水灭火系统”部分。

⑧ 泡沫灭火系统的巡查内容见表12-4中“泡沫灭火系统”部分。

⑨ 气体灭火系统的巡查内容见表12-4中“气体灭火系统”部分。

⑩ 防烟、排烟系统的巡查内容见表12-4中“防烟、排烟系统”部分。

⑪ 应急照明和疏散指示标志的巡查内容见表12-4中“应急照明和疏散指示标志”部分。

⑫ 应急广播系统的巡查内容见表12-4中“应急广播系统”部分。

⑬ 消防专用电话的巡查内容见表12-4中“消防专用电话”部分。

⑭ 防火分隔设施的巡查内容见表12-4中“防火分隔设施”部分。

⑮ 消防电梯的巡查内容见表12-4中“消防电梯”部分。

⑯ 细水雾灭火系统的巡查内容见表12-4中“细水雾灭火系统”部分。

⑰ 干粉灭火系统的巡查内容见表12-4中“干粉灭火系统”部分。

⑱ 灭火器的巡查内容见表12-4中“灭火器”部分。

⑲ 其他需要的巡查内容见表12-4中“其他巡查内容”部分。单位也可根据实际情况。参考表12-4的样式，自行制订有关消防安全巡查记录表。

表 12-4　建筑消防设施巡查记录表

巡查项目	巡查内容	巡查情况					
		部位	数量	正常	故障及处理		
					故障描述	当场处理情况	报修情况
消防供配电设施	消防电源主电源、备用电源工作状态						
	发电机启动装置外观及工作状态、发电机燃料储量、储油间环境						
	消防配电房、UPS电池室、发电机房环境						
	消防设备末端配电箱切换装置工作状态						
火灾自动报警系统	火灾探测器、手动报警按钮、信号输入模块、输出模块外观及运行状态						
	火灾报警控制器、火灾显示器、CRT图形显示器运行状况						
	消防联动控制器外观及运行状况						
	火灾报警装置外观						
	建筑消防设施远程监控、信息显示、信息传输装置外观及运行状况						
	系统接地装置外观						
电气火灾监控系统	电气火灾监控探测器的外观及工作状态						
	报警主机外观及运行状态						
可燃气体探测报警系统	可燃气体探测器的外观及工作状态						
消防供水设施	稳压泵、增压泵、气压水罐及控制柜工作状态						
	水泵接合器外观、标识						
	系统减压、泄压装置、测试装置、压力表等外观及运行状况						
	管网控制阀门启闭状态						
	泵房照明、排水等工作环境						
消火栓（消防炮）灭火系统	室内消火栓、消防卷盘外观及配件完整情况						
	屋顶试验消火栓外观及配件完整情况、压力显示装置外观及状态显示						
	室外消火栓外观、地下消火栓标识、栓井环境						
	消防炮、炮塔、现场火灾探测控制装置、回旋装置等外观及周边环境						
	启泵按钮外观						

续表

巡查项目	巡查内容	巡查情况					
		部位	数量	正常	故障及处理		
					故障描述	当场处理情况	报修情况
自动喷水灭火系统	喷头外观及距周边障碍物或保护对象的距离						
	报警阀组外观、试验阀门状况、排水设施状况、压力显示值						
	充气设备及控制装置、排气设备及控制装置、火灾探测传动及现场手动控制装置外观及运行状况						
	楼层或区域末端试验阀门处压力值及现场环境，系统末端试验装置外观及现场环境						
泡沫灭火系统	泡沫喷头外观及距周边障碍物或保护对象距离						
	泡沫消火栓、泡沫炮、泡沫产生器、泡沫比例混合器外观						
	泡沫液贮罐外观及罐间环境，泡沫液有效期及储存量						
	控制阀门外观、标识、管道外观、标识						
	火灾探测传动控制、现场手动控制装置外观、运行状况						
	泡沫泵及控制柜外观及运行状况						
	冷却水系统的巡查内容可参考《建筑消防设施的维护管理》						
气体灭火系统	气体灭火控制器外观、工作状态						
	储瓶间环境，气体瓶组成储罐外观，检漏装置外观、运行状况						
	容器阀、选择阀、驱动装置等组件外观						
	紧急启/停按钮外观，喷嘴外观、防护区状况						
	预制灭火装置外观、设置位置、安全阀等组件外观、运行状况						
	放气指示灯及警报器外观						
	低压二氧化碳系统制冷装置、控制装置、安全阀等组件外观、运行状况						
防烟、排烟系统	送风阀外观						
	送风机及控制柜外观及工作状态						
	挡烟垂壁及其控制装置外观及工作状况、排烟阀及其控制装置外观						
	电动排烟窗、自然排烟设施外观						

续表

巡查项目	巡查内容	巡查情况					
		部位	数量	正常	故障及处理		
					故障描述	当场处理情况	报修情况
防烟、排烟系统	排烟机及控制柜外观及工作状况						
	送风、排烟机房环境						
应急照明和疏散指示标志	应急灯具外观、工作状态						
	疏散指示标志外观、工作状态						
	集中供电型应急照明灯具、疏散指示标志灯外观、工作状况，集中电源工作状态						
	字母型应急照明灯具、疏散指示灯标志灯外观，工作状态						
应急广播系统	扬声器外观						
	功放、卡座、分配盘外观及工作状态						
消防专用电话	消防电话主机外观、工作状况						
	分机电话外观，电话插孔外观，插孔电话机外观						
防火分隔设施	防火窗外观及固定情况						
	防火门外观及配件完整性，防火门启闭状况及周围环境						
	电动型防火门控制装置外观及工作状况						
	防火卷帘外观及配件完整性，防火卷帘控制装置外观及工作状况						
	防火墙外观、防火阀外观及工作状况						
	防火封堵外观						
消防电梯	紧急按钮外观，轿箱内电话外观						
	电梯井排水设施外观及工作状况						
	消防电梯工作状况						
细水雾灭火系统	灭火控制器工作状态，火灾探测部分巡查内容见《建筑消防设施的维护管理》						
	储气瓶和储水瓶（或储水罐）外观、工作环境						
	高压泵组、稳压泵外观及工作状态，末端试水装置压力值（闭式系统）						
	紧急启/停按钮、释放指示灯、报警器、喷头、分区控制阀等组件外观						
	防护区状况						
干粉灭火系统	灭火控制器工作状态，火灾探测部分巡查内容见《建筑消防设施的维护管理》						
	设备储存间环境、驱动气瓶和灭火剂储存装置外观						
	选择阀、驱动装置等组件外观						
	紧急启/停按钮、放气指示灯、警报器、喷嘴外观						
	防护区状况						

续表

巡查项目	巡查内容	巡查情况					
		部位	数量	正常	故障及处理		
					故障描述	当场处理情况	报修情况
灭火器	灭火器外观						
	灭火器数量						
	灭火器压力表、维修标示						
	设置位置状况						
其他巡查内容	消防车道、疏散楼梯、疏散走道畅通情况，逃生自救设施配置及完好情况，消防安全标示使用情况，用火用电管理情况等						
巡查人（签名）		年　月　日					
消防安全责任人或消防安全管理人（签名）		年　月　日					
备注							

注：1.情况正常打“√”，存在问题或故障的应填写“故障及处理”栏中相关内容；

2.对发现的问题和故障应及时处理，当场不能处置的要填报《建筑消防设施故障维修记录表》；

3.本表为样表，单位可根据建筑消防设施实际情况和巡查时间段分系统、分部位制表。

12.4 建筑消防设施检测

（1）检测人员要求　从事建筑消防设施检测的人员，应当通过消防职业特有工种职业技能鉴定，持有高级技能以上等级职业资格证书。

（2）检测频次要求　建筑消防设施应每年至少检测一次，检测对象包括全部系统设备、组件等。

设有自动消防系统的宾馆、饭店、商场、市场、公共娱乐场所等人员密集场所、易燃易爆单位以及其他一类高层公共建筑等消防安全重点单位，应自系统投入运行后每一年底前，将年度检测记录报当地公安机关消防机构备案。

在重大节日、重大活动前或者期间，应根据当地公安机关消防机构的要求对建筑消防设施进行检测。

（3）检测内容要求

① 消防供配电设施的检测内容见表12-5中“消防供配电设施”部分。

② 火灾自动报警系统的检测内容见表12-5中“火灾自动报警系统”部分。

③ 消防供水设施的检测内容见表12-5中“消防供水设施”部分。

④ 消火栓（消防炮）灭火系统的检测内容见表12-5中“消火栓（消防炮）灭火系统”部分。

⑤ 自动喷水灭火系统的检测内容见表12-5中“自动喷水灭火系统”部分。

⑥ 泡沫灭火系统的检测内容见表12-5中“泡沫灭火系统”部分。

⑦ 气体灭火系统的检测内容见表12-5中“气体灭火系统”部分。

⑧ 防烟系统的检测内容见表12-5中“机械加压送风系统”部分。

表 12-5 建筑消防设施检测记录表

<table>
<tr><th colspan="2" rowspan="2">检测项目</th><th rowspan="2">检测内容</th><th rowspan="2">实测记录</th><th colspan="3">故障记录及处理</th></tr>
<tr><th>故障描述</th><th>当场处理情况</th><th>报修情况</th></tr>
<tr><td rowspan="5">消防供电配电</td><td>消防配电柜（箱）</td><td>试验主、备电源切换功能；消防电源主、备电源供电能力测试</td><td></td><td></td><td></td><td></td></tr>
<tr><td>自备发电机组</td><td>试验发电机自动、手动启动功能，试验发电机启动电源充、放电功能</td><td></td><td></td><td></td><td></td></tr>
<tr><td>应急电源</td><td>试验应急电源充、放电功能</td><td></td><td></td><td></td><td></td></tr>
<tr><td>储油设施</td><td>核对储油量</td><td></td><td></td><td></td><td></td></tr>
<tr><td>联动试验</td><td>试验非消防电源的联动切断功能</td><td></td><td></td><td></td><td></td></tr>
<tr><td rowspan="7">火灾报警系统</td><td>火灾探测器</td><td>试验报警功能</td><td></td><td></td><td></td><td></td></tr>
<tr><td>手动报警按钮</td><td>试验报警功能</td><td></td><td></td><td></td><td></td></tr>
<tr><td>监管装置</td><td>试验监管装置报警功能，屏蔽信息显示功能</td><td></td><td></td><td></td><td></td></tr>
<tr><td>警报装置</td><td>试验警报功能</td><td></td><td></td><td></td><td></td></tr>
<tr><td>报警控制器</td><td>试验火灾报警、故障报警、火警优先、打印机打印、自检、消音等功能，火灾显示盘和CRT显示器的报警，显示功能</td><td></td><td></td><td></td><td></td></tr>
<tr><td>消防联动控制器</td><td>试验联动控制器及控制模块的手动、自动联动控制功能，试验控制器显示功能，试验电源部分主、备电源切换功能，备用电源充、放电功能</td><td></td><td></td><td></td><td></td></tr>
<tr><td>远程监控系统</td><td>核对储水量、自动进水阀进水功能，试验电源部分主、备电源切换，备用电源充、放电功能</td><td></td><td></td><td></td><td></td></tr>
<tr><td rowspan="6">消防供水设施</td><td>消防水池</td><td>核对储水量、自动进水阀进水功能，液位检测装置报警功能</td><td></td><td></td><td></td><td></td></tr>
<tr><td>消防水箱</td><td>核对储水量、自动进水阀进水功能、模拟消防水箱出水，测试消防水箱供水能力、液位检测装置报警功能</td><td></td><td></td><td></td><td></td></tr>
<tr><td>稳（增）压泵及气压水罐</td><td>模拟系统渗漏，测试稳压泵、增压泵及气压水罐稳压、增压能力，自动启泵、停泵及联动启动主泵的压力工况，主、备泵切换功能</td><td></td><td></td><td></td><td></td></tr>
<tr><td>消防水泵及控制柜</td><td>试验手动/自动启泵功能和主、备泵切换功能，利用测试装置测试消防泵供水时的流量和压力</td><td></td><td></td><td></td><td></td></tr>
<tr><td>水泵接合器</td><td>利用消防车或机动泵测试其供水能力</td><td></td><td></td><td></td><td></td></tr>
<tr><td>阀门</td><td>试验控制阀门启闭功能、减压装置减压功能</td><td></td><td></td><td></td><td></td></tr>
</table>

续表

检测项目		检测内容	实测记录	故障记录及处理		
				故障描述	当场处理情况	报修情况
消火栓（消防炮）灭火系统	室内消火栓	试验屋顶消火栓出水压力、静压及水质，测试室内消火栓静压				
	消防水喉	射水试验				
	室外消火栓	试验室外消火栓出水及静压				
	消防炮	试验消防炮手动、遥控操作功能，试验手动按钮启泵功能、消防炮出水功能				
	启泵按钮	试验远距离启泵功能及信号指示功能				
	联动控制功能	自动方式下，分别利用远距离启泵按钮、消防联动控制盘控制按钮启动消防水泵，测试最不利点消火栓、消防炮出水压力及流量；具有火灾探测控制功能的消防炮系统，应模拟自动启动				
自动喷水系统	报警阀组	试验报警阀组试验排放阀排水功能，压力开关、水力警铃报警功能				
	末端试水装置	试验末端放水测试工作压力、水流指示器、压力开关动作信号、水质情况，楼层末端试验阀功能试验				
	水流指示器	核对反馈信号				
	探测、控制装置	测试火灾探测传动装置的火灾探测及控制功能、手动控制装置控制功能				
	充、排气装置	测试充气、排气装置充、排气功能				
	联动控制功能	在系统末端放水或排气，进行系统联动功能试验，测试水流指示器、压力开关、水力警铃报警功能；具有火灾探测传动功能，应模拟自动启动				
泡沫灭火系统	泡沫液储罐	核对泡沫液有效期和储存量				
	泡沫栓、泡沫喷头、泡沫产生器	试验出水或出泡沫功能				
	泡沫泵	手动/自动启动主、备泵切换功能；阀门启闭功能及信号反馈功能				
	联动控制功能	具有火灾探测传动控制装置的泡沫灭火系统，应结合泡沫灭火剂到期更换进行系统自动启动，测试泡沫消火栓、泡沫喷头、泡沫产生器出泡沫功能，泡沫比例混合器混合配比功能，泡沫泵、水泵供泡沫液、供水能力				
	自吸液泡沫消火栓、移动泡沫产生装置、喷淋冷却系统	测试吸液出泡沫功能；喷淋冷却系统检测内容同 GB 25201—2010 第 7.2.7 条				

续表

检测项目		检测内容	实测记录	故障记录及处理		
				故障描述	当场处理情况	报修情况
气体灭火系统	瓶组与储罐	核对灭火剂储存量；进行主、备瓶组切换试验				
	检漏装置	测试称重、检漏报警功能				
	紧急启/停功能	测试紧急启动/停止按钮				
	启动装置、选择阀	测试启动装置、选择阀手动启动功能				
	联动控制功能	以自动方式进行模拟喷气试验，检验系统报警、联动功能				
	通风换气设备	测试通风换气功能				
	备风瓶切换	测试主、备瓶组切换功能				
机械加压送风系统	送风口	测试手动/自动开启功能				
	送风机	测试手动/自动启动、停止功能				
	送风量、风速、风压	测试最大负荷状态下，系统送风量、风速、风压				
	联动控制功能	通过报警联动，检查防火阀、送风自动开启和启动功能				
机械排烟系统	自然排烟设施	测试自然排烟窗的开启面积、开启方式				
	排烟阀、电动排烟窗、电动挡烟垂壁、排烟防火阀	测试排烟阀、电动排烟窗手动/自动开启功能，测试挡烟垂壁的释放功能，测试排烟防火阀的动作性能				
	排烟风机	测试手动/自动启动、排烟防火阀联动停止功能				
	排烟风量、风速	测试最大负荷状态下，系统排烟风量、风速				
	联动控制功能	通过报警联动，检查电动挡烟垂壁、电动排烟阀、电动排烟窗的功能，检查排烟风机的性能				
应急照明系统		切断正常供电，测量应急灯具照度，电源切换、充电、放电功能；测试应急电源的供电时间；通过报警联动，检查应急灯具自动投入功能				
应急广播系统	扬声器	测试音量、音质				
	功放、卡座、分配盘	测试卡座的播音、录音功能，测试功放的扩音功能，测试分配盘的选层广播功能，测试合用广播系统应急强制切换功能，测试主、备扩音机切换功能				
	联动控制功能	通过报警联动，检查合用广播系统应急强制切换功能、扬声器播音质量及音量，卡座录音功能，分配盘分区及选层广播功能				

续表

检测项目		检测内容	实测记录	故障记录及处理		
				故障描述	当场处理情况	报修情况
防火分隔	防火门	试验非电动防火门的启闭功能及密封性能，测试电动防火门自动，现场释放功能及信号反馈功能；通过报警联动，检查电动防火门释放功能、喷水冷却装置的联动启动功能				
	防火卷帘	试验防火卷帘的手动、机械应急和自动控制功能、信号反馈功能、封闭性能，通过报警联动，检查防火卷帘门自动释放功能及喷水冷却装置的联动启动功能，测试有延时功能的防火卷帘的延时时间、声光指示				
	电动防火阀	通过报警联动，检查电动防火阀的关闭功能及密封性				
消防电梯		测试首层按钮控制电梯回首层功能、消防电梯应急操作功能、电梯轿厢内消防电话通话质量、电梯井排水设备排水功能，通过报警联动，检查电梯自动迫降功能				
细水雾灭火系统		测试泵式细水雾灭火系统启动装置的启动性能、减压装置减压性能、喷头喷雾性能				
		测试泵式细水雾灭火系统手动/自动启、停泵功能，主、备有关方面切换功能，喷头喷雾性能				
		测试分区控制阀的手动/自动控制功能，具有火灾探测控制系统的，应模拟自动控制功能				
		通过报警联动，检验开式细水雾灭火系统控制功能，进行模拟喷放细水雾试验				
		通过末端放水，测试闭式细水雾灭火系统联动功能，测试水流指示器报警功能，压力开关报警功能				
干粉灭火系统		测试驱动气瓶压力和干粉储存量；通过报警联动，模拟干粉喷放试验，检验系统功能				
灭火器		核对选型、压力和有效期对同批次的灭火器随机抽取一定数量进行灭火、喷射等性能试验				
其他设施		逃生自救设施性能				

检测人（签名）： 等级证书编号： 年 月 日	检测结论： 检测单位（盖章）： 年 月 日
消防安全责任人或消防安全管理人（签名）：	

⑨ 排烟系统的检测内容见表12-5中"机械排烟系统"部分。

⑩ 应急照明系统的检测内容见表12-5中"应急照明系统"部分。

⑪ 应急广播系统的检测内容见表12-5中"应急广播系统"部分。

⑫ 防火分隔设施的检测内容见表12-5中"防火分隔"部分。

⑬ 消防电梯的检测内容见表12-5中"消防电梯"部分。

⑭ 细水雾灭火系统的检测内容见表12-5中"细水雾灭火系统"部分。

⑮ 干粉灭火系统的检测内容见表12-5中"干粉灭火系统"部分。

⑯ 其他需要检测的内容见表12-5中"其他设施"部分。从事检测工作的单位也可根据实际情况，参考表12-5的样式，执行制订有关消防安全检测记录表。

12.5 建筑消防设施维修

(1) 维修人员要求　从事建筑消防设施维修的人员，应当通过消防职业特有工种职业技能鉴定，持有技师以上等级职业资格证书。

(2) 维修记录要求　值班、巡查、检测、灭火演练中发现建筑消防设施存在问题和故障的，相关人员应填写《建筑消防设施故障维修记录表》，并向单位消防安全管理人报告。

(3) 维修处理要求　单位消防安全管理人对建筑消防设施存在的问题和故障，应立即通知维修人员进行维修。维修期间，应采取确保消防安全的有效措施。故障排除后应进行相应功能试验并经单位消防安全管理人检查确认。维修情况应记入《建筑消防设施故障维修记录表》(见表12-6)。

表12-6　建筑消防设施故障维修记录表

故障情况				故障维修情况						故障排除确认
发现时间	发现人签名	故障部位	故障情况描述	是否停用系统	是否报消防部门备案	安全保护措施	维修时间	维修人员（单位）	维修方法	

注：1."故障情况"由值班、巡查、检测、灭火演练时的当事者如实填写；

2."故障维修情况"中因维修故障需要停用系统的由单位消防安全责任人在"是否停用系统"栏签字；停用系统超过24小时的，单位消防安全责任人在"是否报消防部门备案"及"安全保护措施"栏如实填写；其他信息由维护人员（单位）如实填写；

3."故障排除情况"由单位消防安全管理人在确认故障排除后如实填写并签字。

12.6 建筑消防设施保养

（1）保养人员要求 从事建筑消防设施保养的人员，应通过消防职业特有工种职业技能鉴定，持有高级技能以上等级职业资格证书。

（2）保养内容要求

① 凡依法需要计量检定的建筑消防设施所用称重、测压、测流量等计量仪器仪表以及泄压阀、安全阀等，应按有关规定进行定期校验并提供有效证明文件。单位应储备一定数量的建筑消防设施易损件或与有关产品厂家、供应商签订相关合同，以保证供应。

② 实施建筑消防设施的维护保养时，应填写《建筑消防设施维护保养记录表》并进行相应功能试验。

建筑消防设施维护保养计划表见表12-7，建筑消防设施维护保养记录表见表12-8。

表 12-7 建筑消防设施维护保养计划表

序号： 日期：

序号	检查保养项目		保养内容	周期
1	消防水泵	外观清洁	擦洗，除污	1个月
		泵中心轴	长期不用时，定期盘动	半个月
		主回路控回路	测试，检查，紧固	半年
		水泵	检查或更换盘根填料	半年
		机械润滑	加0号黄油	3个月
2		管道	补漏，除锈，刷漆	半年
		阀门	加或更换盘根，补漏，除锈，刷漆，润滑	半年
备注：消防泵、喷淋泵、送风机、排烟机应定期试验。				

注：1.本表为样表，单位可根据建筑消防设施的类别，分别制表，如消火栓系统维护保养计划表、自动喷水灭火系统维护保养计划表、气体灭火系统维护保养计划表等；

2.保养内容应根据设施、设备使用说明书，以及国家有关标准，结合单位自身使用情况，综合确定；

3.保养周期应根据设施、设备使用说明书，结合安装场所环境以及国家有关标准，综合确定。

表 12-8 建筑消防设施维护保养记录表

序号： 日期：

设备名称	消防泵	设备参数	
		额定功率	
保养项目	保养完成情况		
擦洗，除污			
长期不用时，定期盘动			
测试，检查，紧固			
检查或更换盘根填料			
加0号黄油			
备注：			
消防安全责任人或消防安全管理人（签字）：	保养人：	审核人：	

注：1.本表为样表，单位可根据制定的建筑消防设施维护保养计划表确定的保养内容分别制表；

2.保养人员或单位应如实填写保养完成情况；

3.保养作业完成后，应作相应功能试验并确保试验正常；遇有故障，应及时填写《建筑消防设施故障维修记录表》。

（3）保养内容

① 对易污染、易腐蚀生锈的消防设备、管道、阀门应定期清洁、除锈、注润滑剂。

② 点型感烟火灾探测器应根据产品说明书的要求定期清洗、标定；产品说明书没有明确要求的，应每两年清洗、标定一次。可燃气体探测器应根据产品说明书的要求定期进行标定。火灾探测器、可燃气体探测器的标定应由生产企业或具备资质的检测机构承担。承担标定的单位应出具标定记录。

③ 储存灭火剂和驱动气体的压力容器应按有关气瓶安全监察规程的要求定期进行试验、标识。

④ 泡沫、干粉等灭火剂应按产品说明书委托有资质单位进行（包括灭火性能在内）测试。

⑤ 以蓄电池作为后备电源的消防设备，应按照产品说明书的要求定期对蓄电池进行维护。

⑥ 其他类型的消防设备应按照产品说明书的要求定期进行维护保养。

⑦ 对于使用周期超过产品说明书标识寿命的易损件、消防设备，以及经检查测试已不能正常使用的灭火探测器、压力容器、灭火剂等产品设备应及时更换。

12.7 建筑消防设施建档

消防安全重点单位应当建立健全消防档案。消防档案应当包括消防安全基本情况和消防安全管理情况。消防档案应当翔实，全面反映单位消防工作的基本情况，并附有必要的图表，根据情况变化及时更新，并由消防档案管理人员管理。

（1）档案管理人员要求　消防档案管理人员岗位要求。消防档案管理人员应通过消防职业特有工种职业技能鉴定。持有初级技能以上等级的职业资格证书。

消防档案内容可分为：消防安全基本情况、消防安全管理情况和建筑消防设施管理情况。

（2）消防安全基本情况　消防安全基本情况应当包括以下内容：

① 单位基本概况和消防安全重点部位情况；

② 建筑物或者场所施工、使用或者开业前的消防设计审核、消防验收以及消防安全检查的文件、资料；

③ 消防管理组织机构和各级消防安全责任人；

④ 消防安全制度；

⑤ 消防设施、灭火器材情况；

⑥ 专职消防队、义务消防队人员及其消防装备配备情况；

⑦ 与消防安全有关的重点工种人员情况；

⑧ 新增消防产品、防火材料的合格证明材料；

⑨ 灭火和应急疏散预案。

（3）消防安全管理情况　消防安全管理情况应当包括以下内容：

① 公安消防机构填发的各种法律文书；

② 消防设施定期检查记录、自动消防设施全面检查测试的报告以及维修保养的记录；

③ 火灾隐患及其整改情况记录；

④ 防火检查、巡查记录；

⑤ 有关燃气、电气设备检测（包括防雷、防静电）等记录资料；

⑥ 消防安全培训记录；

⑦ 灭火和应急疏散预案的演练记录；

⑧ 火灾情况记录；

⑨ 消防奖惩情况记录。

(4) 建筑消防设施管理情况　建筑消防设施基本情况和动态管理情况。

① 基本情况包括：建筑消防设施的验收文件和产品、系统使用说明书、系统调试记录、建筑消防设施平面布置图、建筑消防设施系统图等原始技术资料。

② 动态管理情况包括：建筑消防设施的值班记录、巡查记录、检测记录、故障维修记录以及维护保养计划表、维护保养记录、自动消防控制室值班人员基本情况档案及培训记录。

(5) 建筑消防设施档案保存期限

① 建筑消防设施的原始技术资料应长期保存。

②《消防控制室值班记录表》和《建筑消防设施巡查记录表》的存档时间不应少于一年。

③《建筑消防设施检测记录表》、《建筑消防设施故障维修记录表》、《建筑消防设施维护保养计划表》、《建筑消防设施维护保养记录表》的存档时间不应少于五年。

【典型案例】新疆乌鲁木齐市德汇国际广场火灾

2008年1月2日20时20分，新疆乌鲁木齐市德汇国际广场批发市场发生火灾，烧毁德汇国际广场一期、二期工程A、B段及连廊建筑，烧毁建筑面积达73799m^2，造成4人死亡（2名消防员），直接财产损失3亿元。

(1) 单位基本情况。德汇国际广场批发市场由新疆德力西房地产开发有限公司投资兴建，建筑高度33m，总建筑面积16443m^2；一期工程地上6层，地下2层，二期工程分A段、B段及连廊，总建筑面积54405m^2。德汇国际广场与德汇大酒店的连廊共8层，1层原为消防通道，后改为临时商铺。德汇国际广场共有1244个摊位，主要经营服装、化妆品、玩具和文体用品。

(2) 消防安全管理情况德汇国际广场批发市场由德汇物业管理有限公司负责管理，由一名副总经理负责消防安全工作，下设的防损部（又称保安部）负责德汇国际广场和集团总部区域内的消防管理工作，有56名保安员负责维护市场的治安秩序。德汇国际广场与沙区公安分局、长江路派出所、炉院街办事处签定了《消防安全责任状》，商户进德汇国际广场必须与防损部签定《消防安全责任书》，火灾自动报警系统委托新疆三江消防工程有限公司进行维护。

(3) 消防监督工作情况。新疆德汇国际广场批发市场由乌鲁木齐市消防支队沙依巴克区消防大队列为消防安全重点单位监督管理。2006年6月8日消防大队对德汇国际广场批发市场进行过消防监督检查，发现地下室机械排烟被遮挡、喷淋泵故障、部分楼梯间出口处防火门改为普通木制门等19项违法行为和火灾隐患，下发了《责令限期改正通知书》，复查时有3项未整改，但在处罚过程中消防大队集体讨论不予处罚。2006年6月14日消防大队与长江路派出所发现该市场职工违反规定吸烟，行政拘留2人。2007年“春节”、“五一”前，区政府领导带队和消防大队及各有关部门领导组织对德汇国际广场多次进行检查，消防监督员也曾向单位提出要加强内部安全管理，按照公安部令第61号的规定严格落实各项规章制度及防火巡查等要求，但未下发消防监督检查法律文书。

2007年下半年，消防大队先后三次对德汇大酒店进行了消防监督检查，对发现的问题发出责令限期改正通知书，责令整改，到期进行了复查。

(4) 火灾扑救经过。2008年1月2日20时25分，乌鲁木齐市消防指挥中心接到火灾报警后，先后调集9个消防中队、61辆消防车、230名指战员赶赴现场。总队指挥员到场后，又调集了昌吉、石河子消防支队和部分企业专职队共205人、23辆消防车投入灭火战斗。

20时33分，辖区消防二中队到场，此时德汇二期A段与B段连廊结合处一至四层火势通过窗口向外翻卷，燃烧猛烈，火势沿内部两侧的扶梯迅速蔓延至6层、8层、9层。

20时49分，支队指挥员到场后，部署到场的八中队迅速出2支水枪沿二期A段北侧向B段堵截火势，组成2个搜救小组，进入德汇大酒店搜寻人员，并在酒店3至11层设置三道防线堵截火势向酒店方向蔓延；部署消防一中队出2支水枪，从北侧进入批发市场内部，阻止火势向一期蔓延。并在二期A、B段正面利用水炮压制火势。

21时15分，灭火总指挥，全面指挥现场灭火战斗，同时将现场划分为四个战斗段，全力堵截二期火势向一期和德汇大酒店蔓延，并出水炮压制二期火势向上蔓延。

22时40分，火势急剧变化，德汇二期1～12层形成立体燃烧，并迅速蔓延扩大到一期。

此后，由于现场风向不断变化，火势急剧蔓延扩大。

在调整力量部署期间，由于气温降至零下25℃，天气寒冷，出现了水带与地面冻结，部分车辆球阀、水炮受冻不能正常操作，3辆举高车因气温较低，液压油黏稠度增大，流动性差，不同程度地出现升降不能正常动作。

3日凌晨1时，火场指挥部针对现场危急的态势，迅速调整力量展开战斗

快速蔓延的大火于3日凌晨5时许得到控制。

3日12时，组织力量对德汇大酒店逐层部署警力、消灭残火。并坚守长江外贸批发市场内部，阻止火势蔓延，控制火势向国贸大厦和军区二所海华市场蔓延。

3日17时30分，扑灭了已蔓延到德汇大酒店1至11层部分房间的火势。

3日23时，大火被扑灭。6日凌晨2时，阴燃的火灾全部熄灭。火灾扑救历时27h。

(5) 火灾经验教训

① 单位消防责任制不落实。

一是存在严重消防违法行为。德汇国际广场二期工程B段6-12层、A段与德汇酒店的连廊未经消防验收违法投入使用，违法将连廊由3层增至7层；一、二期工程与德汇大酒店之间的消防通道（10m宽）以及二期A段穿过建筑物的消防通道被改做临时摊位，二期东

侧消防车道也被占用改做临时摊位。

二是消防安全管理不落实。该单位未按照规定开展防火检查、巡查；未对员工进行消防安全教育培训；未组织开展灭火疏散演练。

三是自动消防设施未发挥作用。自动消防设施未处于联动状态，发生火灾时消火栓管道无水，消防水泵未启动，一、二期工程自动喷水系统未动作；防火卷帘火灾中大部分未动作，造成火势迅速蔓延扩大。

② 消防监督执法工作不落实。

一是建筑工程消防监督审核管理有法不依。新疆消防总队仍直接从事审核、验收工作。

二是消防监督执法不作为。德汇国际广场二期工程B段9～24轴6～12层和连廊未经消防验收，擅自投入使用，当地公安消防部门未依法责令停止使用；2007年辖区消防大队未对德汇国际广场进行消防检查。发现的问题未下发法律文书。消防通道宽度为14m，被出租摊床挤占仅剩4m（此次火灾发生就在这里），检查也未提出整改意见。

三是消防监督检查人员业务水平低。德汇大酒店与二期连廊部分有门窗连通，1～4层门设有防火卷帘，4层以上窗未用防火墙封堵，消防监督检查未能发现。德汇大酒店防烟楼梯间门全部为普通木质门，在消防监督检查中也未发现。

③ 城市公共消防设施严重滞后。按乌鲁木齐市建成区规模，应建消防站23个，实际只有10个，欠帐57%。城区供水管道多为枝状（应为环状），消火栓建设滞后，全市应建市政消火栓1951个，实有1699个，欠账12.9%。灭火区域长江路和钱塘江路应建市政消火栓17个，实有11个，欠账35%，且消火栓流量和压力均不能保证火场用水。

④ 消防车辆器材装备量少质差。按规定全市缺消防车85辆，仅配备了4辆一般性能的举高消防车，其中两辆已过服役年限。此次投入战斗的消防车，有8台超期服役。除了车辆装备存在问题外，部分指挥员面对此类大型火场心理素质较差，存在恐惧心理，不能正确领会和实施上级指挥员下达的作战意图。

⑤ 报警晚，失去了扑救初期火灾的最佳时机。单位保安人员在发现起火时，因忙于灭火或惧怕着火会受到消防队罚款，而没有及时拨打“119”报警。

⑥ 消防点评。为何德汇国际广场投资1000万元，设计安装近乎完备的建筑消防设施还会出现如此惨重的后果？主要来自四个方面原因（四个隐患）。

一是擅自将消防通道占用更改为临时摊位，埋下了严重的火灾隐患（此次火灾发生地）；

二是建筑消防设施存在严重隐患问题不及时整改，如事发前，消火栓管网无水、自动喷淋灭火系统未开启，擅自将防火门改为不防火的木质门等，发生火灾时，消防设施形同虚设；

三是保安人员发现起火，灭火未果，不报警，只顾各自逃生（缺乏责任意识）；

四是消防监督部门不能严格执法，秉公执法、而是有法不依，不履职、不作为，是导致此次火灾的根本原因。

此案例反映出消防问题，一是消防安全职责，无论是消防监督部门，还是单位消防管理部门，从事消防安全工作不能尽职谈何免责，失职必追责；二是消防设施维护管理，只有做好火灾报警系统、消火栓灭火系统、自动喷水灭火系统等维护管理，确保发生火灾时，消防设施有效好用，才能有效防止和减少火灾的发生。

【本章小结】

由于消防设施处于常备状态，为确保消防设施有效，对建筑消防设施的维护管理，主要包括：消防监控值班、消防巡查、消防检测、消防设备维修、消防设施保养、消防设施（台账）档案管理等。各个岗位相互关联，不可或缺。尤其是，对于消防设施维护管理专业技术人员的要求，需持有消防行业特有工种［现称为建（构）筑物消防员］职业资格证书方能上岗。同时，要求按规定填写有关记录，并规定建筑消防设施档案留档保存年限。只有明确岗位，分工负责，加强消防设施的维护管理，才能确保消防设施处于常备、有效、好用。

【思考题】

1.建筑消防设施维护管理的基本原则是什么？
2.可维修设备故障周期分为哪几个阶段？
3.串联系统和并联系统可靠度在消防实际中是如何应用的？
4.建（构）筑物消防员从事工作包括哪些内容？
5.建筑消防设施巡查频次是如何规定的？
6.建筑消防设施的维护管理哪些人员需要持有岗位证书？
7.建筑消防设施档案保存期限是如何规定的？

附录1 常用消防术语

(1) 检测 test

对建筑消防设施直观属性的检查。

(2) 巡查 exterior inspection

依照相关标准，对各类建筑消防设施的功能进行测试性的检查。

(3) 重大火灾隐患 major fire potential

违反消防法律法规，可能导致火灾发生或火灾危害增大，并由此可能造成特大火灾事故后果和严重社会影响的各类潜在不安全因素。

(4) 公共娱乐场所 public entertainment occupancies

具有文化娱乐、健身休闲功能并向公众开放的室内场所。包括影剧院、录像厅、礼堂等演出、放映场所，舞厅、卡拉OK厅等歌舞娱乐场所，具有娱乐功能的夜总会、音乐茶座、酒吧和餐饮场所，游艺、游乐场所，保龄球馆、旱冰场、桑拿等娱乐、健身、休闲场所和互联网上网服务营业场所。

(5) 人员密集场所 assembly occupancies

人员聚集的室内场所。如宾馆、饭店等旅馆，餐饮场所，商场、市场、超市等商店，体育场馆，公共展览馆、博物馆的展览厅，金融证券交易场所，公共娱乐场所，医院的门诊楼、病房楼，老年人建筑、托儿所、幼儿园，学校的教学楼、图书馆和集体宿舍，公共图书馆的阅览室，客运车站、码头、民用机场的候车、候船、候机厅（楼），人员密集的生产加工车间、员工集体宿舍等。

(6) 易燃易爆化学物品场所 place of flammable & explosive chemical materials

生产、储存、经营易燃易爆化学物品的场所，包括工厂、仓库、储罐（区）、专业商店、专用车站和码头，可燃气体贮备站、充装站、调压站、供应站，加油加气站等。

(7) 重要场所 important places

发生火灾可能造成重大社会影响和经济损失的场所。如国家机关，城市供水、供电、供气、供暖调度中心，广播、电视、邮政、电信楼，发电厂（站），省级及以上博物馆、档案馆及文物保护单位，重要科研单位中的关键建筑设施，城市地铁。

(8) 举高消防车作业场地 operating areas for ladder trucks

靠近建筑，供举高消防车停泊、实施灭火救援的操作场地。

(9) 耐火极限 fire resistance rating

在标准耐火试验条件下，建筑构件、配件或结构从受到火的作用时起，到失去稳定性、完整性或隔热性时止的这段时间，单位为小时。

(10) 不燃烧体 non-combustible component

用不燃材料做成的建筑构件。

(11) 难燃烧体 difficult-combustible component

用难燃材料做成的建筑构件或用可燃材料做成而用不燃材料做保护层的建筑构件。

(12) 燃烧体 combustible component

用可燃材料做成的建筑构件。

(13) 闪点 flash point

在规定的试验条件下，液体挥发的蒸气与空气形成的混合物，遇火源能够闪燃的液体最低温度（采用闭杯法测定）。

(14) 爆炸下限 lower explosion limit

可燃的蒸气、气体或粉尘与空气组成的混合物，遇火源即能发生爆炸的最低浓度（可燃蒸气、气体的浓度，按体积比计算）。

(15) 沸溢性油品 boiling spill oil

含水并在燃烧时可产生辐射热波作用的油品，如原油、渣油、重油等。

(16) 半地下室 semi-basement

房间地面低于室外设计地面的平均高度大于该房间平均净高 1/3，且小于等于 1/2 者。

(17) 地下室 basement

房间地面低于室外设计地面的平均高度大于该房间平均净高 1/2 者。

(18) 多层厂房（仓库）multi-storied industrial building

2 层及 2 层以上，且建筑高度不超过 24.0m 的厂房（仓库）。

(19) 高层厂房（仓库）high-rise industrial building

2 层及 2 层以上，且建筑高度超过 24.0m 的厂房（仓库）。

(20) 高架仓库 high rack storage

货架高度超过 7.0m 且机械化操作或自动化控制的货架仓库。

(21) 重要公共建筑 important public building

人员密集、发生火灾后伤亡大、损失大、影响大的公共建筑。

(22) 商业服务网点 commercial service facilities

居住建筑的首层或首层及二层设置的百货店、副食店、粮店、邮政所、储蓄所、理发店等小型营业性用房。该用房总建筑面积不超过 300m^2，采用耐火极限不低于 1.50h 的楼板和耐火极限不低于 2.00h 且无门窗洞口的隔墙与居住部分及其他用房完全分隔，其安全出口、疏散楼梯与居住部分的安全出口、疏散楼梯分别独立设置。

(23) 明火地点 open flame site

室内外有外露火焰或赤热表面的固定地点（民用建筑内的灶具、电磁炉等除外）。

(24) 散发火花地点 sparking site

有飞火的烟囱或室外的砂轮、电焊、气焊（割）等固定地点。

(25) 安全出口 safety exit

供人员安全疏散用的楼梯间、室外楼梯的出入口或直通室内外安全区域的出口。

（26）封闭楼梯间 enclosed staircase

用建筑构配件分隔，能防止烟和热气进入的楼梯间。

（27）防烟楼梯间 smoke-proof staircase

在楼梯间入口处设有防烟前室，或设有专供排烟用的阳台、凹廊等，且通向前室和楼梯间的门均为乙级防火门的楼梯间。

（28）防火分区 fire compartment

在建筑内部采用防火墙、耐火楼板及其他防火分隔设施分隔而成，能在一定时间内防止火灾向同一建筑的其余部分蔓延的局部空间。

（29）防火间距 fire separation distance

防止着火建筑的辐射热在一定时间内引燃相邻建筑，且便于消防扑救的间隔距离。

（30）防烟分区 smoke bay

在建筑内部屋顶或顶板、吊顶下采用具有挡烟功能的构配件进行分隔所形成的，具有一定蓄烟能力的空间。

（31）充实水柱 full water spout

由水枪喷嘴起到射流90%的水柱水量穿过直径38cm圆孔处的一段射流长度。

附录2

常用消防标志(摘自GB 13495.1—2015)

（1）火灾报警装置标志见附表 2-1。

附表 2-1 火灾报警装置标志

编号	标志	名称	说明
3-01		消防按钮 FIRE CALL POINT	标示火灾报警按钮和消防设备启动按钮的位置。 需指示消防按钮方位时，应与 3-30 标志组合使用
3-02		发声警报器 FIRE ALARM	标示发声警报器的位置
3-03		火警电话 FIRE ALARM TELEPHONE	标示火警电话的位置和号码。 需指示火警电话方位时，应与 3-30 标志组合使用

续表

编号	标志	名称	说明
3-04		消防电话 FIRE TELEPHONE	标示火灾报警系统中消防电话及插孔的位置。 需指示消防电话方位时，应与3-30标志组合使用

（2）紧急疏散逃生标志见附表2-2。

附表2-2 紧急疏散逃生标志

编号	标志	名称	说明
3-05	 	安全出口 EXIT	提示通往安全场所的疏散出口。 根据到达出口的方向，可选用向左或向右的标志。需指示安全出口的方位时，应与3-29标志组合使用
3-06	 	滑动开门 SLIDE	提示滑动门的位置及方向

续表

编号	标志	名称	说明
3-07	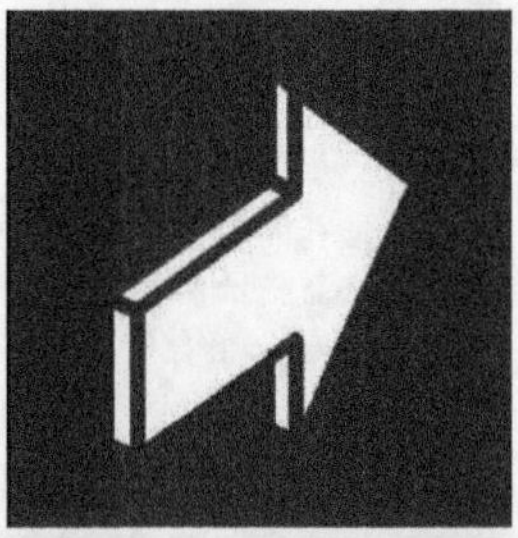	推开 PUSH	提示门的推开方向
3-08		拉开 PULL	提示门的拉开方向
3-09		击碎板面 BREAK TO OBTAIN ACCESS	提示需击碎板面才能取到钥匙、工具，操作应急设备或开启紧急逃生出口
3-10		逃生梯 ESCAPE LADDER	提示固定安装的逃生梯的位置。 需指示逃生梯的方位时，应与3-29标志组合使用

（3）灭火设备标志见附表2-3。

附表 2-3　灭火设备标志

编号	标志	名称	说明
3-11		灭火设备 FIRE-FIGHTING EQUIPMENT	标示灭火设备集中摆放的位置。 需指示灭火设备的方位时，应与3-30标志组合使用

续表

编号	标志	名称	说明
3-12		手提式灭火器 PORTABLE FIRE EXTINGUISHER	标示手提式灭火器的位置。 需指示手提式灭火器的方位时，应与3-30标志组合使用
3-13		推车式灭火器 WHEELED FIRE EXTINGUISHER	标示推车式灭火器的位置。 需指示推车式灭火器的方位时，应与3-30标志组合使用
3-14		消防炮 FIRE MONITOR	标示消防炮的位置。 需指示消防炮的方位时，应与3-30标志组合使用
3-15		消防软管卷盘 FIRE HOSE REEL	标示消防软管卷盘、消火栓箱、消防水带的位置。 需指示消防软管卷盘、消火栓箱、消防水带的方位时，应与3-30标志组合使用
3-16		地下消火栓 UNDERGROUND FIRE HYDRANT	标示地下消火栓的位置。 需指示地下消火栓的方位时，应与3-30标志组合使用
3-17		地上消火栓 OVERGROUND FIRE HYDRANT	标示地上消火栓的位置。 需指示地上消火栓的方位时，应与3-30标志组合使用

续表

编号	标志	名称	说明
3-18		消防水泵接合器 SIAMESE CONNEOTION	标示消防水泵接合器的位置。 需指示消防水泵接合器的方位时，应与3-30标志组合使用

（4）禁止和警告标志见附表2-4。

附表 2-4　禁止和警告标志

编号	标志	名称	说明
3-19		标止吸烟 NO SMOKING	表示禁止吸烟
3-20		禁止烟火 NO BURNING	表示禁止吸烟或各种形式的明火
3-21		禁止放易燃物 NO FLAMMABLE MATERIALS	表示禁止存放易燃物
3-22		禁止燃放鞭炮 NO FIREWORKS	表示禁止燃放鞭炮或焰火

续表

编号	标志	名称	说明
3-23		禁止用水灭火 DO NOT EXTINGUISH WITH WATER	表示禁止用水作灭火剂或用水灭火
3-24		禁止阻塞 DO NOT OBSTRUCT	表示禁止阻塞的指定区域（如疏散通道）
3-25		禁止锁闭 DO NOT LOCK	表示禁止锁闭的指定部位（如疏散通道和安全出口的门）
3-26		当心易燃物 WARNING： FLAMMABLE MATERIAL	警示来自易燃物质的危险
3-27		当心氧化物 WARNING： OXIDIZING SUBSTANCE	警示来自氧化物的危险
3-28		当心爆炸物 WARNING： EXPLOSIVE MATERIAL	警示来自爆炸物的危险，在爆炸物附近或处置爆炸物时应当心

（5）方向辅助标志见附表 2-5。

附表 2-5　方向辅助标志

编号	标志	名称	说明
3-29		疏散方向 DIRECTION OF ESCAPE	指示安全出口的方向。 箭头的方向还可为上、下、左上、右上、右、右下等
3-30		火灾报警装置或灭火设备的方位 DIRECTION OF FIRE ALARM DEVICE OR FIREFIGHTING EQUIPMENT	指示火灾报警装置或灭火设备的方位。 箭头的方向还可为上、下、左上、右上、右、右下等

参考文献

[1] 中华人民共和国消防法.
[2] 建筑设计防火规范. GB 50016—2014.
[3] 城市消防规划规范. GB 51080—2015.
[4] 建筑内部装修防火设计规范. GB 50354—2005.
[5] 石油化工企业设计防火规范. GB 50160—2008.
[6] 建筑灭火器配置设计规范. GB 50140—2010.
[7] 建筑灭火器配置验收及检查规范. GB 50444—2008.
[8] 消防给水及消火栓系统技术规范. GB 50974—2014.
[9] 自动喷水灭火系统设计规范. GB 50084—2001，2005 年版.
[10] 泡沫灭火系统设计规范. GB 50151—2010.
[11] 水喷雾灭火系统设计规范. GB 50219—2014.
[12] 固定消防炮灭火系统设计规范. GB 50338—2003.
[13] 给水排水管道工程施工及验收规范. GB 50268—2008.
[14] 给水排水工程管道结构设计规范. GB 50332—2002.
[15] 人民防空工程设计防火规范. GB 50098—2009.
[16] 自动喷水灭火系统施工及验收规范. GB 50261—2005.
[17] 泡沫灭火系统施工及验收规范. GB 50281—2006.
[18] 火灾自动报警系统设计规范. GB 50116—2013.
[19] 气体灭火系统设计规范. GB 50370—2005.
[20] 二氧化碳灭火系统设计规范. GB 50193—1993，2010 年版.
[21] 卤代烷 1211 灭火系统设计规范. GBJ110—1987.
[22] 卤代烷 1301 灭火系统设计规范. GB 50163—1992.
[23] 火灾自动报警系统施工及验收规范. GB 50166—2013.
[24] 气体灭火系统施工及验收规范. GB 50263—2007.
[25] 气溶胶灭火系统. GA499. 1—2010.
[26] 城市消防远程监控系统. GB 26875.
[27] 建筑消防设施的维护管理. GB 25201—2010.
[28] 公安部消防局. 注册消防工程师资格考试大纲. 北京：机械工业出版社出版，2014.
[29] 公安部消防局. 消防安全技术实务. 北京：机械工业出版社出版，2016.